中国地质调查成果 CGS 2017-040

内蒙古自治区矿产资源潜力评价成果系列丛书

内蒙古自治区地质综合信息集成

NEIMENGGU ZIZHIQU DIZHI ZONGHE
XINXI JICHENG

任亦萍　郝俊峰　刘永慧　等著

内容摘要

本书是关于"内蒙古自治区地质综合信息集成"的报告。主要内容包括：项目概况，内蒙古自治区地质工作程度等11类基础地质数据库现状调研及维护，铁、铜、铝土、铅、锌、锰、镍、钨、锡、金、铬、钼、锑、稀土、银、磷、硫、萤石、菱镁矿、重晶石20个矿种资源潜力评价专题成果数据库建设及资料整理与汇总，内蒙古自治区矿产资源潜力评价成果数据库集成，矿产资源潜力评价成果应用与服务等。

图书在版编目(CIP)数据

内蒙古自治区地质综合信息集成/任亦萍，郝俊峰，刘永慧等著.—武汉：中国地质大学出版社，2017.8

（内蒙古自治区矿产资源潜力评价成果系列丛书）

ISBN 978-7-5625-4035-9

Ⅰ.①内…

Ⅱ.①任…②郝…③刘…

Ⅲ.①区域地质-信息处理系统-内蒙古

Ⅳ.①P562.26-39

中国版本图书馆CIP数据核字(2017)第101443号

内蒙古自治区地质综合信息集成		任亦萍　郝俊峰　刘永慧　等著
责任编辑：龙昭月　胡珞兰　　选题策划：毕克成　张　健　刘桂涛		责任校对：张咏梅
出版发行：中国地质大学出版社(武汉市洪山区鲁磨路388号)		邮编：430074
电　　话：(027)67883511　　　传　　真：(027)67883580		E-mail:cbb@cug.edu.cn
经　　销：全国新华书店		Http://cugp.cug.edu.cn
开本：880毫米×1230毫米　1/16		字数：451千字　印张：14.25
版次：2017年8月第1版		印次：2017年8月第1次印刷
印刷：武汉中远印务有限公司		印数：1—1000册
ISBN 978-7-5625-4035-9		定价：198.00元

如有印装质量问题请与印刷厂联系调换

《内蒙古自治区矿产资源潜力评价》
出版编撰委员会

主　　任：张利平
副 主 任：张　宏　赵保胜　高　华
委　　员：(按姓氏笔划排列)
　　　　　于跃生　王文龙　王志刚　王博峰　乌　恩　田　力
　　　　　刘建勋　刘海明　杨文海　杨永宽　李玉洁　李志青
　　　　　辛　盛　宋　华　张　忠　陈志勇　邵和明　邵积东
　　　　　武　文　武　健　赵士宝　赵文涛　莫若平　黄建勋
　　　　　韩雪峰　路宝玲　褚立国
项目负责：许立权　张　彤　陈志勇
总　　编：宋　华　张　宏
副 总 编：许立权　张　彤　陈志勇　赵文涛　苏美霞　吴之理
　　　　　方　曙　任亦萍　张　青　张　浩　贾金富　陈信民
　　　　　孙月君　杨继贤　田　俊　杜　刚　孟令伟

《内蒙古自治区地质综合信息集成》

主　　编：任亦萍

编著人员：任亦萍　郝俊峰　刘永慧　常忠耀　张　彤　张玉清　燕轶男
　　　　　许立权　赵文涛　苏美霞　张　青　张　浩　侯学敏　陈新民
　　　　　贾金福　吴之理　方　曙　孙月君　杨继贤　田　俊　颜　涛
　　　　　于海洋　毛德鹏　张　亮　杜震刚　闫　洁　孙会玲　王沛东
　　　　　赵丽娟　吴艳君　李红威　范亚丽　谢　燕　武慧珍　许　燕
　　　　　李　杨　张婷婷　魏雅玲　安艳丽　佟　卉　胡　雯　李雪娇
　　　　　孟晓玲　贾瑞娟　高清秀　云丽萍　杨亚博　张春华　吕洪涛
　　　　　顾　宁　张海龙　赵　靖　张晓娜　高　枫　刘文浩　郭　欣
　　　　　刘其梅　李　卉　周海英　周　婧　赵晓燕　张利清　陈永红
　　　　　黄蒙辉　王辛燕　薛美娜　马　茜　刘亚男　童慧玲　郭洪春
　　　　　刘和军　赖　波　林美春　刘学琴　赵　敏　郑　婷　刘洁宇

技术顾问：左群超　陈安蜀

项目负责单位：中国地质调查局　内蒙古自治区国土资源厅

编撰单位：内蒙古自治区国土资源厅

主编单位：内蒙古自治区地质调查院　内蒙古自治区国土资源信息院
　　　　　内蒙古自治区国土资源勘查开发院　内蒙古自治区地质矿产勘查院
　　　　　内蒙古自治区第十地质矿产勘查开发院
　　　　　中化地质矿山总局内蒙古自治区地质勘查院

序

2006年,国土资源部为贯彻落实《国务院关于加强地质工作决定》中提出的"积极开展矿产远景调查评价和综合研究,科学评估区域矿产资源潜力,为科学部署矿产资源勘查提供依据"的精神要求,在全国统一部署了"全国矿产资源潜力评价"项目,"内蒙古自治区矿产资源潜力评价"项目是其子项目之一。

"内蒙古自治区矿产资源潜力评价"项目2006年启动,2013年结束,历时8年,由中国地质调查局和内蒙古自治区政府共同出资完成。为此,内蒙古自治区国土资源厅专门成立了以厅长为组长的项目领导小组和技术委员会,指导监督内蒙古自治区地质调查院、内蒙古自治区地质矿产勘查开发局、内蒙古自治区煤田地质局以及中化地质矿山总局内蒙古自治区地质勘查院等7家地勘单位的各项工作。我作为自治区聘请的国土资源顾问,全程参与了该项目的实施,亲历了内蒙古自治区新老地质工作者对内蒙古自治区地质工作的认真与执着。他们对内蒙古自治区地质的那种探索和不懈追求精神,给我留下了深刻的印象。

为了完成"内蒙古自治区矿产资源潜力评价"项目,先后有270多名地质工作者参与了这项工作,这是继20世纪80年代完成的《内蒙古自治区地质志》《内蒙古自治区矿产总结》之后集区域地质背景、区域成矿规律研究,物探、化探、自然重砂、遥感综合信息研究以及全区矿产预测、数据库建设之大成的又一巨型重大成果。这是内蒙古自治区国土资源厅高度重视,完整的组织保障和坚实的资金支撑的结果,更是内蒙古自治区地质工作者八年辛勤汗水的结晶。

"内蒙古自治区矿产资源潜力评价"项目共完成各类图件万余幅,建立成果数据库数千个,提交结题报告百余份。以板块构造和大陆动力学理论为指导,建立了内蒙古自治区大地构造构架。研究和探讨了内蒙古自治区大地构造演化及其特征,为全区成矿规律的总结和矿产预测奠定了坚实的地质基础。其中提出了"阿拉善地块"归属华北陆块,乌拉山岩群、集宁岩群的时代及其对孔兹岩系归属的认识、索伦山-西拉木伦河断裂厘定为华北板块与西伯利亚板块的界线等,体现了内蒙古自治区地质工作者对内蒙古自治区大地构造演化和地质背景的新认识。项目对内蒙古自治区煤、铁、铝土矿、铜、铅锌、金、钨、锑、稀土、钼、银、锰、镍、磷、硫、萤石、重晶石、菱镁矿等矿种，划分了矿产预测类型；结合全区重力、磁测、化探、遥感、自然重砂资料的研究应用，分别对其资源潜力进行了科学的潜力评价，预测的资源潜力可信度高。这些数据有力地说明了内蒙古自治区地质找矿潜力巨大，寻找国家急需矿产资源，内蒙古自治区大有可为，成为国家矿产资源的后备基地已具备了坚实的地质基础。同时，也极大地鼓舞了内蒙古自治区地质找矿的信心。

"内蒙古自治区矿产资源潜力评价"是内蒙古自治区第一次大规模对全区重要矿产资源现状及潜力进行摸底评价，不仅汇总整理了原1∶20万相关地质资料，还系统整理补充了近年来1∶5万区域地质调查资料和最新获得的矿产、物化探、遥感等资料。期待着"内蒙古自治区矿产资源潜力评价"项目形成的系统的成果资料在今后的基础地质研究、找矿预测研究、矿产勘查部署、农业土壤污染治理、地质环境治理等诸多方面得到广泛应用。

2017 年 3 月

前　言

依据《国务院关于加强地质工作的决定》（国发〔2006〕4号文）中提出的"积极开展矿产远景调查和综合研究，科学评估区域矿产资源潜力，为科学部署矿产资源勘查提供依据"的要求和精神，实现地质找矿新突破、提高矿产资源能力、降低对外矿产资源依存度，国土资源部于2006年部署了"全国矿产资源潜力评价"工作。

"全国矿产资源潜力评价"是一项重要的矿产资源国情调查。总体目标是摸清全国矿产资源种类、资源总量和空间分布，实现成矿地质理论和技术方法创新，培养一批综合性地质矿产人才，成果直接为国家制订矿产资源中长期发展规划提供依据。参与行业或部门有国土资源部地质勘查司、中国地质调查局及局属地质调查单位、30个省（直辖市、自治区）国土资源厅及所属地勘单位、中国煤炭地质总局、中国核工业地质总局、中国中化地质总局以及中国地质大学、成都理工大学和吉林大学等。

"内蒙古自治区矿产资源潜力评价"是"全国矿产资源潜力评价"下设47个工作项目之一。该项目旨在摸清自治区重要矿产资源的"家底"，为矿产资源勘查部署决策提供依据。所评价的矿产包括铁、铜、铝土、铅、锌、锰、镍、钨、锡、金、铬、钼、锑、稀土、银、磷、硫、萤石、菱镁矿、重晶石20个矿种。

"内蒙古自治区矿产资源潜力评价综合信息集成"是"内蒙古自治区矿产资源潜力评价"项目的一个专题。在内蒙古自治区国土资源厅精心组织和内蒙古自治区矿产资源潜力评价项目组的总体部署下，本专题组全体成员经过8年的努力，全面完成了各项工作任务，编写了《内蒙古自治区地质综合信息集成》。

本专题承担的工作任务主要分3个方面：一是维护与更新相关基础地质数据库，提供能够满足内蒙古自治区矿产资源潜力评价需要、具有现时性的基础数据；二是利用矿产资源潜力评价数据模型、配套软件工具以及方法技术，支持潜力评价地质专业技术人员开展研究、编图及数据采集工作，用以规范、集成内蒙古自治区矿产资源潜力评价工作成果；三是利用全国矿产资源潜力评价数据集成管理应用平台，汇总、集成、管理内蒙古自治区矿产资源潜力评价取得的海量成果数据。

本专题取得的重要成果：①通过对内蒙古自治区地质工作程度等11类基础地质数据库的现状调研，不仅摸清了内蒙古自治区基础地质数据库的现状，而且全面、深入、系统地总结了各类基础地质数据库的成果，提高了数据的准确性、现时性，为内蒙古自治区矿产资源潜力评价提供了详细的数据基础，提高了评价效率，精准了评价过程，也为今后数据的广泛应用奠定了扎实的数据基础。②对11类基础地质数据库进行了维护与更新，为成矿地质背景研究专题组1∶25万实际材料图等图件的编制、建库，成矿规律与矿产预测专题组以及物探、化探、遥感、自然重砂综合信息评价专题组图件的编制及建库等任务的顺利完成提供了良好的基础数据支撑。这是新中国成立以来首次对基础地质数据库进行集中式维护。③充分整理和汇总了20个矿种的资料性成果图8908个。其中，建库7192个，数据量为528GB；不建库1006个，影像图710个，数据量为222GB。④用GeoPEX汇总，系统地建立了内蒙古自治区矿产资源潜力评价资料性成果数据库，入库图库达7192个，涵盖铁、铜、铝土、铅、锌、锰、镍、钨、锡、金、铬、钼、锑、稀土、银、磷、硫、萤石、菱镁矿、重晶石20个矿种成矿地质背景、磁法资料应用、重力资料应用、化探资料应用、重砂资料应用、遥感资料应用、矿产及其预测等专题的MapGIS格式数据，是迄今为止内蒙古自治区国土资源系统数据量最大、内容最齐全的地学数据库。⑤通过对内蒙古自治区潜力评价项目数据库建设技术人员进行多次技术培训和个别单位单独专门指导,不仅为参加单位培养和储备了一批高素质的地质、物探、化探、遥感、自然重砂等各类地学数据库建设及数据处理的人才队伍,而且改变了传统地质编图的工作方法和模式,使退休多年的老专家和年轻技术骨干有了数据模型和数据库的观念,并依托信息技术,使新老专家相互协调、配合,使综合研究工作发生了潜移默化的技术更新。⑥通过对内蒙古自治区矿产资源潜力评价各项成果的集成,已成功实现了成果应用与转化,广泛应用于国土资源"一张图"、整装勘查、找矿突破战略行动部署,以及地质勘查规划、综合研究等多项工作,为内蒙古自治区地勘事业的发展提供了强大的数据支撑,对内蒙古自治区的经济建设起到重要的作用。

本书各章节编写及执笔分工如下:

前言:由任亦萍执笔。

第一章　项目概况:由任亦萍执笔。

第二章　取得的主要成果:由任亦萍执笔。

第三章　基础地质数据库现状调研:由任亦萍、燕轶男执笔。

第四章　基础地质数据库维护:由任亦萍、郝俊峰、刘永慧、常忠耀、张彤、张玉清执笔。

第五章　矿产资源潜力评价专题成果数据库建设:由任亦萍、许立权、张彤、苏美霞、张青、张浩、侯学敏、吴之理、方曙、孙月君、杨继贤执笔。

第六章　矿产资源潜力评价成果数据库集成:由任亦萍、侯学敏执笔。

第七章　矿产资源潜力评价成果的应用:由任亦萍、燕轶男执笔。

结语:由任亦萍执笔。

主要参考文献:由任亦萍整理。

本书章节内容、顺序安排及统稿工作由任亦萍负责完成。限于作者水平,文中难免存在不足之处,恳请专家同行批评指正。

著　者

2016 年 8 月

目 录

第一章 项目概况 …………………………………………………………………… (1)
 第一节 项目来源 ……………………………………………………………… (1)
 第二节 目标任务 ……………………………………………………………… (1)
 第三节 项目组织实施概况 …………………………………………………… (3)
 第四节 完成工作量 …………………………………………………………… (7)

第二章 取得的主要成果 …………………………………………………………… (11)

第三章 基础地质数据库现状调研 ………………………………………………… (13)
 第一节 基础地质数据库概况 ………………………………………………… (13)
 第二节 基础地质数据库现状调研 …………………………………………… (13)

第四章 基础地质数据库维护 ……………………………………………………… (51)
 第一节 地质工作程度数据库 ………………………………………………… (51)
 第二节 矿产地数据库 ………………………………………………………… (55)
 第三节 区域重力数据库 ……………………………………………………… (59)
 第四节 航磁数据库 …………………………………………………………… (63)
 第五节 区域地球化学数据库 ………………………………………………… (67)
 第六节 遥感影像数据库 ……………………………………………………… (72)
 第七节 自然重砂数据库 ……………………………………………………… (74)
 第八节 1∶20万数字地质图空间数据库 …………………………………… (77)
 第九节 1∶50万数字地质图数据库 ………………………………………… (80)
 第十节 地理底图数据库 ……………………………………………………… (83)
 第十一节 地质信息元数据库 ………………………………………………… (85)

第五章 矿产资源潜力评价专题成果数据库建设 ………………………………… (86)
 第一节 软件支撑 ……………………………………………………………… (86)
 第二节 技术支撑 ……………………………………………………………… (89)
 第三节 专题成果数据库建设 ………………………………………………… (98)

第六章 矿产资源潜力评价成果数据库集成 ································· (126)

    第一节 准备工作 ··· (126)
    第二节 成果数据库集成 ··· (126)
    第三节 资料性成果汇总 ··· (128)
    第四节 专题成果数据库质量评价 ··· (182)
    第五节 集成数据库系统使用说明 ··· (183)

第七章 矿产资源潜力评价成果的应用 ·· (209)

    第一节 应用于规划类项目 ··· (209)
    第二节 应用于整装勘查项目 ··· (209)
    第三节 应用于区域地质调查、矿产远景调查项目 ····························· (210)
    第四节 应用于基础矿产勘查项目 ··· (210)
    第五节 应用于矿产资源评价等项目 ··· (211)

结　语 ·· (213)

主要参考文献 ··· (215)

第一章 项目概况

第一节 项目来源

依据《国务院关于加强地质工作的决定》中提出的"积极开展矿产远景调查和综合研究,科学评估区域矿产资源潜力,为科学部署矿产资源勘查提供依据"的要求和精神,国土资源部于2006年部署了"全国矿产资源潜力评价"工作。"内蒙古自治区矿产资源潜力评价"是"全国矿产资源潜力评价"下设的47个工作项目之一。"内蒙古自治区矿产资源潜力评价综合信息集成"是"内蒙古自治区矿产资源潜力评价"项目的一个专题。在内蒙古自治区国土资源厅精心组织和内蒙古自治区矿产资源潜力评价项目组总体部署下,本专题组全体成员经过8年的努力,全面完成了各项工作任务,编写了《内蒙古自治区地质综合信息集成》。

工作项目名称:内蒙古自治区矿产资源潜力评价。

工作项目编码:1212010813005(2007—2008年)、1212010881609(2009—2010年)、1212011121003(2011—2013年)。

任务书编号:资〔2007〕038-01-05号、资〔2008〕01-06号、资〔2008〕增08-16-09号、资〔2009〕增16-05号、资〔2010〕增22-05号、资〔2011〕02-39-05号、资〔2012〕02-001-005号、资〔2013〕01-033-003号。

所属计划项目:全国矿产资源潜力评价。

工作起止年限:2007—2013年。

项目负责单位:内蒙古自治区国土资源厅。

项目承担单位:内蒙古自治区地质调查院。

项目参加单位:内蒙古地质矿产勘查院、内蒙古自治区国土资源勘查开发院、内蒙古自治区国土资源信息院、内蒙古自治区第十地质矿产勘查开发院、中化地质矿山总局内蒙古地质勘查院。

第二节 目标任务

一、总体目标任务

1. 总体目标任务

全面开展内蒙古自治区矿产资源潜力评价,在现有地质工作程度的基础上,基本摸清本自治区重要矿产资源的"家底",为勘查部署决策提供依据。

(1)在现有地质工作程度的基础上,全面总结全区基础地质调查和矿产勘查工作成果和资料,充分应用现代矿产资源预测评价的理论方法和GIS评价技术,开展全区铁、铜、铝土、铅、锌、锰、镍、钨、锡、金、铬、钼、锑、稀土、银、磷、硫、萤石、菱镁矿、重晶石等资源的潜力预测评价,估算本自治区有关矿产资源潜力及其空间分布,为研究制订国家矿产资源战略与国民经济中长期规划提供科学依据。

(2)以成矿地质理论为指导,深入开展本自治区范围的区域成矿规律研究;充分利用地质、物探、化探、遥感、自然重砂和矿产勘查等综合成矿信息,圈定成矿远景区和找矿靶区,逐个评价成矿远景区资源潜力,并进行分类排序;编制本自治区成矿规律与预测图,为科学合理地规划和部署矿产勘查工作提供依据。

(3)建立并不断完善本自治区重要矿产资源潜力预测相关数据库,特别是成矿远景区的地学空间数据库、典型矿床数据库,为今后开展矿产勘查的规划部署研究奠定扎实的信息基础。

2. 项目具体工作目标

(1)在本自治区范围内完成非油气矿产预测工作,在Ⅳ级和Ⅴ级成矿区内圈定预测区。工作比例尺为1∶20万~1∶25万,原始资料应用以1∶20万~1∶25万比例尺数据为主,成图比例尺为1∶150万。

(2)预测非油气矿产未查明资源量及地下1~2km以上空间分布。

(3)建立和完善能够满足本自治区动态资源评价工作需要的有关数据库、专家系统及固体矿产区域评价系统。

(4)提出本自治区矿产勘查近期及中长期部署建议及方案。预测自治区今后20年矿产资源的探明趋势、开发产能增长趋势以及矿产资源开发基地的战略布局。

(5)建立25个矿种的典型矿床成矿模型及成矿区(带)和矿集区的区域成矿模式。

(6)完成自治区新一轮成矿区(带)成矿地质构造环境及成矿规律研究。

二、本专题目标任务

在"内蒙古自治区矿产资源潜力评价项目"的总体目标下,按照《全国矿产资源潜力评价项目:数据库维护工作技术要求》和各类数据库建设相关应用标准,完成内蒙古自治区矿产资源潜力评价综合信息集成工作,包括:相关基础地质数据库维护与更新工作;为全区矿产资源潜力评价提供良好的基础地质数据支撑和技术服务;配合各个专业组开展专题成果数据库建设;进行成果资料性汇总工作及成果数据库集成建设等工作。

(一)工作目标

(1)完成内蒙古自治区各类基础地质数据库的维护与更新工作,包括地质工作程度数据库、矿产地数据库、航磁数据库、区域重力数据库、区域地球化学数据库、遥感数据库、自然重砂数据库、1∶50万数字地质图数据库、1∶20万数字地质图空间数据库、1∶25万地理底图数据库等,为开展全区矿产资源潜力评价提供基础资料和重要信息。

(2)学习、培训"矿产资源潜力评价数据模型"及软件使用方法,并为各专题成果数据库建设提供技术支撑。

(3)配合各个专业开展专题成果数据库建设,重点开展数据库检查、验收工作。

(4)开展成果资料汇总工作。

(二)具体任务

1. 地质工作程度数据库维护

(1)收集内蒙古自治区境内历年来所完成的各类地质工作成果资料,包括国土资源大调查、资源补偿费矿产勘查、中央和自治区勘查基金安排的地质勘查、商业性地质勘查等项目成果报告。

(2)按照区域地质调查、地球化学勘查、地球物理勘查、遥感地质、水文地质调查、工程地质调查、环境地质调查、矿产勘查、综合类地质调查等专业系列,建立属性数据库和空间数据库。

2. 矿产地数据库维护

以《矿产地数据库建设工作指南》(2001年修订版)为标准,按照《全国矿产资源潜力评价项目:数据库维护工作技术要求》,进行矿产地数据库维护工作。在2003年已验收的矿产地数据库基础上,补充与本次资源潜力评价有关的20多个矿种的大型矿床、中型矿床、小型矿床、矿点和矿化点信息,为内蒙古自治区矿产资源潜力评价提供基础信息。资料包括内蒙古自治区全行业的大调查、资补费、地方专项,以及社会商业性项目的有关成果。

3. 区域重力数据库、航磁数据库、区域地球化学数据库、遥感数据库及自然重砂数据库维护

(1)全面收集和整理内蒙古自治区物探、化探、遥感和自然重砂数据及其原始资料。
(2)对内蒙古自治区现有的区域重力数据库、航磁数据库、区域地球化学数据库、遥感数据库、自然重砂数据库进行检查,更正错误数据。
(3)补充新产生的数据和数据库建设时遗漏收集的数据,资料截止日期为2007年12月。

4. 数字地质图数据库和地理底图数据库维护

开展1∶50万数字地质图数据库、1∶20万数字地质图空间数据库和1∶25万地理底图数据库的维护与更新。对原数据库中存在问题进行修改,并将系统库更换为全国矿产资源潜力评价项目统一系统库。

5. 专题成果数据库建设

为各专题提供GIS和计算机技术支撑,配合各个专业开展专题成果数据库建设、检查及验收工作。

6. 成果资料汇总

开展成果资料汇总工作。

第三节 项目组织实施概况

一、项目组织概况

为了确保内蒙古自治区矿产资源潜力评价项目的顺利实施和圆满完成,按照《关于成立全区矿产资源潜力评价和储量利用调查工作领导小组的通知》(内国土资字〔2007〕821号文)的总体要求,内蒙古自治区国土资源厅成立了全区矿产资源潜力评价项目领导小组,组建了潜力评价项目组及综合信息集成专题组,并责成综合信息集成专题组(表1-1)全面开展内蒙古自治区矿产资源潜力评价综合信息集成工作。

二、项目实施概况

综合信息集成专题组各年度工作实施概况如下。
2007—2008年期间:①开展了资料收集和基础地质数据库维护设计编写工作;②完成了内蒙古自治区地质工作程度数据库、矿产地数据库、区域重力数据库、航磁数据库、区域地球化学数据库、遥感影像数据库、自然重砂数据库等维护工作;③单独对地质背景专题组进行属性采集、属性挂接、空间拓扑检查、投影变换、GeoMAG软件应用、专题成果数据库质量检查等内容培训,并指导地质背景组按潜力评价数据模型要求建库。

表 1-1 内蒙古自治区矿产资源潜力评价综合信息集成专题组人员分工情况一览表

类别	姓名	职称	从事专业	单位	分工情况
信息专题	任亦萍	正高	物探、化探	内蒙古自治区地质调查院	综合信息集成专题技术负责
地质工作程度数据库	郝俊峰	正高	地质矿产	内蒙古自治区地质调查院	工作程度数据库维护技术负责
	杜震刚	工程师	地质、计算机	内蒙古自治区地质调查院	负责工作程度数据库维护工作
	金景阳	助工	地质、计算机	内蒙古自治区地质调查院	数据录入、检查
	徐 楠	工程师	计算机	内蒙古自治区地质调查院	数据库建设、检查
	苑 梁	助工	地质、计算机	内蒙古自治区地质调查院	数据录入、检查
	李瑞彬	工程师	物探、化探	外聘	属性卡填制
矿产地数据库	刘永慧	高工	地质矿产	内蒙古自治区地质调查院	矿产地数据库维护技术负责
	毛德鹏	高工	地质矿产	外聘	负责矿产地数据库维护工作
	张 亮	高工	地质矿产	外聘	属性卡填制
区域重力数据库	常忠耀	正高	物探、化探	内蒙古自治区地质调查院	重力数据库技术负责
	王志利	工程师	物探	内蒙古自治区地质调查院	建库、检查
	杨建军	工程师	物探	内蒙古自治区地质调查院	建库、检查
重力应用专题成果数据库	苏美霞	正高	物探、化探	内蒙古自治区地质调查院	重力应用专题成果数据库技术负责
	孙会玲	工程师	物探	内蒙古自治区地质调查院	建库、检查
	范亚丽	助工	计算机	内蒙古自治区地质调查院	建库、检查
	吴艳君	工程师	物探	内蒙古自治区地质调查院	建库、检查
	孟晓玲	工程师	物探	内蒙古自治区地质调查院	建库、检查
	李红威	工程师	物探	内蒙古自治区地质调查院	建库、检查
	贾瑞娟	助工	物探	内蒙古自治区地质调查院	建库、检查
磁测数据库	陈新民	高工	物探	内蒙古自治区国土资源勘查开发院	航磁数据库技术负责
	贾金福	高工	物探	内蒙古自治区国土资源勘查开发院	磁测应用专题成果数据库技术负责
	吕洪涛	工程师	地质	内蒙古自治区国土资源勘查开发院	建库、检查
	侯学敏	工程师	计算机	内蒙古自治区国土资源勘查开发院	建库、检查
	顾 宁	工程师	地质	内蒙古自治区国土资源勘查开发院	建库、检查
区域地球化学数据库	任亦萍	正高	物探、化探	内蒙古自治区地质调查院	化探数据库技术负责
	云丽萍	助工	地质、计算机	内蒙古自治区地质调查院	建库、检查
化探应用专题成果数据库	张 青	正高	化探	内蒙古自治区地质调查院	化探应用专题成果数据库技术负责
	王沛东	工程师	化探	内蒙古自治区地质调查院	建库、检查
	赵丽娟	工程师	化探	内蒙古自治区地质调查院	建库、检查
	武慧珍	助工	计算机	内蒙古自治区地质调查院	建库、检查
	谢 燕	工程师	化探	内蒙古自治区地质调查院	建库、检查
	张海龙	工程师	化探	内蒙古自治区地质调查院	建库、检查
	赵 靖	助工	化探	内蒙古自治区地质调查院	建库、检查
	张晓娜	助工	化探	内蒙古自治区地质调查院	建库、检查
遥感影像数据库	张 浩	高工	遥感	内蒙古自治区国土资源信息院	遥感应用专题成果数据库技术负责
	颜 涛	工程师	计算机	内蒙古自治区国土资源信息院	建库、检查
	高 枫	助工	计算机	内蒙古自治区国土资源信息院	建库、检查
	刘其梅	助工	计算机	内蒙古自治区国土资源信息院	建库、检查
	李 卉	助工	计算机	内蒙古自治区国土资源信息院	建库、检查
	刘文浩	助工	计算机	内蒙古自治区国土资源信息院	建库、检查
	郭 欣	助工	计算机	内蒙古自治区国土资源信息院	建库、检查

续表 1-1

类别		姓名	职称	从事专业	单位	分工情况
自然重砂数据库		杨继贤	高工	地质矿产	内蒙古自治区地质矿产勘查院	自然重砂数据库技术负责
		田 俊	高工	地质矿产	内蒙古自治区地质矿产勘查院	重砂应用专题成果数据库技术负责
		周 婧	助工	计算机	内蒙古自治区地质矿产勘查院	建库、检查
1:50万数字地质图数据库		张 彤	正高	地质矿产	内蒙古自治区地质调查院	数据库技术负责
		张玉清	高工	地质矿产	内蒙古自治区地质调查院	数据库技术负责
		高清秀	助工	地质、计算机	内蒙古自治区地质调查院	建库、检查
1:20万数字地质图空间数据库		燕轶男	助工	地质、计算机	内蒙古自治区地质调查院	数据库检查
		张春华	工程师	地质	内蒙古自治区地质调查院	数据库检查
		杨亚博	助工	地质、计算机	内蒙古自治区地质调查院	数据库维护
		张 蒙	助工	地质、计算机	内蒙古自治区地质调查院	数据库维护
地质背景专题成果数据库	中西部	吴之理	高工	地质矿产	内蒙古自治区地质矿产勘查院	地质背景专题成果数据库技术负责
		周海英	工程师	地质、计算机	内蒙古自治区地质矿产勘查院	建库、检查
		赵晓燕	工程师	地质、计算机	内蒙古自治区地质矿产勘查院	建库、检查
		张利清	工程师	地质、计算机	内蒙古自治区地质矿产勘查院	建库、检查
		陈永红	工程师	地质、计算机	内蒙古自治区地质矿产勘查院	建库、检查
		黄蒙辉	工程师	地质、计算机	内蒙古自治区地质矿产勘查院	建库、检查
		薛美娜	工程师	地质、计算机	内蒙古自治区地质矿产勘查院	建库、检查
		王辛燕	工程师	地质、计算机	内蒙古自治区地质矿产勘查院	建库、检查
		童慧玲	工程师	地质、计算机	内蒙古自治区地质矿产勘查院	建库、检查
		马 茜	工程师	地质、计算机	内蒙古自治区地质矿产勘查院	建库、检查
		刘亚男	工程师	地质、计算机	内蒙古自治区地质矿产勘查院	建库、检查
	东部	方 曙	正高	地质矿产	内蒙古自治区第十地质矿产勘查开发院	地质背景专题成果数据库技术负责
		于海洋	工程师	地质、计算机	内蒙古自治区第十地质矿产勘查开发院	建库、检查
规律预测专题成果数据库	金属矿产规律预测	许立权	正高	地质矿产	内蒙古自治区地质调查院	地质背景专题成果数据库技术负责
		张 彤	正高	地质矿产	内蒙古自治区地质调查院	矿产预测专题成果数据库技术负责
		闫 洁	工程师	地质矿产	内蒙古自治区地质调查院	建库、检查
		许 燕	工程师	地质矿产	内蒙古自治区地质调查院	建库、检查
		李 杨	助工	地质、计算机	内蒙古自治区地质调查院	建库、检查
		张婷婷	助工	地质、计算机	内蒙古自治区地质调查院	建库、检查
		魏雅玲	工程师	地质、计算机	内蒙古自治区地质调查院	建库、检查
		安艳丽	助工	地质、计算机	内蒙古自治区地质调查院	建库、检查
		佟 卉	助工	地质、计算机	内蒙古自治区地质调查院	建库、检查
		胡 雯	助工	地质、计算机	内蒙古自治区地质调查院	建库、检查
		李雪娇	助工	地质、计算机	内蒙古自治区地质调查院	建库、检查
	非金属矿产规律预测	孙月君	高工	地质矿产	中化地质矿山总局内蒙古自治区地质勘查院	矿产预测专题成果数据库技术负责
		郭洪春	工程师	地质矿产	中化地质矿山总局内蒙古自治区地质勘查院	建库、检查
		刘和军	工程师	地质矿产	中化地质矿山总局内蒙古自治区地质勘查院	建库、检查
		赖 波	助工	地质、计算机	中化地质矿山总局内蒙古自治区地质勘查院	建库、检查
		林美春	助工	地质、计算机	中化地质矿山总局内蒙古自治区地质勘查院	建库、检查
		刘学琴	助工	地质、计算机	中化地质矿山总局内蒙古自治区地质勘查院	建库、检查
		赵 敏	助工	地质、计算机	中化地质矿山总局内蒙古自治区地质勘查院	建库、检查
		郑 婷	助工	地质、计算机	中化地质矿山总局内蒙古自治区地质勘查院	建库、检查
		刘洁宇	助工	地质、计算机	中化地质矿山总局内蒙古自治区地质勘查院	建库、检查

2009年：①根据内蒙古自治区矿产资源潜力评价项目工作需要，2009年初对1∶25万地理底图数据库等开展了维护工作，并于2009年底，完成了内蒙古自治区范围内的1∶50万数字地质图数据库的数据维护与更新工作。②参加了全国矿产资源潜力评价项目办公室（简称"全国项目办"）举办的技术培训，并及时把全国项目办发布的数据模型、统一系统库及数据模型应用软件转给其他专题组使用。③指导地质背景组完成内蒙古自治区1∶25万实际材料图、1∶25万建造构造图，及铁、铝土预测工作区地质构造专题底图的编制及数据库建设。④协助并指导物探、化探、遥感、自然重砂综合信息评价专题组完成物探、化探、遥感、自然重砂各专题空间数据库的建库任务。⑤指导成矿规律与矿产预测专题组完成铁、铝土矿潜力评价各类成果图件编制和数据库建设工作，完成了铜、金、铅、锌、钨、锑、磷、稀土等矿种（组）矿产预测类型、预测工作区边界和典型矿床研究区边界确定工作，初步完成了典型矿床成矿要素图、成矿模式图的编制工作，完成了部分典型矿床预测要素图和预测模型图的编制工作，完成了部分预测工作区区域成矿要素图和区域成矿模式图的编制工作。

2010年：①开展对各专题成果数据库的质量监控，2010年7月17—19日，完成了全区基础编图包括物探专题、化探专题、遥感专题、自然重砂专题成果及数据库复核审查。②2010年11月8—9日，组织召开内蒙古自治区铁矿、铝土矿单矿种资源潜力评价成果及数据库复核审查会议，并对各承担单位提交的铁铝各类编图成果数据库进行了审查，根据全国项目办已验收的资料目录，专题组均全部完成了铁铝成果数据库的修改工作，数据库专家组对全部数据库进行了100%的审查，并提出了下一步修改意见。

2011年：①2011年1月，完成了成矿地质背景专题基础编图成果及数据库审查验收工作。②2011年3月13—15日，组织召开内蒙古自治区矿产资源潜力评价项目铜、金、铅、锌、钨、锑、磷、稀土单矿种（组）数据库成果初审会议，对铜、铅、锌、钨、金、锑、稀土、磷等矿种潜力评价相关的地质背景、成矿规律、物探、化探、遥感、自然重砂、典型矿床、矿产预测等各项工作的成果图件空间数据进行初审、检查。2011年3月底，对各承担单位提交的2010年度图件（库）完成情况详细目录清单进行统计核实，在此基础上，填写《内蒙古自治区矿产资源潜力评价项目铜、金、铅、锌、钨、锑、稀土、磷省级化探成果图件及属性库内容》等清单。汇总、整理省级潜力评价资料性成果数据库，在北京参加内蒙古自治区铜、金、铅、锌、钨、锑、磷、稀土等矿种的潜力评价数据验收，并根据专家审查验收的意见安排各专题组进行修改完善。③根据全国矿产资源潜力评价工作的安排，完成了已入库的131个标准图幅的1∶20万数字地质图空间数据库系统库更换、修改等维护工作，并准备于2011年5月15—20日，参加中国地质调查局发展研究中心在国土资源部十三陵培训中心召开的"1∶20万数字地质图空间数据库维护成果验收会"。④根据验收意见及专家具体修改意见，按时参加天津地调中心组织的复核验收工作。2011年7月20—24日，又组织区内有关专家对地质背景、重力、磁测、化探、遥感、自然重砂、各单矿种成矿规律与矿产预测等专题提交的数据库进行复核验收初审。初审的重点是针对北京专家提出的修改意见，同时对新发现存在的问题也一并提出，要求进行修改。对于图名不规范的问题也制定了统一的命名规范，各专题组已按标准的图名命名原则规范图名。2011年8月4—9日，参加了天津地质调查中心组织的潜力评价成果数据复核验收会议。⑤完成复核验收后资料收集汇总、提交工作，根据天津地质调查中心复核验收意见，2011年8月23日全面完成内蒙古自治区各专题组地质背景、物探、化探、遥感、自然重砂等的基础编图成果数据库，以及内蒙古自治区铁、铝土、铜、金、铅、锌、钨、锑、磷、稀土等矿种（组）于天津复核验收后修改的图库收集、汇总工作。⑥完成对其他专题的技术支持，提供对锡矿、重晶石等矿种与物探等专题的矿产地、地质工作程度数据库等数据服务。

2012年：①根据全国项目办文件要求，提交根据汇交专家组检查意见修改、补充、完善的内蒙古自治区基础编图和铁、铝土等20个矿种潜力评价成果资料及相应数据库。②完成对内蒙古自治区基础编图和铜、金、铅、锌、钨、锑、稀土、磷等矿种补充修改完善的数据库进行汇总整理，并参加由全国项目办在北京组织的对省级基础编图和铜、金、铅、锌、钨、锑、稀土、磷等矿种潜力评价成果资料及相应数据库补充成果进行提交，包括图件、数据库、编图说明书，并同时提交第二类资料，包括扫描各类原始采样分析报告（各类化石、各类同位素、稀土、微量元素、硅酸盐、等离子光谱、基础图件原始资料等）、扫描中大比例尺化探资料、录入中大比例尺化探资料数据、编制遥感影像图册及解译图册等。③2012年6月组织区内专家,按地质背景、重力、磁测、化探、遥感、自然重砂、各单矿种成矿规律与矿产预测、数据库等专题,对内蒙古自治区锡、镍、锰、银、硫、萤石、重晶石等矿种资源潜力评价成果数据进行初步审查。2012年7月在北京参加全国项目办组织的锡、镍、锰、银、硫、萤石、重晶石等矿种各专业组资源潜力评价数据的验收,验收后根据专家审查提出的验收意见进行修改完善。④2012年10月中旬将根据7月的北京修改意见进行修改完善的内蒙古自治区锡、钼、镍、锰、银、硫、萤石、重晶石等矿种数据汇总整理,10月24—27日,在北京参加内蒙古自治区锡、钼、镍、锰、银、硫、萤石、重晶石等矿种资源潜力评价数据综合信息集成项目组复核验收。提交的验收内容为由全国专题汇总组(地质、规律、预测、化工、物探、化探、遥感、自然重砂、综合信息集成)验收或(和)复核的专家检查意见记录电子档,以及省级项目组回复专家检查意见的修改确认记录电子档。⑤用省级矿产资源潜力评价资料性成果集成建库管理系统GeoPEX软件开展内蒙古自治区潜力评价资料性成果数据库汇总工作。专门组织队伍,成立地质背景、重力、磁测、化探、遥感、自然重砂、成矿规律与矿产预测、综合信息集成专业相应的汇总组,对基础编图和铁、铝土等矿种的地质背景、重力、磁测、化探、遥感、自然重砂、成矿规律与矿产预测数据进行整理,用GeoPEX软件查错,并将检查修改后的数据入库。

2013年:①已成立的地质背景、重力、磁测、化探、遥感、自然重砂、成矿规律与矿产预测、综合信息集成专业相应的汇总组,对铁、铝土等20个矿种的地质背景、重力、磁测、化探、遥感、自然重砂、成矿规律与矿产预测数据进行整理,对各类数据库和遥感影像图,用GeoPEX软件查错,并将检查修改后的数据入库。截至2013年10月,已将铜、金、铅、锌、钨、锑、稀土、铝土、铁、银、锰、镍、磷、萤石、重晶石、锡、钼等矿种入库。②根据全国项目办要求,编写《内蒙古自治区矿产资源潜力评价综合信息集成专题成果报告》,于2013年6月完成了报告及其附表的编写工作。③利用资料性成果数据库集成,成功实现了GeoPEX软件提供的省级行政区划范围、1:5万分幅接图表、1:20万分幅接图表、1:25万分幅接图表、各矿种预测工作区范围、各矿种典型矿床研究区范围6种查询配置方案,为今后整个内蒙古自治区潜力评价成果数据库的广泛应用奠定了数据基础和服务平台。

第四节 完成工作量

一、基础地质数据库维护

2008年底,完成了内蒙古自治区地质工作程度数据库、矿产地数据库、区域重力数据库、航磁数据库、区域地球化学数据库、遥感影像数据库、自然重砂数据库7个基础地质数据库的维护与更新工作,以及内蒙古自治区矿产资源潜力评价项目基础地质数据库的维护工作报告,其实物工作量见表1-2。该成果于2009年3月通过华北矿产资源潜力评价项目办公室和中国地质调查局的联合验收,并被评为"优秀级"。

相继于2009年初完成了1:25万地理底图数据库,2009年底完成了1:50万数字地质图数据库,2011年5月完成了1:20万数字地质图空间数据库和地质信息元数据库的维护与更新工作。

二、专题成果数据库

1. 基础编图成果数据库

2011年1月前,完成并提交了内蒙古自治区矿产资源潜力评价基础编图成果数据库。其完成工作量及验收情况见表1-3。

表1-2 基础地质数据库维护完成工作量表

序号	数据库名称	完成并提交时间	完成工作量
1	地质工作程度数据库	2008年底完成,2009年3月提交	新增地质工作程度数据1030个,矿产地工作程度数据446个,矿区工作情况数据849个。维护后共包含地质工作程度数据4701个,矿产地工作程度数据1882个
2	矿产地数据库		新增各类矿产地513个,其中大型10个,中型17个,小型232个,各类矿点、矿化点254个。维护后,矿产地数据库共收录各类矿产地1932个。其中,大型89个,中型225个,小型680个,各类矿点、矿化点938个
3	区域重力数据库		完成1:100万重力原始数据(5项)"五统一"改算,2个图幅。维护后区域重力数据库中包含数据90 114个,其中1:100万数据11 667个、1:50万数据1631个和1:20万数据76 816个
4	航磁数据库		航磁数据库新增1:5万航磁数据7个测区、1:20万航磁数据1个测区,并对全区数据进行了核查、校对
5	区域地球化学数据库		新增数据27 000个,包含1:20万图幅数6个,元素39个。维护后区域地球化学数据库中共包含1:20万数据151 205个
6	遥感影像数据库		完成了全区ETM原始数据检查102景
7	自然重砂数据库		对全区167幅重砂数据进行了核查
8	1:25万地理底图数据库	2009年初完成	对98幅1:25万地理底图数据库开展了系统库更换、修改等维护工作
9	1:50万数字地质图数据库	2009年底完成	通过对18幅1:25万地质图进行图形文件简化、更换系统库、生成标准图框、投影变换、拓扑造区、属性录入、区文件汇入、区文件合并和线文件的连接等工作,维护与更新了1:50万数字地质图数据库
10	1:20万数字地质图空间数据库	2011年5月完成	完成了已入库的131个标准图幅的1:20万数字地质图空间数据库系统库更换、修改等维护工作
11	地质信息元数据库		完成了已建各类数据库的地质信息元数据库

表1-3 矿产资源潜力评价基础编图成果数据库完成工作量及验收情况表

专业	完成并提交时间	数据库种类	工作量(个)
地质背景	2010年底完成,2011年1月提交	1:25万分幅实际材料图和建造构造图数据库	178
重力	2010年6月	全区重力工作程度图、推断地质构造图、布格重力和剩余重力异常图等数据库	4
磁测	2010年6月	全区磁法工作程度图、推断地质构造图、磁异常分布图和航磁等值线平面图等数据库	7
化探	2010年6月	全区地球化学景观图、工作程度图、推断地质构造图、地球化学图及异常图等数据库	85
遥感	2010年6月	全区及1:25万分幅遥感矿产地质特征解译图、羟基(铁染)异常分布图等数据库	410
自然重砂	2010年5月	全区自然重砂异常图数据库	44
合计			728

2. 铁、铝土矿产资源潜力评价专题成果数据库

2011年1月前，完成并提交了内蒙古自治区铁、铝土矿产资源潜力评价专题成果数据库。其完成工作量及验收情况见表1-4。

表1-4 铁、铝土矿产资源潜力评价专题成果数据库完成工作量及验收情况表

专业	完成并提交时间	数据库种类	工作量（个）
地质背景	2011年1月	预测工作区地质构造专题底图数据库	28（其中，铁27、铝土1）
规律与预测	2010年6月	区域成矿规律图、预测工作区成矿要素图和预测要素图等数据库	176（其中，铁164、铝土12）
重力	2010年6月	预测工作区推断地质构造图、布格和剩余重力异常图等数据库	84（其中，铁81、铝土3）
磁测	2010年6月	预测工作区推断地质构造图、磁异常分布图和航磁等值线平面图等数据库	244（其中，铁244、铝土0）
遥感	2010年6月	预测工作区遥感矿产地质特征解译图、羟基（铁染）异常分布图等数据库	105（其中，铁99、铝土6）
合计			637

3. 金、铜、铅、锌、钨、锑、稀土、磷矿产资源潜力评价专题成果数据库

2011年4月，完成并提交了金、铜、铅、锌、钨、锑、稀土、磷矿产资源潜力评价专题成果数据库建设工作。其完成工作量及验收情况见表1-5。

表1-5 金、铜、铅、锌、钨、锑、稀土、磷矿产资源潜力评价专题成果数据库完成工作量表

专业	完成并提交时间	数据库种类	工作量（个）
地质背景	2011年3月	预测工作区地质构造专题底图数据库	73（其中，金22、铜19、铅锌15、钨锑6、稀土4、磷7）
规律与预测	2011年3月	区域成矿规律图、预测工作区成矿要素图和预测要素图等数据库	456（其中，金128、铜118、铅锌96、钨锑42、稀土30、磷42）
重力	2011年3月	预测工作区推断地质构造图、布格和剩余重力异常图等数据库	216（其中，金66、铜57、铅锌45、钨锑18、稀土12、磷18）
磁测	2011年3月	预测工作区推断地质构造图、磁异常分布图和航磁等值线平面图等数据库	300（其中，金88、铜76、铅锌72、钨锑24、稀土16、磷24）
化探	2011年3月	预测工作区推断地质构造图、地球化学图及异常图等数据库	1383（其中，金505、铜368、铅锌299、钨锑115、稀土96）
遥感	2011年3月	预测工作区遥感矿产地质特征解译图、羟基（铁染）异常分布图等数据库	233（其中，金71、铜64、铅锌52、钨锑16、稀土12、磷18）
自然重砂	2011年3月	预测工作区自然重砂异常图数据库	38（其中，金14、铜9、铅锌6、钨锑3、稀土3、磷3）
合计			2699

4. 锡、钼、镍、锰、铬、银、硫、萤石、菱镁矿、重晶石矿产资源潜力评价专题成果数据库

2012年6月,完成并提交了锡、钼、镍、锰、铬、银、硫、萤石、菱镁矿、重晶石矿产资源潜力评价专题成果数据库。其完成工作量见表1-6。

表1-6 内蒙古自治区锡、钼等矿产资源潜力评价专题成果数据库完成工作量表

矿种	银矿	钼矿	锰矿	锡矿	镍矿	铬矿	硫铁矿	萤石	菱镁矿	重晶石	小计
地质	8	15	5	7	10	6	8	17	1	1	78
规测	46	77	31	39	48	32	45	69	11	11	409
重力	24	45	15	21	30	18	21	51	3	3	231
磁测	32	60	20	28	36	24	28	68	4	4	304
化探	253	275	76	149	122	92		34	2		1003
遥感	48	75	27	33	39	27	33	75	6	6	369
自然重砂		7	4	4		5	6	9			35
合计	411	554	178	281	285	204	141	323	27	25	2429

注:工作量单位为个。

三、成果数据库集成

2013年10月,完成并提交了全区潜力评价基础编图成果数据库集成,铁、铝土、金、铜、铅、锌、钨、锑、稀土、磷、锡、钼、镍、锰、铬、银、硫、萤石、菱镁矿、重晶石矿产资源潜力评价成果数据库集成,共计20个。完成工作量见表1-7。

表1-7 成果数据库集成工作量表

序号	数据库分组名称	数据库名	容量
1	全区潜力评价基础编图成果数据库集成	GeoPEXDB001	20.4GB
2	铁矿种(组)潜力评价成果数据库集成	GeoPEXDB002	87.2GB
3	锰矿种(组)潜力评价成果数据库集成	GeoPEXDB003	5.82GB
4	铬矿种(组)潜力评价成果数据库集成	GeoPEXDB004	5.4GB
5	铜矿种(组)潜力评价成果数据库集成	GeoPEXDB005	16GB
6	铅锌矿种(组)潜力评价成果数据库集成	GeoPEXDB006	29.1GB
7	镍矿种(组)潜力评价成果数据库集成	GeoPEXDB007	4.81GB
8	钨矿种(组)潜力评价成果数据库集成	GeoPEXDB008	4.8GB
9	锡矿种(组)潜力评价成果数据库集成	GeoPEXDB009	26.2GB
10	钼矿种(组)潜力评价成果数据库集成	GeoPEXDB010	39.5GB
11	金矿种(组)潜力评价成果数据库集成	GeoPEXDB011	15GB
12	银矿种(组)潜力评价成果数据库集成	GeoPEXDB012	26.9GB
13	锑矿种(组)潜力评价成果数据库集成	GeoPEXDB013	128MB
14	稀土矿种(组)潜力评价成果数据库集成	GeoPEXDB014	3.18GB
15	铝土矿种(组)潜力评价成果数据库集成	GeoPEXDB015	446MB
16	菱镁矿种(组)潜力评价成果数据库集成	GeoPEXDB016	569MB
17	磷矿种(组)潜力评价成果数据库集成	GeoPEXDB017	5.25GB
18	硫矿种(组)潜力评价成果数据库集成	GeoPEXDB018	14.3GB
19	萤石矿种(组)潜力评价成果数据库集成	GeoPEXDB019	10.6GB
20	重晶石矿种(组)潜力评价成果数据库集成	GeoPEXDB020	524MB

第二章 取得的主要成果

自内蒙古自治区矿产资源潜力评价项目实施以来，内蒙古自治区矿产资源潜力评价综合信息集成专题组根据项目总体设计书、历年项目任务书和设计书的要求，按时完成了各项工作任务，包括：完成了相关基础地质数据库维护与更新工作；为全区矿产资源潜力评价提供了良好的基础地质数据支撑和技术服务；配合各个专业组开展了专题成果数据库建设工作；进行了成果资料性汇总工作及成果数据库集成建设等工作。

1. 基础地质数据库维护

（1）基础地质数据库现状调研。开展了内蒙古自治区地质工作程度等11类基础地质数据库的现状调研，系统、深入、全面地总结了本区基础地质数据库成果，包括基础地质数据库的基本情况、建库工作程度、建库工作流程、数据库维护与更新情况、数据库管理系统等内容，为进一步开展本区国土资源信息化建设工作打下了扎实的地质数据基础。

（2）基础地质数据库维护。根据全国矿产资源潜力评价项目统一要求，2007年底对内蒙古自治区地质工作程度数据库、矿产地数据库、1∶50万数字地质图数据库、1∶20万数字地质图空间数据库等11类基础地质数据库进行了维护与更新，数据库使用的软件为Access、MapGIS等。

上述各类基础地质数据库维护成果及时提供于本区成矿地质背景研究专题组，成矿规律与矿产预测专题组，物探、化探、遥感、自然重砂综合信息评价专题组使用，为本区矿产资源潜力评价项目1∶25万实际材料图的编制、建库，各矿种成矿规律图的编制及建库等任务的顺利完成提供了良好的基础数据支撑。

2. 专题成果数据库建设

（1）专题成果数据库建设。配合各专业完成了内蒙古自治区矿产资源潜力评价基础编图成果数据库、铁和铝土等20个矿种（组）专题成果数据库等，充分发挥了基础地质数据库支撑、数据模型支撑、辅助数据库建设软件支撑以及专题成果数据库建设等方面的支撑作用，为内蒙古自治区矿产资源潜力评价成果数据库在全国项目办组织的历次成果数据库验收中取得优异成绩做出了很大贡献。

（2）资料性成果汇总。按照《省级矿产资源潜力评价综合信息集成专题汇总技术要求》的规定，全面、系统地完成了涵盖内蒙古自治区成矿地质背景、成矿规律、矿产预测、物探、化探、遥感、自然重砂7个专题的矿产资源潜力评价成果数据库规范整理、审查、汇总工作，提交内蒙古自治区矿产资源潜力评价基础编图成果数据库、铁和铝土等20个矿种（组）专题成果数据库一套，数据量达528GB，545 792个文件，12 200个文件夹。

3. 矿产资源潜力评价成果数据库集成

利用全国项目办公室资料汇总建库软件系统（GeoPEX）成功实现了内蒙古自治区矿产资源潜力评价成果数据库集成，为本区下一步矿产资源潜力评价成果数据库的成果转化和应用提供了兼顾查询、检索、裁剪等一体的基础数据。完成了内蒙古自治区矿产资源潜力评价资料性成果数据库集成数据一套，数据库分组20个，总数据量达到316GB，是本区目前最大的数字地质调查产品。

完成了涵盖全区成矿地质背景、成矿规律、矿产预测、物探、化探、遥感、自然重砂 7 个专题的基础编图成果和铁、铝土等 20 个矿种(组)潜力评价成果。

4. 人才培养

对内蒙古自治区所有承担单位数据库建设技术骨干开展了多次大规模的技术培训和个别单位专门单独培训,统一了建库要求及质量要求,为本区基础编图成果数据库、20 个矿种(组)专题成果数据库在全国取得优异成绩奠定了良好的基础。

培训的内容包括全国矿产资源潜力评价数据模型、规范、文档的学习,配套软件工具 GeoMAG 的应用,统一图例系统库的要求,元数据采集工具软件的操作等,充分强调所有专题的每一个图库从编图到属性数据采集,再到最终空间坐标系统和投影参数的选择,最终形成空间数据库,必须符合所在专题的数据模型要求,拓扑必须符合 MapGIS、GeoTOK 软件的要求等方面,对所有参加单位建库人员进行了全面要求。通过多次技术培训、数据库建设、图库验收与复核、图库修改等实践,为本区造就和储备了一大批地学数据库建设技术人才。

5. 综合信息集成专题成果报告

提交《内蒙古自治区矿产资源潜力评价信息集成专题报告》1 份、《内蒙古自治区矿产资源潜力评价资料性成果汇总集成数据库使用说明书》1 份。

内蒙古自治区矿产资源潜力评价综合信息集成专题成果报告主要分 3 个方面陈述:一是基础地质数据库维护,专题报告在系统描述基础地质数据库现状情况(包括数据库基本情况、数据库管理系统运行环境、数据库管理系统体系结构、数据库管理系统主要功能等)的基础上,全面总结了矿产资源潜力评价工作基础地质数据库维护情况,包括数据库维护基本情况、数据库工作程度、数据库维护工作流程、数据库维护验收情况等;二是专题成果数据库建设;三是资料性成果数据库汇总及集成。

第三章 基础地质数据库现状调研

第一节 基础地质数据库概况

自1999年国土资源部启动开展"数字国土工程"以来,在国土资源部、中国地质调查局统一工作部署、统一技术的要求下,内蒙古自治区对几十年来积累的大量地质工作成果资料进行了分类和系统的数字化及数据库建设,截至2006年底,基本建立起了基础地质数据库体系。内蒙古自治区基础地质数据库主要包括:

(1)地质工作程度数据库。
(2)矿产地数据库。
(3)区域重力数据库。
(4)航磁数据库。
(5)区域地球化学数据库。
(6)遥感影像图数据库。
(7)1:20万自然重砂数据库。
(8)1:50万数字地质图数据库。
(9)1:20万数字地质图空间数据库。
(10)1:25万地理底图数据库。
(11)地质信息元数据库。

第二节 基础地质数据库现状调研

一、地质工作程度数据库

1. 数据库现状

地质工作程度数据库于2001年正式启动,到2004年6月完成,由中国地质调查局发展研究中心负责,组织全国31个省(区、市)有色、冶金、煤炭、核工业、建材、化工,武警黄金指挥部,中国老科技工作者协会地矿分会,以及中国国土资源航空物探遥感中心等40多个省部市级单位参加数据库建设工作。内蒙古自治区历时两年半,较全面系统地收集和整理了全区20世纪的地质成果资料,根据《全国地质工作程度数据库建设工作指南》首次建立了当时区内数据最多、包含地质专业种类最全、覆盖范围最大的地质工作程度数据库。包括地质工作程度面元矢量数据3679个,包含区域地质调查、地球物理勘查、地球化学勘查、矿产勘查、水文地质调查、工程地质调查和环境地质调查等9类地质工作;矿产地点元矢量数据1588个,涵盖有色金属、黑色金属、贵重金属、稀有稀土金属、能源、非金属和水气矿产等13个矿种系列;矿区实物工作量关系型数据 2928 个,涉及钻探、槽探、坑探等矿区主要实物工作量。数据资料收集时间跨度大,涵盖范围广。

该数据库主要收集了 1951—2000 年期间,由内蒙古自治区地矿系统所属各单位完成的各类地质资料,也包括外省地矿系统或其他单位在内蒙古境内所做的各项地质工作成果资料。资料涉及的单位有 50 多个,除原内蒙古自治区地质矿产勘查开发局下属各单位外,还有黑龙江、吉林、辽宁、河北、甘肃、宁夏、山西等省级地质勘查单位、中国地质大学、长春地质学院、河北地质学院、北京大学地质系等大中专院校、天津地质矿产研究所、沈阳地质矿产研究所、矿床所、地质力学所等有关科研单位,原地质矿产部直属单位,内蒙古自治区及邻省有色、冶金、核工业、煤炭、化工、建材、石油系统所属地勘单位,武警黄金部队、水文工程部队以及一些重要矿山的勘探队。

其中,区域性地质调查与区域性水文地质调查工作成果资料搜集齐全,截至 2001 年底完成的 1∶20 万与 1∶5 万区域地质调查资料全部收齐。航磁测量及其地表航磁异常查证工作资料收集较为齐全。1∶20 万区域性化探测量、重力测量成果大部分收录。矿产勘查资料中,对于黑色、有色、贵金属、稀有稀土矿产勘查资料收集较全,列入 2000 年矿产储量表的矿产地勘查资料均有所反映。对于煤炭、非金属矿产因受行业限制,少数已列入 2000 年矿产储量表的矿产地勘查资料收集不到,应特别注意相关行业地勘单位的工作程度数据库。对于区划及与矿产相关的科研类成果资料收集齐全。

内蒙古自治区地质工作程度数据库现状情况见表 3-1。

表 3-1 内蒙古自治区地质工作程度数据库现状情况表

序号	现状大类	现状子类	现状内容
1	数据库基本情况	数据库名称	地质工作程度数据库
		数据库主要内容	数据库内容区域性基础属性、矿产地属性记录、矿区工作情况等
		数据库类型/形式(真正数据库、一般文件集合、数据库+一般文件集合的混合形式或其他形式)	真正数据库
		数据库主要格式	MS Access 2003 格式
		数据库建库标准	《全国地质工作程度数据库建设工作指南》 《数据和交换格式 信息交换 日期和时间表示法》(GB/T 7408—2005) 《区域地质图图例(1∶50 000)》(GB 958—2015) 《地质矿产术语分类代码》(GB 9649—88) 《国家基本比例尺地形图分幅和编号》(GB/T 13989—92) 《地理信息 术语》(GB/T 17694—2009) 《地质矿产部单位代码》(DZ 58—1998)
		采用元数据标准	《地质信息元数据标准》(DD 2006—05)
		数据量	工作程度数据 3679 个
		若为空间数据,其覆盖范围、比例尺、坐标参数(大地坐标系统、高程基准、地图椭球参数、地图投影类型)	覆盖范围:地质工作程度覆盖全区; 比例尺:可根据成图需要来定; 坐标参数:地理坐标系
		数据密级(公开、秘密、机密、绝密)	秘密
		数据库数据覆盖专业名称(若覆盖多种专业,则全部列出)	①区域地质调查;②地球化学勘查;③地球物理勘查;④遥感地质调查;⑤水文地质调查;⑥工程地质调查;⑦环境地质调查;⑧海洋地质调查;⑨综合类地质调查

续表 3-1

序号	现状大类	现状子类	现状内容
1	数据库基本情况	数据库建设起止时间、负责人	起止时间：2000—2003 年；负责人：孙政平、任亦萍
		数据库维护历史记录	2007 年之前未开展维护
		数据库更新方式（突击式、日常式或从未更新）	从未更新
		数据库数据或原始资料源头	各地勘单位地质资料馆的各类地质勘查报告（研究项目除外）
		数据库管理具体单位（即归口管理单位）	中国地质调查局
		数据库存放具体单位（即物理存放单位）	内蒙古自治区地质调查院
		数据库的用户群（若有多种用户群，按重要层次列出）	从事地质矿产勘查工作的行业部门及行政管理部门、规划部门等
		数据库应用状况描述	在相关地质工作的立项及后续工作中得到较为广泛的应用。如区域地质调查及生态地球化学调查评价等基础地质调查与研究，水工环地质调查评价（地质灾害调查与防治规划、重大建设工程地质灾害危险性评估、地质环境监测与预警、地下水资源调查评价等），以及地质矿产勘察评价等项目工作开展中普遍在应用，并取得良好的经济效益
		数据库存在的主要问题描述	由于资料截至 2000 年，数据库未包括后期新开展的地质矿产地勘查工作资料
		数据库其他情况描述	地质工作程度数据库还无法向全社会提供公开服务
2	数据库管理系统运行环境	数据库运行的硬件环境（服务器设备、网络设备、其他设备）	CPU 1.0GHz，1GB 内存，显示器分辨率为 1024×768
		数据库运行的操作系统（包括操作系统名称、版本）	Windows XP 或 Windows 7
		使用的数据库系统（包括数据库系统名称、版本）	MS Access 2003
		与其他相关应用系统的关系	
3	数据库管理系统体系结构	数据库管理系统的体系结构图（框图表示）	见图 3-1
		数据库管理系统的高层数据流图（高层流程图、高层控制流图）	见图 3-2
4	数据库管理系统功能	数据库管理系统的主要功能描述（逐一描述）	①数据库管理功能：本系统数据管理采用了空间数据和非空间数据管理共存的模式，较好地解决了数据库中一对多关系的属性数据浏览问题。数据采集阶段，建立了基于 MS Access 2003 数据管理软件下的非空间数据库；数据应用阶段，数据由 Access 格式转换为 ESRI Shape 格式的地质工作程度空间数据库，同时保留 Access 格式的非空间数据库。数据查询在空间数据库中完成，空间数据库中的属性浏览通过非空间数据库实现。②数据检查功能：系统提供了数据检查功能，利用空间数据查询方法，检查数据所在点、区域与地理位置的一致性等逻辑关系，提高了数据库中数据质量。③数据库的查询功能：系统提供了 5 种数据查询功能：模糊查询、属性查询、按行政区划查询、任意范围空间数据查询、图层与图层间空间数据查询，能够满足不同用户对系统进行查询的需求。④数据输出功能：系统提供了方便简捷制图功能，可以在系统图形界面上可视化地绘制图件标题、图框、图例等
5	数据库概念模型	数据库的概念模型（用 E-R 图描述）	见图 3-3

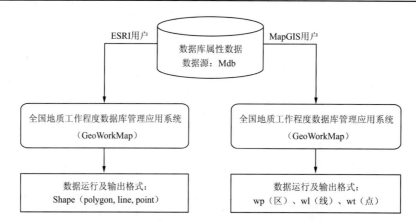

图 3-1 地质工作程度数据库管理系统的体系结构图

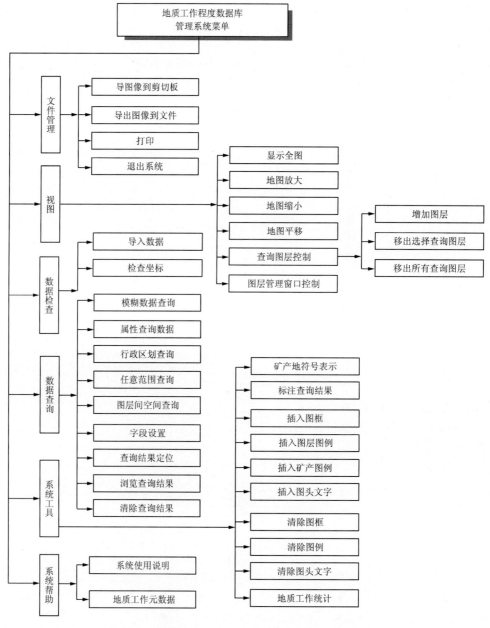

图 3-2 地质工作程度数据库管理系统的高层数据流图

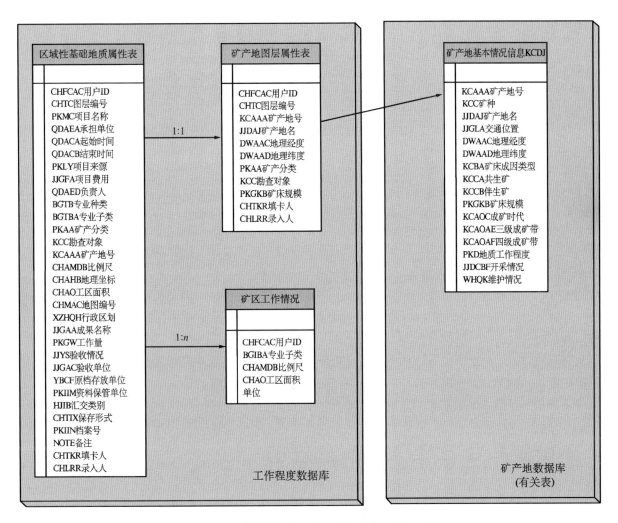

图 3-3 地质工作程度数据库的概念模型 E-R 图

2. 管理系统简介

为方便用户使用,中国地质调查局于数据库建设完毕后,研制和开发了功能齐全、技术先进适用、基于 MapObjects 和 MapGIS 平台的两套全国地质工作程度数据库管理应用系统。对"全国地质调查工作程度数据库"进行系统管理,实现数据的空间剪裁、属性检索、投影变换、图框图例生成、图件编辑输出等功能,以使社会各界方便、高效地使用全国地质工作程度数据库,了解和掌握已有地质工作程度信息,使地质工作规划和部署更具科学依据,避免工作投入的重复和浪费,同时也减轻了地质工作者在申请项目时编制工作程度图的负担。

两种 GIS 平台应用管理系统体系结构相同,均在工作程度动态更新、长期维护的基础上进行综合考虑。下面以 MapGIS 平台开发的系统重点作一介绍。

全国地质工作程度数据库应用系统(GeoWorkMap)是通过 MapGIS 65 二次开发 SDK 安装文件(setupsdk65.EXE)与 Microsoft Visual C++ 6.0 开发实现的。

(1)区域性基础地质工作程度的检索。以地区为先导的查询、检索方式,其流程为:选定区域(行政区或某一划定区)→选择地质专业种类/地质专业子类/比例尺图层→选择属性检索条件→获得满足条件的图元实体→(查询浏览)→投影变换/图框/图例→编辑/浏览/显示→输出(打印或数据转换和拷贝)。

(2)矿产勘查地质工作程度检索。对矿产勘查地质工作的检索需求主要是通过矿产地图层数据作为引导来完成。在实施查询、检索流程中,先确定所要查的矿产地对象,然后通过选定的矿产地作为引导,查询该矿产地的勘查工作程度数据。其具体流程为:选择矿产地→检索与该矿产相关联的矿产勘查工作程度图元实体→投影变换/图框/图例/编辑/浏览/显示→输出(打印或数据转换和拷贝)。

矿产勘查地质工作程度的检索有两种入口形式:一种是系统启动时直接进入;另一种是在区域性地质工作程度图上用鼠标点击矿产点进入。

在系统功能上实现了以下几项。

(1)查询检索。对库内已有数据能设置选择不同专业大类、子类及比例尺的图层或图层组合,进行多种方式的单条件或多条件属性查询、检索与多种形式的空间检索。在空间检索方面,提供了行政界线、标准图幅、任意多边形等方式;在属性检索方面,提供了形式化的属性条件检索机制,增强了定制化功能与直观性;在信息查询方面,除 MapGIS 分层的图形/属性查询浏览外,系统还提供了"根据图例查询相关图元",以及 MapInfo 风格的光标处所有图元的列表显示。

(2)投影变换。对查询检索出的数据可任意进行投影变换,自动生成相应图框与图例,并生成可供输出的 MapGIS 工程文件,同时能对工程文件进行存取、修改等管理。系统对投影变换与图框生成采用智能化与定制化相结合的灵活机制。若用户有自己定制好的图框(MapGIS 工程文件 *.MPJ),则系统可直接调用它,采用与它一致的投影参数与之套合;系统内置了各省标准的割圆锥投影参数,可供用户调用;此外,系统还具有智能化的投影参数计算机制;对于标准图幅的空间检索,系统自动生成标准的投影方式与图框。

(3)图例生成。系统提供了符合地调行业标准的矿产符号。系统会自动根据矿种及矿床规模修改矿产符号及其大小,对于双矿种与多矿种,除提供了一部分标准的符号外,系统能自动进行实时组合。对于矿产图例,提供了规范的"矿种-规模大小"矩形网格形式的样式。对于区域性基础地质工作与矿产勘查工作程度图例,系统提供了线状表达与面状表达两种方式,并根据图面的情况进行两者的取舍组合。可"根据图例统改图元显示参数"功能进行图形图例的快速统改。

(4)图形编辑。提供了强大的与 MapGIS 相一致的点、线、面图形编辑能力,可实现诸如根据属性修改图面显示参数、变动图例位置、自定义图名及其他图件整饰内容;此外,系统提供了"根据图例统改图元显示参数"功能。

(5)图形输出。提供了 MapGIS 工程文件的输出、编辑功能;页面设置,打印机输出并生成 JPG、GIF、TIFF 图像功能。

(6)MapGIS 格式的工作程度数据库文件的自动生成。系统提供了从 Access 格式数据库→MapGIS 格式文件、从 Shape 格式的数据库→MapGIS 格式文件的两种自动转换功能。在 Access→MapGIS 转换模块具有坐标数据错误检查功能。

3. 存在问题

由于资料截至 2000 年,数据库未包括后期新开展的地质矿产地勘查工作资料。2004—2006 年未进行后期维护。

二、矿产地数据库

1. 数据库现状

矿产地数据库建设项目是中国地质调查局下达的国土资源大调查项目,该项目于 1999 年启动,由中国地质调查局发展研究中心负责,各省(区、市)地质调查院参加,2002 年各省地质调查院提交成果,2003 年和 2004 年对矿产地数据库进行了维护,分别提交了成果,2004 年发展研究中心对全国分省建立的矿产地数据库进行了综合整理。

矿产地数据库主要包括矿产地基本情况等 11 个表的数据,它们分别为:矿产地基本情况、矿区地质情况、矿体特征、煤矿产特征、主要可采煤层特征、勘查区(井田)资源量、矿产储量、选矿试验、开采技术条件、矿床技术经济评价、矿产勘查工作概况。

内蒙古自治区矿产地数据库建设工作于1998年启动,并由内蒙古自治区地质矿产勘查开发局对全区大中型金属矿产地进行了入库工作,完成大中型金属矿床56个、小型矿床14个。1999年内蒙古自治区地质矿产勘查开发局选择了得尔布干成矿远景区、阿拉善成矿远景区、冀蒙相邻地区成矿远景区3个重点成矿远景区,完成金属、非金属矿点196个。2000年由内蒙古自治区地质调查院承担,补充了大中型非金属矿产地20个,小型金属矿产地62个,金属矿点162个,进行了矿产地入库工作。截至2000年底共完成矿产地507个,其中,大中小型矿床149个,矿点358个,于2000年通过中国地质调查局的验收。

2001年内蒙古自治区对本区提交的矿产地数据库进行了维护与更新,经过最终整理和系统检查,发现由于不同原因造成重复数据13个,现已将其删除。截至2001年底共完成矿产地数据704个,其中,金属矿产地395个,非金属矿产地309个,主要包括建材非金属、有色金属和贵金属数据。增加、修改或补充的矿产地矿产储量数据源主要以2000年出版的《内蒙古自治区矿产资源储量表》为标准。

2003年,再次对内蒙古自治区矿产地数据库进行了维护与更新,补充矿产地数据723个。其中,金属矿产地47个,非金属矿产地56个,矿点620个。

内蒙古自治区矿产地数据库自1997年至2003年,共收录大中小型矿床及矿点数据1427个,包括黑色金属、有色金属、贵金属、冶金、建材、化工、燃料七大类。其中:大型矿床80个,中型矿床208个,小型矿床449个,矿点(含矿化点)690个。

矿产地数据库现状见表3-2。

表3-2 矿产地数据库现状情况表

序号	现状大类	现状子类	现状内容
1	数据库基本情况	数据库名称	矿产地数据库
		数据库主要内容	每个矿产地的资料分别由"矿产地基本情况、矿区地质情况、矿体特征、煤矿产特征、主要可采煤层特征、勘查区(井田)资源量、矿产储量、选矿试验、开采技术条件、矿床技术经济评价、矿产勘查工作概况"11个表来描述入库
		数据库类型/形式(真正数据库、一般文件集合、数据库+一般文件集合的混合形式或其他形式)	真正数据库
		数据库主要格式	MS Access 2003格式
		数据库建库标准	《矿产地数据库建设工作指南》 《中华人民共和国行政区划代码》(GB/T 2260—2007) 《数字和交换格式 信息交换 日期和时间表示法》(GB/T 7408—2005) 《区域地质图图例(1∶50 000)》(GB 958—2015) 《地质矿产术语分类代码》(GB 9649—88) 《国家基本比例尺地形图分幅和编号》(GB/T 13989—92) 《地理信息 术语》(GB/T 17694—2009) 《地质矿产部单位代码》(DZ 58—1988)
		采用元数据标准	《地质信息元数据标准》(DD 2006—05)
		数据量	19.9GB
		若为空间数据,其覆盖范围、比例尺、坐标参数(大地坐标系统、高程基准、地图椭球参数、地图投影类型)	覆盖范围:矿产地数据分布全区; 比例尺:可根据成图需要来定; 坐标参数:地理坐标系

续表 3-2

序号	现状大类	现状子类	现状内容
1	数据库基本情况	数据密级（公开、秘密、机密、绝密）	秘密
		数据库数据覆盖专业名称（若覆盖多种专业，则全部列出）	地质矿产
		数据库建设起止时间、负责人	起止时间：1999—2002 年；负责人：张梅
		数据库维护历史记录、负责人	2003—2005 年进行过维护工作；负责人：张梅
		数据库更新方式（突击式、日常式或从未更新）	突击式
		数据库数据或原始资料源头	历年提交的矿产资源勘查报告等
		数据库管理具体单位（即归口管理单位）	中国地质调查局
		数据库存放具体单位（即物理存放单位）	内蒙古自治区地质调查院
		数据库的用户群（若有多种用户群，按重要层次列出）	从事地质矿产勘查工作的行业部门
		数据库应用状况描述	各类地质矿产勘查或规划项目在需要了解某个矿产地基本情况、某区域内矿产地分布情况时，基本都在间接或直接利用该数据库
		数据库存在的主要问题描述	数据库中未包括后期新发现的矿产地资料；库中个别矿产地坐标不准确，还存在重复现象
		数据库其他情况描述	矿产地数据库还无法向全社会提供公开服务
2	数据库管理系统运行环境	数据库运行的硬件环境（服务器设备、网络设备、其他设备）	CPU 1.0GHz，1GB 内存，显示器分辨率为 1024×768
		数据库运行的操作系统（包括操作系统名称、版本）	Windows XP 或 Windows 7
		使用的数据库系统（包括数据库系统名称、版本）	MS Access 2003
		与其他相关应用系统的关系	
3	数据库管理系统体系结构	数据库管理系统的体系结构图（框图表示）	见图 3-4
		数据库管理系统的高层数据流图（高层流程图、高层控制流图）	无
4	数据库管理系统功能	数据库管理系统的主要功能描述（逐一描述）	管理系统提供了一个录入界面，可以方便地打开每一个表，按界面所列逐项录入数据。管理系统也提供了查询、输出功能，根据矿产地编号或矿产地名称可以进行查询；根据需要也可以从数据库中输出 XLS 格式或 DBF 格式的数据。见图 3-5
5	数据库概念模型	数据库的概念模型（用 E-R 图描述）	见图 3-6

2. 管理系统简介

全国矿产地数据库管理系统（KCD 1.0）是由中国地质调查局发展研究中心开发的，功能齐全、实用性强的数据库应用系统。该系统利用 MapObjects 2.2 和 Microsoft Visual Basic 6.0 开发，脱离 GIS 平台，适用于 Windows 2000/XP 操作系统，技术先进适用，功能齐全，性能稳定。主要包括数据管理、数据

图 3-4 矿产地数据库管理的体系结构示意图

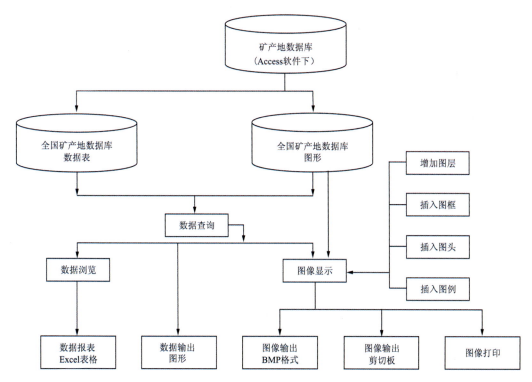

图 3-5 矿产地数据库管理系统的功能结构图

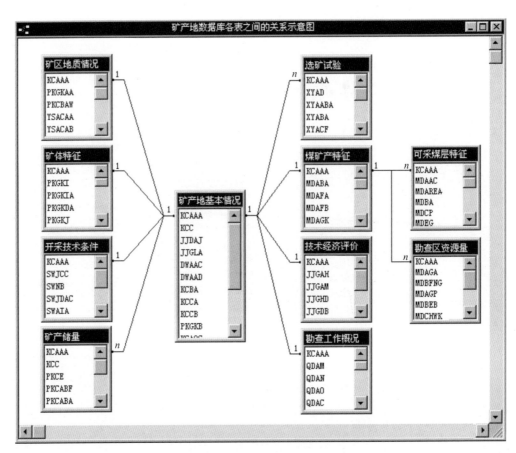

图 3-6 矿产地数据库的概念模型 E-R 图

查询、数据维护、数据检查、数据输出、空间分析、多媒体演示和系统帮助等模块,是集数据源与应用为一体,空间数据与非空间数据库共存,实现对矿产地数据库进行数据管理、数据查询、检索、编辑维护、空间分析、数据统计、数据输出及图形自动形成等多功能的数据库管理应用系统,极大地提高了数据库的信息服务和应用功能,能够满足管理部门和科研人员对矿产地数据管理与查询的基本需要。系统主界面及功能结构见图 3-4、图 3-5。

3. 存在的问题

数据库中未包括后期新发现的矿产地资料;库中个别矿产地坐标不准确,还存在重复现象。

三、区域重力数据库

1. 数据库现状

区域重力数据库于 1985 年在原地质矿产部计算中心 M-160 机上建成,是我国建库最早的物探数据库,后因机构变动及计算机技术发展等原因而关闭。1996 年根据工作需要,原地质矿产部区域重力中心基于 486 微机研制了省级区域重力数据库 PGDB,并于 1997 年在部分省局物探队、化探队得到了推广应用。到 20 世纪末,由于采用的 Windows 3.2 系统及数据库语言 Delphi 2.0、FoxPro 2.6 随计算机技术的发展被淘汰,无法继续使用。而且 PGDB 的 1km×1km 高程数据库存在西南地区缺漏,且不包含境外数据,难以进行我国西南部区域和边境地区的重力中、远区地形改正计算。另外,PGDB 仅有重力场延拓、垂向导数、水平导数、滑动平均、趋势分析方法功能,不能满足各省物探资料解释工作的需求。

再者,重力资料是国家保密资料,需要进行规范、严格的安全与应用管理。但随着20世纪末我国地质队伍属地化的改革和基层重力资料管理人员的变动,大量的重力数据面临散失危险。

鉴于上述技术应用与管理两方面的原因,2000年中国地质调查局及时立项研发和建立规范、安全的全国区域重力数据库及重磁数据处理软件系统,以适合现代计算机与信息技术发展和重力调查及物探资料解释工作需求。项目由发展研究中心负责,陕西省地质矿产勘查开发局第二综合物探大队参加,建库工作于2002年结束,随后每年都安排了维护工作,使数据库得到及时的更新。内蒙古自治区自2000年起,区域重力数据由各完成单位按区域重力规范的"五统一"要求进行了整理,提交原地质矿产部第二物探队区域重力中心。

2002年中国地质调查局建立的全国区域重力数据库,全面收集了原地质矿产部系统完成的区域重力调查数据,并全面按照《区域重力调查规范》的"五统一"技术要求进行了数据整理、录入与100%质量检查。

项目历时7年,全面收集、整理了我国原地质矿产部系统完成的1:20万、1:50万和1:100万区域重力调查数据,将相关成果数据进行检查和整理入库。区域重力数据库包括重力基点网数据表、高程数据表、重力工区参数信息表、工区范围表、重力数据表等内容。

制定和实施了严格的区域重力数据库质量控制办法,使入库数据的错误率小于1/10 000。根据重力地形改正工作需求,收集与整理了我国及边境以外30km范围的1km×1km节点高程数据,并进行了逐点检查,通过空间无缝拼接形成了覆盖全国陆域和境外30km范围的1km×1km节点高程数据库。该高程数据库可以满足我国境内任一重力测点进行远区地形改正的需要,为对我国境内重力测量的地形改正工作提供了可靠的高程数据支持,且具有更广泛的重要实用价值。

内蒙古自治区区域重力数据库是从全国库中提取内蒙古自治区数据而成的。包含1:100万数据10 000个,1:50万数据1631个和1:20万数据76 816个,总计88 447个。数据项:经度、纬度、高程、布格重力值、序号5项,总数据量4.0MB。数据资料截至2006年底。

原地质矿产部系统(原地质矿产部第一物探队、原地质矿产部第二物探队、原内蒙古自治区第一物化探队)、内蒙古自治区地质调查院、山西省地质调查院完成1:20万区域重力测量94个图幅(包括不完整图幅),主要集中在内蒙古自治区一些重要成矿区带上(华北地台北缘、大兴安岭中南段、得尔布干成矿带、鄂尔多斯盆地,以及阿拉善、北山的部分地区),约$37.74×10^4 km^2$,占全区总面积的32%。

1:100万的重力测量除巴丹吉林沙漠外,基本覆盖全区。

区域重力数据库现状见表3-3。

2. 管理系统简介

2006年,中国地质调查局发展研究中心在全国区域重力数据汇集和整理、数据库的建设和更新前提上,在"区域重磁数据库系统完善与推广"项目中,对原有过时的旧版本系统进行了改建,开发完成了适合我国基层地质单位技术特点的集数据可视化管理、数据整理、预处理和处理功能于一体的系统软件——全国区域重磁数据库信息系统(RGIS 2.0)。

该软件系统可作为重力数据处理规范软件使用,主要使用对象是从事重磁数据管理人员、数据加工处理及解释人员等。主要用于数据管理、数据提取、数据处理和处理成果数据的存储。

全国区域重磁数据库管理软件系统(RGIS 2.0),基于《区域重力调查规范》(DZ/T 0082—2006)、微机Windows 2000/XP操作系统,采用MapGIS和MapInfo二次开发技术和Visual C++、Visual Basic、Fortran等混合语言编程技术,研发了集重磁电数据可视化管理、数据预处理、处理和正反演解释、GIS图表图形图像制作与空间分析等功能为一体的具有MapGIS和MapInfo两种GIS平台版本的RGIS系统软件。具有"数据质量检查、重力数据整理、数据入库与管理、数据预处理、数据处理、规范与专题制图、GIS数据导入转出"八大项功能,具有自主版权,功能齐全的基于Windows平台与GIS技术的重力数据可视化管理、规范化整理、大数据量处理的软件系统。主要功能特点如下。

表3-3 区域重力数据库现状情况表

序号	现状大类	现状子类	现状内容
1	数据库基本情况	数据库名称	区域重力数据库
		数据库主要内容	中国地质调查局下发各省数据,内蒙古自治区1:100万数据10 000个,1:50万数据1631个和1:20万数据76 816个。数据项:经度,纬度,高程,布格重力值,序号
		数据库类型/形式(真正数据库、一般文件集合、数据库+一般文件集合的混合形式或其他形式)	关系数据库
		数据库主要格式	MS Access 2003格式
		数据库建库标准	《区域重力调查规范》(DZ/T 0082—93)《大比例尺重力勘查规范》(DZ/T 0171—1997)
		采用元数据标准	《地质信息元数据标准》(DD 2006—05)
		数据量	总计88 447个
		若为空间数据,其覆盖范围、比例尺、坐标参数(大地坐标系统、高程基准、地图椭球参数、地图投影类型)	覆盖范围:全区;比例尺:1:100万、1:50万、1:20万;坐标参数:地理坐标系
		数据密级(公开、秘密、机密、绝密)	机密
		数据库数据覆盖专业名称(若覆盖多种专业,则全部列出)	重力、GIS
		数据库建设起止时间、负责单位	数据库建设起止时间:2000—2003年;负责单位:中国地质调查局发展研究中心及陕西第二物探大队
		数据库维护历史记录	2004—2005年对区域重力数据库进行了维护和完善
		数据库更新方式(突击式、日常式或从未更新)	突击式
		数据库数据或原始资料源头	各有关部门完成的1:20万、1:50万和1:100万区域重力调查图幅数据
		数据库管理具体单位(即归口管理单位)	中国地质调查局
		数据库存放具体单位(即物理存放单位)	内蒙古自治区地质调查院
		数据库的用户群(若有多种用户群,按重要层次列出)	从事地质矿产勘查工作、地球物理勘查工作的行业部门
		数据库应用状况描述	间接或直接利用该数据库
		数据库存在的主要问题描述	数据库中未包括后期大比例尺重力数据
		数据库其他情况描述	数据库还无法向全社会提供公开服务
2	数据库管理系统运行环境	数据库运行的硬件环境(服务器设备、网络设备、其他设备)	CPU 1.0GHz,1GB内存,显示器分辨率为1024×768
		数据库运行的操作系统(包括操作系统名称、版本)	Windows XP或Windows 7
		使用的数据库系统(包括数据库系统名称、版本)	区域重力数据库信息系统(RGIS 2.0系统)
		与其他相关应用系统的关系	可提取高程用于地形图的绘制
3	数据库管理系统体系结构	数据库管理系统的体系结构图(框图表示)	无
		数据库管理系统的高层数据流图(高层流程图、高层控制流图)	无
4	数据库管理系统功能	数据库管理系统的主要功能描述(逐一描述)	数据质量检查、重力数据整理、数据入库与管理、数据预处理、数据处理、规范与专题制图、GIS数据导入转出
5	数据库概念模型	数据库的概念模型(用E-R图描述)	无

(1)数据库可视化管理与维护。主要包括重力、航磁与地磁数据库管理与维护,可以管理地质图、矿产、化探等数据,显示所有测点数据的空间位置及属性,或者可视化地检索与提取数据。

(2)重力数据规范化整理。实现了野外实测重力数据的各项整理,包括测点重力值(含固体潮)计算、3项外部改正(高度改正、中间层改正、正常重力场改正)、地形改正、布格异常计算、均衡异常计算和自由空间异常计算等。

(3)磁测数据预处理。主要包括磁力仪噪声试验、观测误差计算、磁测数据日变改正、正常场改正、高度改正、地磁要素计算等。

(4)数据处理。主要包括重磁数据坐标转换、网格化、网格文件计算、测量空区填补与复原、网格数据扩边以及利用数据库数据和平面数据切取剖面数据等。系统集成了正则化滤波、补偿圆滑滤波、滑动平均、趋势分析方法模块,用于重磁异常的滤波处理和重磁异常的分离。系统的回归分析和相关分析模块,用于研究重磁场及相关物理量之间的相互关系。系统提供了中高纬度磁异常化极、低纬度化极和变纬度化极计算功能。空间域转换处理模块包括向上延拓、向下延拓、水平一阶导数、水平二阶导数、垂向一阶导数、垂向二阶导数计算,以及基于等效源理论的曲化平功能模块。频率域转换处理模块包括向上延拓、向下延拓、水平方向导数(一阶及二阶导数)、垂向导数(一阶及二阶导数)、任意方向任意阶导数、水平总梯度、解析信号计算功能模块。

(5)重、磁、电方法正反演解释。重磁方面,RGIS系统研发集成了2.5维单重、单磁或重磁剖面联合反演,三维密度界面和磁性界面反演,三维重磁异常人机交互正反演,三维重磁异常自动反演和单点、剖面或三维磁源深度计算等正反演解释模块。电法和电磁法方面,RGIS系统提供了一维电阻率极化率测深正反演,二维电阻率极化率剖面和测深人机交互正反演,二维电阻率极化率剖面和测深自动反演,二维MT反演,一维TEM正反演,2.5维TEM正反演,二维电阻率地形改正等模块。

(6)图件制作。系统具备地质图空间数据及其他空间点位数据的导入、注册与可视化管理功能。可以通过GIS交换格式导入与管理地质图、磁测数据、化探数据、矿产地数据等,实现与重力数据类似的其他专业空间数据网格化、数据处理、等值线图绘制以及不同应用目的、不同展示效果,如彩色灰度阴影图、彩色三维图、统计图等。可以完成布格重力异常图、测点分布图、实际材料图、磁异常等值线图及平剖图、重磁解释成果图及多专业叠合的综合图件制作。

3. 存在问题

数据库中未包括后期中—大比例尺重力数据。

四、航磁数据库

1. 数据库现状

航磁数据库由中国国土资源航空物探遥感中心于2002年开始建设,主要是中国国土资源航空物探遥感中心(简称"航遥中心")及各省的航空物探测量队的航磁模拟资料数字化和建库(省级航磁数据库)。全国已完成航磁数据整理,数据库目前可提供全国2km×2km的网络数据,对局部地区可以提供1km×1km的网络数据。全国航磁数据库汇集了航空磁测数据和相关信息,主要内容包括坐标数据参数、磁力值、航磁工区参数信息等。航磁工区参数包括磁测工作区有关工作单位、时间、设备、飞行高度、测量精度等信息。

内蒙古自治区航磁数据库共包括1957—1994年64个测区,其中1:2.5万3个、1:5万43个、1:10万8个、1:20万8个、1:50万3个、1:100万1个,控制有效面积约$110×10^4 km^2$,基本覆盖自治区范围。

航磁数据库现状情况见表3-4及图3-7~图3-9。

表 3-4 航磁数据库现状情况表

序号	现状大类	现状子类	现状内容
1	数据库基本情况	数据库名称	航磁数据库
		数据库主要内容	国土资源部航遥中心下发 2km×2km 的航磁数据。数据基本内容：档案号、测区名称、测线号、纬度、经度、航磁 ΔT 值
		数据库类型/形式（真正数据库、一般文件集合、数据库＋一般文件集合的混合形式或其他形式）	一般文件集合
		数据库主要格式	ASCⅡ XYZ 数据
		数据库建库标准	《航空磁测技术规范》(DZ/T 0142—2010)《航磁数据库建库指南》
		采用元数据标准	《地质信息元数据标准》(DD 2006—05)
		数据量	内蒙古自治区包括 64 个测区
		若为空间数据，其覆盖范围、比例尺、坐标参数（大地坐标系统、高程基准、地图椭球参数、地图投影类型）	覆盖范围：航磁数据覆盖全区；比例尺：1：20 万；坐标参数：地理坐标系统，1985 国家高程基准
		数据密级（公开、秘密、机密、绝密）	秘密
		数据库数据覆盖专业名称（若覆盖多种专业，则全部列出）	航磁、物探
		数据库建设起止时间、负责单位	起止时间：2002—2005 年；负责单位：中国国土资源航空物探遥感中心
		数据库维护历史记录	2007 年之前未维护
		数据库更新方式（突击式、日常式或从未更新）	从未更新
		数据库数据或原始资料源头	中国国土资源航空物探遥感中心
		数据库管理具体单位（即归口管理单位）	中国国土资源航空物探遥感中心
		数据库存放具体单位（即物理存放单位）	中国国土资源航空物探遥感中心
		数据库的用户群（若有多种用户群，按重要层次列出）	从事地质矿产勘查工作、地球物理勘查工作的行业部门
		数据库应用状况描述	间接或直接利用该数据库
		数据库存在的主要问题描述	数据库中未包括后期大比例尺航磁数据；库中个别航磁数据由于沿等值线求取，受取点精度影响
		数据库其他情况描述	数据库还无法向全社会提供公开服务
2	数据库管理系统运行环境	数据库运行的硬件环境（服务器设备、网络设备、其他设备）	CPU 1.0GHz，1GB 内存，显示器分辨率为 1024×768
		数据库运行的操作系统（包括操作系统名称、版本）	Windows XP 或 Windows 7
		使用的数据库系统（包括数据库系统名称、版本）	MS Access 97、Excel 2000
		与其他相关应用系统的关系	
3	数据库管理系统体系结构	数据库管理系统的体系结构图（框图表示）	见图 3-7
		数据库管理系统的高层数据流图（高层流程图、高层控制流图）	见图 3-8
4	数据库管理系统功能	数据库管理系统的主要功能描述（逐一描述）	可实现数据管理检索查询：任意图元、标准图幅、屏幕方式、键盘输入、坐标文件输入及全区等检索。实现各类常规数据处理与分析
5	数据库概念模型	数据库的概念模型（用 E-R 图描述）	见图 3-9

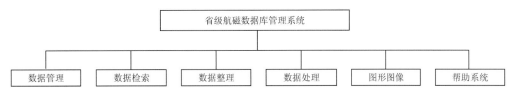

图 3-7　航磁数据库管理系统的体系结构示意图

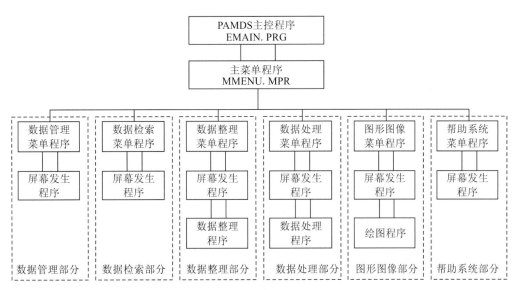

图 3-8　航磁数据库管理系统的高层数据流图

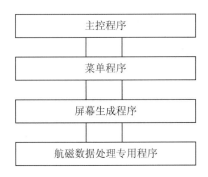

图 3-9　航磁数据库的概念模型 E-R 图

2. 管理系统简介

与区域重力数据库使用的全国区域重磁数据库管理软件系统(RGIS 2.0)一致。

3. 存在问题

数据库中未包括后期中—大比例尺航磁数据；库中个别航磁数据由于沿等值线求取，受取点精度影响。

五、区域地球化学数据库

1. 数据库现状

全国区域地球化学数据库是中国地质调查局2001年设立的地质调查类技术方法项目,由发展研究中心组织实施,参加单位包括全国28个省(区、市)地质调查院。该项目主要是通过汇集全国1∶20万和1∶50万区域地球化学数据和相关信息资料,建立全国区域地球化学数据库,编制全国性区域化学系列图,为矿产资源战略研究以及基础地质、环境地质、环境地质研究等提供地球化学资料。

项目总体实施是按3个阶段进行,第一阶段是汇集全国各省的区域化探原始数据;第二阶段是检查、核对、整理、调试和拼接数据,将合格的数据输入数据库;第三阶段是完善全国区域地球化学数据库,研究编图方法技术,处理系统误差,编制全国地球化学系列图。

全国区域地球化学数据库建设,在中国地质调查局、各省(区、市)国土资源厅(局)、地质勘查局、地质调查院及有关单位的大力支持下,历时4年,于2005年按计划圆满完成了任务。项目首次汇集了全国28个省(区、市)的1∶20万和1∶50万区域化探39种元素和氧化物的测试数据,共计数据点142万个,近5540万个数据,涉及1∶20万图幅1299个,1∶50万图幅18个。

项目开展过程中,针对全国650万余平方千米海量地球化学数据中存在的省、图幅、分析单位和年代及方法技术等系统偏差,采用多元地学数据管理与分析系统GeoExpl进行处理,形成了一套完整的全国区域地球化学数据汇集、整理、建库、系列编图的方法技术和流程。

研制开发了基于客户/服务器、GIS和大型数据库(SQL Sever)的全国区域地球化学数据管理信息系统,首次将汇集的数据建立了全国区域地球化学数据库,总数据量近1GB。以原始分析数据为数据源,编制了39种元素及氧化物的全国地球化学系列图(1∶500万)及图集(1∶1200万)。编制的地球化学图,充分展示了我国不同地质背景反映的地球化学规律,对矿产资源调查评价宏观决策、全国基础地质研究、地质环境评价以及地球化学数据的公益性社会化服务具有重要意义。

内蒙古自治区区域地球化学数据库是在由中国地质调查局在所建立的全国区域地球化学数据库基础之上,根据内蒙古自治区重要矿产资源潜力评价项目的需要,从全国库中提取内蒙古自治区数据而成的。内蒙古自治区区域地球化学数据库为1∶20万水系沉积物组合样品数据(每$4km^2$组合成一个样),包括39种元素和氧化物:Ag、As、Au、B、Ba、Be、Bi、Cd、Co、Cr、Cu、F、Hg、La、Li、Mn、Mo、Nb、Ni、P、Pb、Sb、Sn、Sr、Th、Ti、U、V、W、Y、Zn、Zr、SiO_2、Al_2O_3、Fe_2O_3、MgO、CaO、Na_2O、K_2O。资料截止时间为2002年。至2006年底,内蒙古自治区完成1∶20万区域化探166幅(折合成147个标准图幅),其中1∶20万水系沉积物样品入库数据共157幅,2002年以来完成的15幅(折合成14个标准图幅)尚未入库。

区域地球化学数据库现状见表3-5及图3-10、图3-11。

2. 管理系统简介

GeoMDIS:数据入库平台是中国地质调查局推广的区域地球化学数据管理信息系统GeoMDIS,现最新版本为GeoMDIS多目标版。该系统是中国地质调查局发展研究中心研制开发的、具有自主版权的、基于GIS的应用型软件系统,是以区域地球化学空间数据管理为基础开发的一套专业软件系统。GeoMDIS采用了以GIS构件为基础的开发模式,是在Windows操作平台下,结合可视化编程语言和面向对象的数据管理结构,集区域地理、地质、区域地球化学、多目标地球化学等信息的管理、处理、分析、转换、成图等为一体的专业化软件系统。该系统是单机版,操作系统采用Windows XP及以上,内存2GB以上。安装计算机最低要求为:CPU为2GHz,双核以上,内存2GB以上。可导出Access数据库及表,主要有样品号、数据点坐标及元素分析值等。

GeoExpl:区域地球化学数据库管理系统经过建立、演化,逐渐将数据处理等应用功能统一到多元

表 3-5 区域地球化学数据库现状情况表

序号	现状大类	现状子类	现状内容
1	数据库基本情况	数据库名称	区域地球化学数据库
		数据库主要内容	内蒙古自治区 157 幅,数据 124 205 个。每条记录包括样品分析结果 39 种元素
		数据库类型/形式(真正数据库、一般文件集合、数据库+一般文件集合的混合形式或其他形式)	真正数据库
		数据库主要格式	MS Access 格式
		数据库建库标准	《区域地球化学勘查规范 比例尺 1∶200 000》(DZ/T 0167—1995)
		采用元数据标准	《地质信息元数据标准》(DD 2006—05)
		数据量	大于 100MB
		若为空间数据,其覆盖范围、比例尺、坐标参数(大地坐标系统、高程基准、地图椭球参数、地图投影类型)	覆盖范围:化探数据覆盖内蒙古大部分地区; 比例尺:1∶20 万; 坐标参数:投影平面直角坐标系、地理坐标系 2 套数据
		数据密级(公开、秘密、机密、绝密)	秘密
		数据库数据覆盖专业名称(若覆盖多种专业,则全部列出)	化探
		数据库建设起止时间、负责人	起止时间:2001—2005 年;负责人:廖蕾
		数据库维护历史记录	2007 年之前未维护
		数据库更新方式(突击式、日常式或从未更新)	从未更新
		数据库数据或原始资料源头	来自 1∶20 万水系沉积物调查资料
		数据库管理具体单位(即归口管理单位)	中国地质调查局发展研究中心
		数据库存放具体单位(即物理存放单位)	中国地质调查局发展研究中心
		数据库的用户群(若有多种用户群,按重要层次列出)	从事地质矿产勘查工作的行业部门
		数据库应用状况描述	各类地质矿产勘查或规划项目在需要了解化探基本情况分布情况时,基本可以间接或直接利用该数据库
		数据库存在的主要问题描述	数据库中未包括后期新开展的化探资料
		数据库其他情况描述	化探数据库还无法向全社会提供公开服务
2	数据库管理系统运行环境	数据库运行的硬件环境(服务器设备、网络设备、其他设备)	CPU 1.0GHz,1GB 内存,显示器分辨率为 1024×768
		数据库运行的操作系统(包括操作系统名称、版本)	Windows XP 或 Windows 7
		使用的数据库系统(包括数据库系统名称、版本)	MS Access 2003、区域地球化学管理系统 GeoMDIS 2008
		与其他相关应用系统的关系	
3	数据库管理系统体系结构	数据库管理系统的体系结构图(框图表示)	见图 3-10
		数据库管理系统的高层数据流图(高层流程图、高层控制流图)	无
4	数据库管理系统功能	数据库管理系统的主要功能描述(逐一描述)	基础数据库管理、图形数据库管理、数据检索、数据处理分析、二维空间分析、剖面数据分析、用户地图编辑、浏览与表达、帮助系统
5	数据库概念模型	数据库的概念模型(用 E-R 图描述)	图 3-11 仅有一个关系型数据库二维表,主要列出采样点位经纬度、39 种元素(氧化物)分析测试值

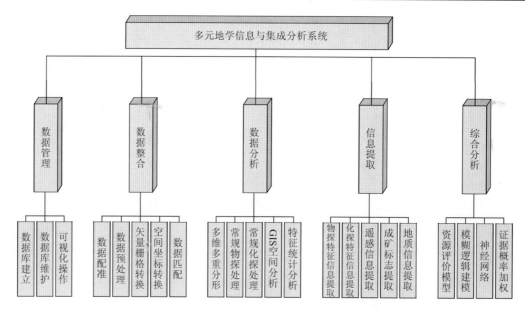

图 3-10　多元地学信息集成分析系统的体系结构图

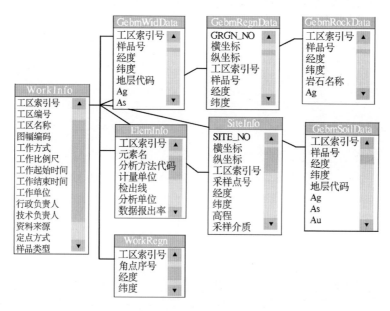

图 3-11　区域地球化学数据库的概念模型 E-R 图

地学空间数据管理与分析系统（GeoExpl）框架内。多元地学空间数据管理与分析系统（GeoExpl）是为适应计算机技术和 GIS 技术飞速发展以及地质调查的需要，以中国地质调查局 2003 年"物化遥综合解释系统完善与推广"项目为依托，由发展研究中心承担研制，在物化探（遥感）综合基础信息系统（PCR/GIS）的基础上扩充开发完善，于 2005 年正式推出，面向全国地勘单位推广使用。实现大量勘查数据的计算机化管理，数据处理和多元地学数据的综合分析及综合应用水平，提高了我国资源勘查中勘查技术资料的综合解释能力，推动了我国地学数据分析与处理的信息化、科学化和现代化建设。

多元地学空间数据管理与分析系统（GeoExpl）集地质、矿产、地球化学、地球物理等多源地学数据的综合管理、处理、分析以及综合评价等为一体，功能强大齐全，操作方便，是国内首屈一指的具有独特专业化特点的 GIS 软件。该软件被授予计算机软件著作权 1 项，登记号 2005SR04101。其系统界面如图 3-12 所示，功能特点如下。

图 3-12 多元地学空间数据管理与分析系统(GeoExpl)主界面

(1) 基于 GIS 图形数据与专题成果数据库的一体化管理。有利于迅速高效地检索、浏览、存储和处理数据,实现数据操作的可视化。

(2) 管理区域性重力、航磁、地面磁法、地球化学数据及相关的数据资料等,同时可对与综合应用有关的矿产地数据信息进行管理,用户可便捷扩充数据库结构、增加不同类型的地学数据库。

(3) 任意图层多模式检索查询与投影。实现了任意图元、标准图幅、屏幕方式(矩形、多边形、折线、点域)、键盘输入、坐标文件输入及全区等检索、投影一体化操作(提供 16 种常用地理坐标的变换)。

(4) 工程化的系统管理模式,实现了以空间区域特点的地学数据库和应用工作区的管理特点。

(5) 涵盖物探和化探各类常规数据处理与分析,包括多元统计、异常分析、重磁延拓、位场转换、模拟等。

(6) 常规的 GIS 空间分析功能及综合预测空间分析功能,实现利用地学、物探、化探及矿产等数据的矿产资源和环境等多目标的综合预测分析。

(7) 地图制作与输出:网格(离散)数据等值线、平剖图、剖面图、剖析图、符号图、统计图及图饰图例制作等。

3. 存在问题

数据库中未包括后期新开展的 1:20 万区域地球化学测量资料。

六、遥感影像图数据库

(一) 数据库现状

全国遥感影像图数据库由中国国土资源航空物探遥感中心承担建设,从 2002 年开始,历时 3 年,于 2006 年完成并提供使用。遥感影像地图由陆地卫星 ETM 图像制成,卫星图像数据时间跨度 5 年。地理信息采自 1:5 万~1:10 万地形图,三色合成、色彩鲜艳、地学信息丰富,图件按国家标准 1:25 万分幅编制。此外,数据库还提供 1:50 万、1:10 万、1:5 万 3 种标准分幅影像地图和按成矿区带、矿田、矿床编制的多种比例尺影像地图,以及多波段、按标准分幅、带地理编码的影像地图遥感数据,可以为各学科、各专业提供地质、生态环境、资源和灾害等信息支持。

内蒙古自治区遥感卫星数据全部采用航遥中心提供的 ETM 原始数据,共 102 景,数据格式为 FST。航遥中心提供的 ETM 原始数据,基本能满足本次工作需要,数据覆盖全区范围。

遥感影像图数据库情况见表 3-6。

表 3-6 遥感影像图数据库现状情况表

序号	现状大类	现状子类	现状内容
1	数据库基本情况	数据库名称	遥感影像数据库
		数据库主要内容	包括 ETM 影像数据、1∶25 万标准分幅影像数据,内蒙古 102 景 ETM
		数据库类型/形式(真正数据库、一般文件集合、数据库＋一般文件集合的混合形式或其他形式)	一般文件集合
		数据库主要格式	AutoCAD、ETM
		数据库建库标准	遥感影像处理相关技术标准
		采用元数据标准	《地质信息元数据标准》(DD 2006—05)
		数据量	ETM 影像数据 102 景
		若为空间数据,其覆盖范围、比例尺、坐标参数(大地坐标系统、高程基准、地图椭球参数、地图投影类型)	覆盖范围:影像数据分布全区;比例尺:可根据成图需要来定;坐标参数:地理坐标系或投影平面直角坐标系
		数据密级(公开、秘密、机密、绝密)	秘密
		数据库数据覆盖专业名称(若覆盖多种专业,则全部列出)	地质矿产、水文工程、环境工程
		数据库建设起止时间、负责单位	数据库建设起止时间:2002—2006 年;负责单位:中国国土资源航空物探遥感中心
		数据库维护历史记录	2007 年之前未维护
		数据库更新方式(突击式、日常式或从未更新)	突击式
		数据库数据或原始资料源头	数据由中国国土资源航空物探遥感中心提供
		数据库管理具体单位(即归口管理单位)	中国国土资源航空物探遥感中心
		数据库存放具体单位(即物理存放单位)	中国国土资源航空物探遥感中心
		数据库的用户群(若有多种用户群,按重要层次列出)	从事地质矿产勘查和水文工程环境工作的行业部门
		数据库应用状况描述	应用于需要遥感解译工作内容的各类地质矿产勘查或水文工程环境项目
		数据库存在的主要问题描述	数据时相较旧
		数据库其他情况描述	无
2	数据库管理系统运行环境	数据库运行的硬件环境(服务器设备、网络设备、其他设备)	CPU 1.0GHz,1GB 内存,显示器分辨率为 1024×768
		数据库运行的操作系统(包括操作系统名称、版本)	Windows XP 或 Windows 7
		使用的数据库系统(包括数据库系统名称、版本)	无
		与其他相关应用系统的关系	无
3	数据库管理系统体系结构	数据库管理系统的体系结构图(框图表示)	无
		数据库管理系统的高层数据流图(高层流程图、高层控制流图)	无
4	数据库管理系统功能	数据库管理系统的主要功能描述(逐一描述)	文件管理
5	数据库概念模型	数据库的概念模型(用 E-R 图描述)	无

(二)管理系统简介

遥感影像数据库采用文件集合形式进行存储、管理,不同于其他关系型、空间型数据库。数据直接利用 Windows 文件级别管理方式,无专门管理系统,目前国内外进行遥感数据处理的软件众多,如 ERDAS IMAGINE、ENVI、PCI 等通用遥感影像处理软件。国内自主研发的两款遥感图像软件介绍如下。

1. 遥感图像数据处理系统(RSMAP)

2002 年,中国国土资源航空物探遥感中心开发研制出遥感图像处理软件(RSMAP),是一种数据库管理模式下的图形编辑图像处理综合系统。系统具有矢量图形编辑、图像增强处理、多波段图像处理分析、数据融合、图像数字镶嵌、图像几何校正、图像分类处理、图像三维立体显示、地理制图等图像处理分析功能,能够进行遥感图像地理图幅查询、视反射率图像生成、人工光源遥感图像生成、矿化蚀变遥感异常信息提取、影像地质图制作、标准地理分幅遥感影像图制作等方面图像处理。

2. 遥感信息提取辅助图像处理系统(RSIE)

遥感信息提取辅助图像处理系统(RSIE)是有色金属矿产地质调查中心北京资源勘查技术中心(原遥感中心)于 2004 年自主开发研制的一套用于遥感信息提取和多元数据综合处理系统。该系统充分总结了国内外遥感地质找矿方法、效果以及有色遥感地质找矿经验,在遥感信息提取的方法技术研究上,解决了一系列技术关键问题,研制了一套将常规的图像处理技术与多元数据分析、模式识别(分类)、图像掩模等技术相结合的"遥感信息多层次分离提取技术",以及多元数据综合处理技术,形成了一套有效的技术方法流程。

(三)存在问题

数据时相较旧。

七、1∶20 万自然重砂数据库

1. 数据库现状

1∶20 万自然重砂数据库建设是国土资源大调查数字国土工程的一项重要基础性研究工作,主要任务是在已有资料的基础上,收集整理我国 1∶20 万自然重砂测量工作所有原始数据资料,研究确定数据库结构,确定建库技术方法和技术流程,在试点基础上,完善《自然重砂数据库建设工作指南》,按照统一标准和要求,建立全国 1∶20 万自然重砂数据库,为基础地质研究、矿产资源评价提供信息,为进一步开展该项工作提供技术基础。

该项目由发展研究中心牵头组织实施,全国 27 个省(区、市)地质调查院参加。历时 6 年,于 2006 年完成。全面系统收集整理了全国 27 个单位 1∶20 万区域地质调查和部分 1∶20 万区域化探测量工作中所采集的自然重砂原始样品分析鉴定资料,资料截至 1999 年。按照统一标准建成了全国 1∶20 万自然重砂数据库,涉及除港、澳、台外的 1053 个 1∶20 万图幅、29 个省(区、市),覆盖全国陆地面积约 71%。入库的自然重砂样品点 1 944 190 个,总计 20 003 868 个自然重砂鉴定数据,总数据量达 9.4GB。

全国 1∶20 万自然重砂数据库提供原地质矿产系统区域地质调查所形成的自然重砂数据信息,包括图幅基本信息数据文件、样品基本信息数据文件、重砂鉴定结果数据文件、重砂鉴定结果不定量值的表示方法和量化值的数据文件。并分别按全国、省、单图幅建库,分级建立了全国、数据生产单位、1∶20 万单图幅元数据库。

从资料二次开发利用角度,建立了反映重砂异常来源的全国 1∶25 万汇水盆地数据库,每个汇水盆地控制面积 10～25km²，总数据量为 1.2GB；为自然重砂数据的综合应用、重砂矿物异常寻找矿产资源、研究自然重砂矿物分布与可能物源区关系提供了基础数据，也为诸如地球化学分析数据的合理应用提供了基础资料；形成了完善的《自然重砂数据库建设工作指南》和具有地质调查特点的数据采集、综合处理技术方法及流程；形成了一套比较完善的数据库生产质量管理体系和一系列具体的管理措施与办法。

1∶20 万自然重砂数据库建设是地质数据库体系的重要组成，自然重砂矿物信息已完全应用于全国矿产资源潜力评价工作，为相应矿产预测提供了直接找矿信息。

内蒙古自治区区域自然重砂测量始于 20 世纪 50 年代末 60 年代初，至 80 年代末期结束。此项工作是随 1∶20 万区域地质调查完成的。全区 1∶20 万区调除大兴安岭北部 16 个图幅和科尔沁沙地 13 个图幅为空白区外，已完成 238 个图幅，完成面积约 $100.9 \times 10^4 \mathrm{km}^2$，覆盖比例 85.29%。2000—2003 年进行的全区 1∶20 万自然重砂数据库建设，分别由内蒙古、甘肃、宁夏、辽宁、吉林、黑龙江、河北、山西共同承担。按照建库标准建立了自治区 1∶20 万自然重砂数据库，并编制了 1∶20 万自然重砂数据库的工作报告。全区共完成建库 167 幅，录入自然重砂取样点 131 014 个。其中，甘肃省建库 29 幅，宁夏回族自治区建库 19 幅，内蒙古自治区区测一队及区测二队共建库 91 幅，辽宁省建库 3 幅，河北省建库 7 幅，山西省建库 2 幅，吉林省建库 1 幅，黑龙江省建库 15 幅。

1∶20 万自然重砂数据库现状情况见表 3-7 及图 3-13～图 3-15。

表 3-7　1∶20 万自然重砂数据库现状情况表

序号	现状大类	现状子类	现状内容
1	数据库基本情况	数据库名称	1∶20 万自然重砂数据库
		数据库主要内容	1∶20 万自然重砂数据库主要内容包括图幅信息、点位信息、鉴定结果等。内蒙古自治区建库 167 个，数据量 131 014 个
		数据库类型/形式（真正数据库、一般文件集合、数据库＋一般文件集合的混合形式或其他形式）	数据库＋一般文件集合的混合形式
		数据库主要格式	MS Access 2003、MapGIS 6.1
		数据库建库标准	《数据和交换格式 信息交换 日期和时间表示法》（GB/T 7408—2005） 《数字化地质图图层及属性文件格式》（DZ/T 0197—1997） 《区域地质调查总则（1∶50 000）》（DZ/T 0001—91） 《区域地质图图例（1∶50 000）》（GB 958—2015） 《国土基础信息数据分类与代码》（GB/T 13923—2006） 《空间数据库工作指南》 《自然重砂数据库建设工作指南》
		采用元数据标准	《地质信息元数据标准》（DD 2006—05）
		数据量	500MB
		若为空间数据，其覆盖范围、比例尺、坐标参数（大地坐标系统、高程基准、地图椭球参数、地图投影类型）	覆盖范围：内蒙古自治区； 比例尺：1∶20 万； 坐标参数：1954 北京坐标系，1985 国家高程基准，克拉索夫斯基（1940）椭球参数，高斯-克吕格投影，地理坐标系
		数据密级（公开、秘密、机密、绝密）	秘密
		数据库数据覆盖专业名称（若覆盖多种专业，则全部列出）	自然重砂
		数据库建设起止时间、负责人	起止时间：2000—2004 年；负责人：王弢
		数据库维护历史记录	2007 年之前未维护
		数据库更新方式（突击式、日常式或从未更新）	突击式

续表 3-7

序号	现状大类	现状子类	现状内容
1	数据库基本情况	数据库数据或原始资料源头	根据 1:20 万区域地质调查的报告、1:20 万区域地球化学成果的报告、1:20 自然重砂成果的报告等
		数据库管理具体单位（即归口管理单位）	中国地质调查局
		数据库存放具体单位（即物理存放单位）	中国地质调查局发展研究中心
		数据库的用户群（若有多种用户群，按重要层次列出）	从事地质矿产勘查工作的行业部门
		数据库应用状况描述	可根据自然重砂数据特征，成矿地质背景，圈定单矿物和组合矿物重砂异常，结合水系、汇水盆地、综合地质构造图等图件，推断解释自然重砂矿物来源、矿床可能产出范围，为圈定预测靶区范围、划分预测靶区级别提供信息
		数据库存在的主要问题描述	自然重砂数据库还无法向全社会提供公开服务
		数据库其他情况描述	无
2	数据库管理系统运行环境	数据库运行的硬件环境（服务器设备、网络设备、其他设备）	CPU 1.0GHz，1GB 内存，显示器分辨率为 1024×768
		数据库运行的操作系统（包括操作系统名称、版本）	Windows XP 或 Windows 7
		使用的数据库系统（包括数据库系统名称、版本）	MS Access 2003、MapGIS 6.1、SQL Server
		与其他相关应用系统的关系	无
3	数据库管理系统体系结构	数据库管理系统的体系结构图（框图表示）	见图 3-13
		数据库管理系统的高层数据流图（高层流程图、高层控制流图）	见图 3-14
4	数据库管理系统功能	数据库管理系统的主要功能描述（逐一描述）	每个自然重砂点的数据存储于样品基本信息数据表中，以统一编号作为主键对这些表进行关联。管理系统提供查询、导出功能。根据统一编号进行查询，可以从数据库中导出点位图、有无图、八卦图的数据
5	数据库概念模型	数据库的概念模型（用 E-R 图描述）	见图 3-15

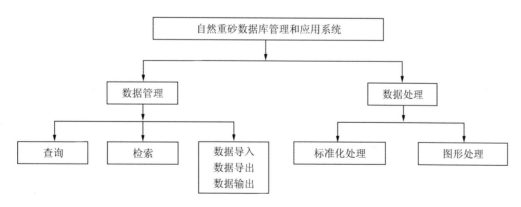

图 3-13 重砂数据库管理系统的体系结构图

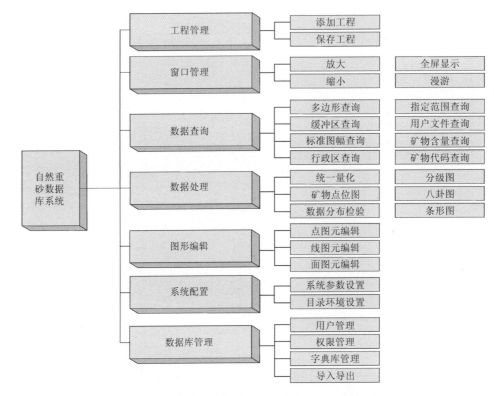

图 3-14 自然重砂数据库管理系统的高层数据流图

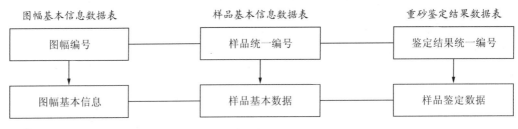

图 3-15 重砂数据库的概念模型 E-R 图

2. 管理系统简介

自然重砂数据库系统是在全国自然重砂数据库成果的基础上,由中国地质调查局研制的一套用于全国自然重砂数据的管理、查询检索与应用的综合性软件系统,自然重砂数据库系统版本最新为:ZSAPS 2.0,数据库系统为 MS Acess MDB、SQL Server,应用系统与数据库分离。该系统集重砂、岩石、地理、地质、矿产信息管理、分析、处理、转换、成图为一体的专业软件系统。软件基于 MapGIS 6.X 平台,可运行于 Windows XP 及以上的操作平台。

系统的研制和开发,首次实现了自然重砂数据的计算机化管理和应用。系统提供的数据导入、导出、录入、用户管理等功能可以为后续数据库的维护与管理提供有效工具;提供了各种专业图形处理、表达手段,包括数据初始化、数据评估、数据标准化、异常计算、图形处理、异常处理等,方便灵活,易于专业人员操作;系统开发过程中解决了海量离散数据的快速检索和空间数据与非空间数据共存的技术方法,解决了一对多关系表的空间数据属性查询表达问题。

全国自然重砂数据库系统提供按各级行政区划(最小行政区划为县)、各种比例尺标准图幅(1:25 万、

1∶20万、1∶5万)、任意范围、缓冲区等多种空间数据查询,可以根据单矿物名、组合矿物、矿物含量值或含量区间值等实现属性查询。在传统自然重砂应用表达研究的基础上,系统提供各种专业图形处理、表达手段,包括数据统计、数据标准化、异常计算、图形表达、异常处理等,提供等值线图、矿物分布图(可按不同含量级别)、条形图、八卦图等常规自然重砂矿物异常表示方法。

自然重砂数据库系统主要有以下几个功能模块(图3-14)。

MapGIS工程管理:可以将各种比例尺的地质图空间数据库、汇水盆地数据库等 MapGIS 格式文件加入应用工程中,并对其管理。

(1)数据库管理:主要包括系统用户管理、用户权限管理、矿物代码管理、数据库导入导出。

(2)数据查询:提供多边形、缓冲区、标准图幅、行政区划、键盘输入坐标、用户文件等空间方式及按矿物代码及含量等属性方式查询。

(3)数据处理:对自然重砂鉴定结果进行统一量化、生成矿物点位图,并按矿物含量进行数据分布检验,按矿物含量成生分级图、八卦图、条形图,结合汇水盆地标识自然重砂异常。

(4)图形编辑:对生成的图形进行编辑与整饰。

(5)系统配置:对系统运行的一些参数及环境进行配置。

(6)窗口管理:对系统窗口布局管理。

3. 存在问题

自然重砂数据库还无法向全社会提供公开服务。

八、1∶50万数字地质图数据库

1. 数据库现状

全国1∶50万数字地质图数据库,历时3年,于2000年完成,全国27个省(市、区)参加了数据库建设工作。2005年对数据库进行了全面更新。数据库数据总量约1.0GB。

1∶50万数字地质图数据库是采用现代地质学、地层学、岩石学等新理论以及新的地质编图概念和方法,按GIS应用的要求完成的我国第一个全国性的数字地质图空间数据库。数据库由数字地质图库和地理底图库构成,是地学领域覆盖全国的大型地质数据库。该库是以国产软件MapGIS作为输入数据、矢量化、编辑、建库及运行的基础平台。图上表示了岩石地层单位534个,花岗岩谱系单位1802个,侵入体时代加岩性单位1780个,全国性断层174条,省(区)内重要断层558条,一般断层数万条,同位素年龄资料1545个,钻孔资料382个。以上内容都分别以面元、线元、点元数据表示,都建立了相应的属性库。数据库可提供水系、境界、地层、火山岩、侵入岩、断层、构造、钻孔、同位素年龄等相关信息。

内蒙古自治区现有1∶50万数字地质图数据库为1999年由内蒙古自治区地质矿产勘查局编制完成的,资料截至1997年。1∶50万数字地质图数据库是在原有1∶150万地质图的基础上,收集利用了全区54个1∶20万图幅、107个1∶5万图幅的区调新资料及有关科研成果编制而成。各时代地层单位名称采用了地层清理成果中的岩石地层单位,侵入岩采用时代(纪)+岩性表示,变质表壳岩用地层符号表示,变质深成侵入体以中太古代、新太古代片麻岩表示。属性数据采用原国家计委、地矿部联合立项的《全国1∶50万数字地质图数据库项目》技术要求。数据库中表示了岩石地层单位201个,侵入体单位98个,全国性区域断裂16条,补充省内重要断层3条,同位素年龄数据62个。1999年3月通过全国1∶25万地质图数据库项目领导小组的审查,被评定为优秀级,数据质量符合本次工作要求。

内蒙古自治区1∶50万数字地质图数据库现状情况见表3-8及图3-16、图3-17。

表 3-8　1∶50 万数字地质图数据库现状情况表

序号	现状大类	现状子类	现状内容
1	数据库基本情况	数据库名称	1∶50 万数字地质图数据库
		数据库主要内容	1∶50 万数字化地理部分、地质部分、图式、图例及相应属性内容
		数据库类型/形式(真正数据库、一般文件集合、数据库＋一般文件集合的混合形式或其他形式)	MapGIS 空间属性数据库(真正数据库)
		数据库主要格式	图形数据库使用软件为 ArcInfo 和 MapGIS
		数据库建库标准	《1∶50 万数字地质图数据库维护技术手册》
		采用元数据标准	《地质信息元数据标准》(DD 2006—05)
		数据量	273MB
		若为空间数据,其覆盖范围、比例尺、坐标参数(大地坐标系统、高程基准、地图椭球参数、地图投影类型)	覆盖范围:内蒙古自治区; 比例尺:1∶50 万; 坐标参数:1954 北京坐标系,1985 国家高程基准,克拉索夫斯基(1940)椭球参数,兰伯特等角圆锥投影;第一纬度 38°00′00″,第二纬度 52°00′00″,中央子午线经度 111°00′00″,投影原点纬度 37°35′00″
		数据密级(公开、秘密、机密、绝密)	地理信息部分为秘密,地质部分为公开
		数据库数据覆盖专业名称(若覆盖多种专业,则全部列出)	基础地质、GIS
		数据库建设起止时间、负责人及主要技术人员	起止时间:1997—2000 年;负责人:邵和明;主要技术人员:孙政平、毛德鹏、杨文海等
		数据库维护历史记录	2007 年以前未维护
		数据库更新方式(突击式、日常式或从未更新)	从未更新
		数据库数据或原始资料源头	根据 1∶5 万及 1∶20 万资料修编完成的 1∶50 万地质图作为数据库原始资料
		数据库管理具体单位(即归口管理单位)	内蒙古自治区地质资料馆
		数据库存放具体单位(即物理存放单位)	中国地质调查局
		数据库的用户群(若有多种用户群,按重要层次列出)	地勘局、地勘单位、地质人员等
		数据库应用状况描述	普遍应用,公认程度最高。用于地质工作部署、矿政管理、地质项目立项等
		数据库存在的主要问题描述	数据应进行日常更新
		数据库其他情况描述	数据集成到了全国 1∶50 万数字地质图数据库管理系统中
2	数据库管理系统运行环境	数据库运行的硬件环境(服务器设备、网络设备、其他设备)	数据库系统运行于单机计算机中
		数据库运行的操作系统(包括操作系统名称、版本)	Windows 98 及以上版本
		使用的数据库系统(包括数据库系统名称、版本)	全国 1∶50 万数字地质图数据库管理系统
		与其他相关应用系统的关系	系统在 MapGIS 6.7 软件下进行的二次开发,计算机上必须可运行 MapGIS 6.7

续表 3-8

序号	现状大类	现状子类	现状内容
3	数据库管理系统体系结构	数据库管理系统的体系结构图(框图表示)	见图 3-17
		数据库管理系统的高层数据流图(高层流程图、高层控制流图)	无
4	数据库管理系统功能	数据库管理系统的主要功能描述(逐一描述)	空间范围检索:按省域、任意范围等检索; 地质要素检索:按地质属性内容检索; 图例检索:按图例图元参数检索; 地理内容检索:按居民地、河流、界线等要素检索; 属性显示:显示地质、地理图层属性内容; 生成图形文件:按标准分幅、省版图、任意多边形成图,自动生成图例
5	数据库概念模型	数据库概念模型(用 E-R 图描述)	无

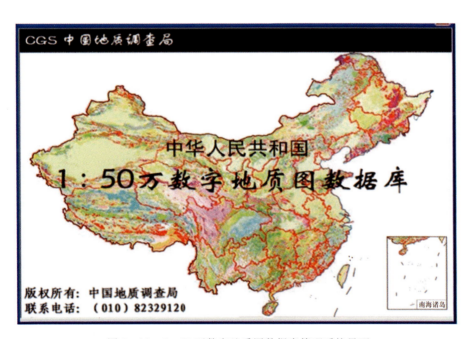

图 3-16　1∶50 万数字地质图数据库管理系统界面

2. 数据库管理系统概况

中国地质调查局为了更好地开发利用该数据库,2005 年在原管理系统的基础上,更新开发了新版全国 1∶50 万数字地质图数据库管理系统。数据库管理系统包括安装系统一个,安装文件 30 个,数据量 273MB,为全国范围 1∶50 万安装盘,与 MapGIS 6.7 配合安装使用。安装后数据量达 1GB 以上,地质图层文件 116 个(全国),地理图层若干。

该管理系统提供按空间范围检索、图例检索、地理内容检索、地质内容检索等检索方式和图例查询、属性查询等查询方式,并按国家标准规定的任意投影方式自动编图,生成图形文件。能按照用户的需要检索出任意省、地区、县、全省版图内的 1∶100 万、1∶50 万、1∶25 万、1∶20 万、1∶10 万、1∶5 万 6 种比例尺的任意标准图幅,以及全省版图内任意多边形圈定范围内的图件。

1∶50 万数字地质图数据库可作为编制各种同比例尺专题图件的基础地质信息库,也可作为编制

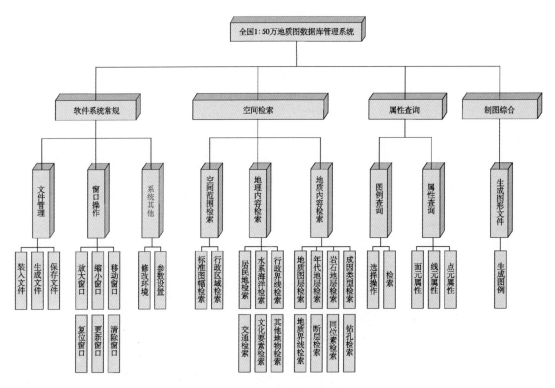

图3-17　1∶50万数字地质图数据库管理系统体系结构图

更小比例尺地质图的基础地质信息库,从而为区内各种小比例尺地质图及相应专题图编制的现代化提供了有力的支持,还可广泛地用于地质矿产调查、管理、规划与经济建设工作。

3. 存在问题

数据库应进行日常更新。

九、1∶25万区域地质图空间数据库

1. 数据库现状

1∶25万区域地质图空间数据库建设是中国地质调查局下达的"数字国土"项目之一,自2004年开始,至2010年完成回溯性建库工作。该数据库是基于先进、实用的地质调查数据库模型技术,在数字填图技术数据模型的基础上,依据最新的数字地质图空间数据库标准,采用一体化数据组织、存储和管理技术,对传统填图方式完成的1∶25万地质图成果数据进行综合整理,建立统一的空间数据库。项目由中国地质调查局发展研究中心牵头,六大区及相关地调院等34个单位参加了数据库建设,对传统填图方式完成的140幅1∶25万地质图成果数据进行了综合整理,依据最新的《数字地质图空间数据库标准》(DD 2006—06),建立了统一的空间数据库和元数据库,包含采用统一系统库和代码库的MapGIS空间数据、全要素MAP图数据、栅格数据及元数据。

1∶25万区域地质图空间数据库是第一个基于地理信息应用模式规则(ISO19109)与地理信息空间模式(ISO19107),以ESRI的地理数据库描述框架、UML和关系数据库规范化理论为基础,采用了面向对象(地理数据库模型)的建模技术建立的数据库,是我国区域地质图数据库建设的有益借鉴。同时基于中国地质调查局发布的《数字地质图空间数据库》(DD 2006—06),制定了《1∶25万区域地质图空间数据库建设技术要求及实施细则》,对不同类型数据的建库流程、流程中各环节的质量要求、建库采用的

软件及系统库和代码库、数据生产的质量监控等相关内容进行了明确描述。

1∶25万区域地质图空间数据库的检查评价依照《地质数据质量检查评价标准》(DD 2006—07)执行。单幅成果数据的检查从空间数据、属性数据、地质图图面及技术文档4个方面进行,所有数据经过验收检查和复核检查,数据质量符合相关标准和规范。

1∶25万区调工作先后采用"传统填图"和"数字填图"两类方法,其空间数据库建设也有两类成果。

第一类,基于早期的"传统填图"要求所建的数据库。2005年以前,开展1∶25区调工作过程中,未完全遵循任务书要求建库。

第二类,基于"数字填图"技术要求所建的数据库。自2005年起,1∶25万区调工作开始实行数字填图,并按照《地质图空间数据库建设工作指南》建立空间数据库。

为了与后期基于"数字填图"技术完成的图幅数据相衔接,自2005年开始,中国地质调查局要求将2003年及以前按传统填图方法完成的1∶25万区调图幅,统一按照《地质图空间数据库建设工作指南》及《1∶25万区域地质图空间数据库建设技术要求及实施细则》给定的相应建库流程和方法建库。

截至2010年,在中国地质调查局统一工作部署下完成1∶25万回溯性建库23幅空间数据库的建库工作。内蒙古自治区主要包括满都拉幅、白云鄂博幅、包头市幅。

2. 管理系统简介

1∶25万区域地质图空间数据库未建立应用管理系统,建库软件主要是应用中国地质调查局开发的数字填图系统(RGMAP),本软件是基于先进的、实用的地质调查数据库模型技术,依据《1∶25万区域地质图空间数据库建设技术流程及实施细则》研制开发的,数据库结构、数据项、数据库关系、数据库应用等均有严格的设计,并在软件中实现。

3. 存在问题

数据库应进行日常更新。

十、1∶20万数字地质图空间数据库

1. 数据库现状

全国1∶20万数字地质图空间数据库建设工作自1997年开始,到2002年完成。由原地质矿产部地质调查局立项,1999年后由地质调查局发展研究中心负责,各省(区、市)地质矿产勘查局参加。1∶20万数字地质图空间数据库是一个全国性的、大型的基础地学空间数据库,采集、处理了1163幅地质图信息,覆盖全国71%的陆地面积。依据原地质矿产部编制的分幅1∶20万区域地质图或矿产图数字化而成,原始资料时间跨度从20世纪50年代中期到90年代初期。

2002年,地质调查局发展研究中心对全国各省的地质图数据库进行了综合入库处理,引用的标准为《区域地质调查总则(1∶50 000)》(DZ/T 0001—91)、《地质图空间数据库建设工作指南》、《地质图用色标准及用色原则(1∶50 000)》(DZ/T 0179—1997),建成了全国1∶20万数字地质图空间数据库,并建立了数据库数据管理系统。

数据库提交的数据包括MapGIS、ArcInfo图层文件以及E00多种格式,数据库包含光栅地质图、矢量化地质图、基于GIS的数字地质图和基于GIS的数字地质图空间数据库4种产品。1∶20万数字地质图空间数据库含有扫描栅格文件、校正点文件、校正点控制文件、全要素图形数据及输出工程文件、图外整饰文件等。矢量化图件数据分地理、地质和图饰三大类图层。地理图层包含了水系数据,境界、居民地和交通等数据还需用户使用国家基础地理信息中心的1∶25万地形数据库;地质图层主要包含地层、火山岩、侵入岩、断层、构造、钻孔等相关信息;图饰图层主要用于数字化地质图输出,不含属性。全库数据量达到80GB,有效地质实体总数超过500万个。采用了经典与面积对象技术的数据模型,具备

开放式数据库特点。

1:20万地质图是最广泛应用的地质工作用图,在基础地质调查、矿产资源调查评价与勘查、地下水资源调查评价与勘查、地质灾害调查评价、地质环境调查评价、农业地质调查评价、工程勘察等方面具有重要的使用价值。

内蒙古自治区1:20万数字地质图空间数据库建设,始于1997年,内蒙古自治区地质矿产勘查开发局原地质中心承担了1997—1999年的任务,按1999年任务书的要求完成了33幅(折合30个标准图幅)建库工作。2000—2001年内蒙古自治区地质调查院承担了此项任务,2000年度完成37幅(30个标准图幅),重做和修改1997—1999年30个标准图幅,最终提交经过套改的70幅(60个标准图幅)1:20万数字地质图空间数据库;2001年将原图进行矢量化,完成132幅(125个标准图幅),目前尚有27幅未进行1:20万区域地质工作。共计完成202幅,包含1:20万地质图数字化采集、综合处理及入库工作,并通过中国地质调查局的验收被评为优秀级,见图3-18。

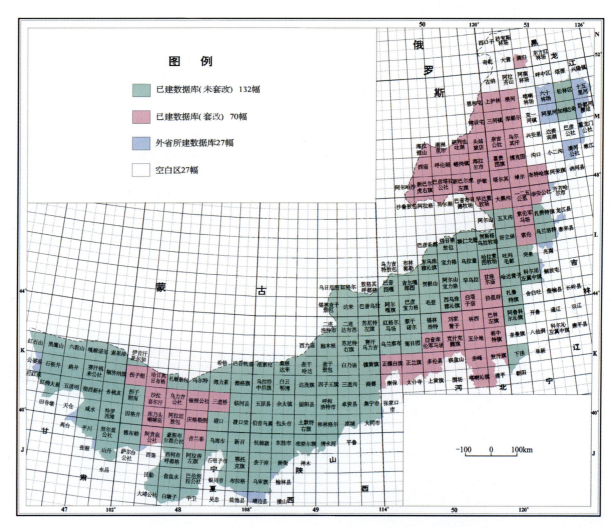

图3-18 内蒙古自治区1:20万数字地质图空间数据库工作程度图

1:20万数字地质图空间数据库是2007年前唯一覆盖内蒙古自治区大部分基岩出露区的基础地质图数据库,是开展本次潜力评价工作的基础。

2003年,为了使1:20万数字地质图空间数据库更加完整、实用,选择了20幅地质图进行了维护工作,即利用《内蒙古自治区岩石地层》(李文国等,1996)及已完成的1:20万数字地质图空间数据库对其中15幅柱状图与剖面进行地层清理、套改、检查、修改,并最终全面完成与主图的拼合(表3-9)。

表 3-9　2003 年 1∶20 万数字地质图空间数据库维护工作完成一览表

序号	图幅编号	图幅名称	维护工作
1	L-50-(35)	白塔子庙幅	包括原图矢量化的柱状图、剖面图素图，套改后的柱状图和剖面图，拓扑并与主图拼合形成综合地质图
2	L-50-(36)	协里府幅	
3	M-50-(21)	海拉恨山幅	
4	M-51-(20)	乌尔其汗幅	
5	M-50-(22)	满洲里市幅	
6	M-50-(33)	新巴尔虎右旗	
7	M-50-(24)	头站旅店幅	
8	M-51-(14)	库都尔幅	
9	M-51-(13)	三河镇幅	
10	M-50-(34)	巴彦塔拉幅	
11	M-50-(32)	阿尔哈沙特幅	
12	M-50-(28)	呼伦湖幅	
13	M-50-(27)	西庙幅	
14	K-50-(6)	巴林左旗幅	
15	L-50-(5)	巴音布日德牧场幅	
	L-50-(6)	罕达盖牧场幅	
16	K-48-(29)	三道桥幅	按 1∶20 万建库要求做了全图矢量化（包括图外部分）
17	L-50-(2)	沙鲁敖包幅	
	L-50-(3)	阿拉格幅	
18	K-48-(19)	拐子湖幅	
19	K-50-(21)	上黄旗幅	原图矢量化柱状图、剖面图素图
20	K-50-(16)	棋盘山幅	

1∶20 万数字地质图空间数据库现状情况见表 3-10 及图 3-19～图 3-21。

表 3-10　1∶20 万数字地质图空间数据库现状情况表

序号	现状大类	现状子类	现状内容
1	数据库基本情况	数据库名称	1∶20 万数字地质图空间数据库
		数据库主要内容	内蒙古自治区 202 幅，每幅地质图按地质、地理和整饰内容进行图层划分
		数据库类型/形式（真正数据库、一般文件集合、数据库＋一般文件集合的混合形式或其他形式）	数据库＋一般文件集合的混合形式
		数据库主要格式	图形数据库使用软件为 ArcInfo 和 MapGIS
		数据库建库标准	《中华人民共和国行政区划代码》(GB 2260—2007) 《区域地质图图例(1∶50 000)》(GB 958—2015) 《数字和交换格式　信息交换　日期和时间表示法》(GB/T 7408—2005) 《地质图用色标准及用色原则(1∶50 000)》(DZ/T 0179—1997) 《地质矿产术语分类代码》(GB/T 9649—88) 《国土基础信息数据分类与代码》(GB/T 13923—2006) 《国家基本比例尺地形图分幅和编号》(GB/T 13989—92) 《地质图空间数据库建设工作指南》

续表 3-10

序号	现状大类	现状子类	现状内容
1	数据库基本情况	采用元数据标准	《地质信息元数据标准》(DD 2006—05)
		数据量	202 幅
		若为空间数据,其覆盖范围、比例尺、坐标参数(大地坐标系统、高程基准、地图椭球参数、地图投影类型)	覆盖范围:覆盖内蒙古自治区大部分基岩出露区;比例尺:1:20万;坐标参数:两套坐标参数[①投影平面直角坐标系,1954北京坐标系、克拉索夫斯基(1940)椭球参数,高斯-克吕格投影;②地理坐标系:1954北京坐标系、克拉索夫斯基(1940)椭球参数]
		数据密级(公开、秘密、机密、绝密)	秘密
		数据库数据覆盖专业名称(若覆盖多种专业,则全部列出)	基础地质
		数据库建设起止时间、负责人及主要技术人员	起止时间:1997—2002年;负责人:赵军;主要技术人员:张彤
		数据库维护历史记录、负责人	2003年进行过维护;负责人:张梅
		数据库更新方式(突击式、日常式或从未更新)	突击式
		数据库数据或原始资料源头	1:20万地质图及相应的1:20万区域地质调查报告等
		数据库管理具体单位(即归口管理单位)	中国地质调查局
		数据库存放具体单位(即物理存放单位)	内蒙古自治区地质调查院
		数据库的用户群(若有多种用户群,按重要层次列出)	从事地质矿产勘查工作的行业部门
		数据库应用状况描述	直接应用于各类地质矿产勘查或规划项目、矿政管理、地质项目立项等
		数据库存在的主要问题描述	由于建库时间跨度大,地质图空间数据库所用的系统库前后有差异,未建立起可以用于所有地质图空间数据库的系统库。图幅无法接边
		数据库其他情况描述	由于地质图空间数据库中包含有地理内容,其使用范围受限制;还无法向全社会提供公开服务。按标准图幅分幅管理
2	数据库管理系统运行环境	数据库运行的硬件环境(服务器设备、网络设备、其他设备)	CPU 1.0GHz,1GB 内存,显示器分辨率为 1024×768
		数据库运行的操作系统(包括操作系统名称、版本)	Windows XP 或 Windows 7
		使用的数据库系统(包括数据库系统名称、版本)	使用 ArcSDE 8.1,SQL Server 2000 SP2 及以上数据库
		与其他相关应用系统的关系	客户端为 ArcInfo 8.1 或 ArcEditor 8.1 及以上
3	数据库管理系统体系结构	数据库管理系统的体系结构图(框图表示)	见图 3-19
		数据库管理系统的高层数据流图(高层流程图、高层控制流图)	无
4	数据库管理系统功能	数据库管理系统的主要功能描述(逐一描述)	数据管理、图形浏览、空间查询、属性查询、查询元数据、帮助系统,见图 3-20
5	数据库概念模型	数据库的概念模型(用 E-R 图描述)	见图 3-21

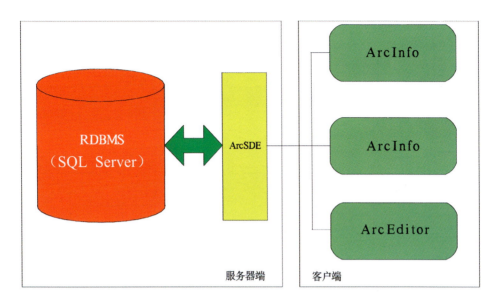

图 3-19　全国 1∶20 万数字地质图空间数据库管理的系统结构图

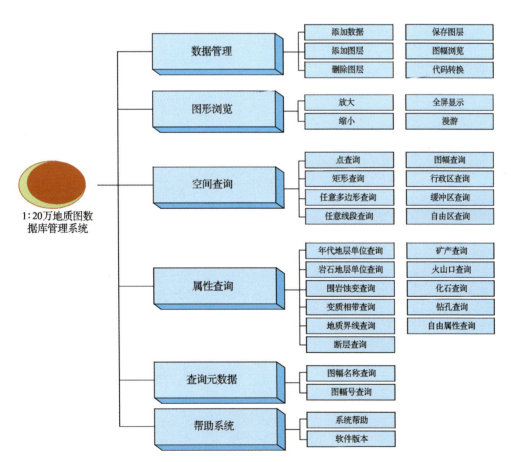

图 3-20　全国 1∶20 万数字地质图空间数据库管理系统的功能模块结构图

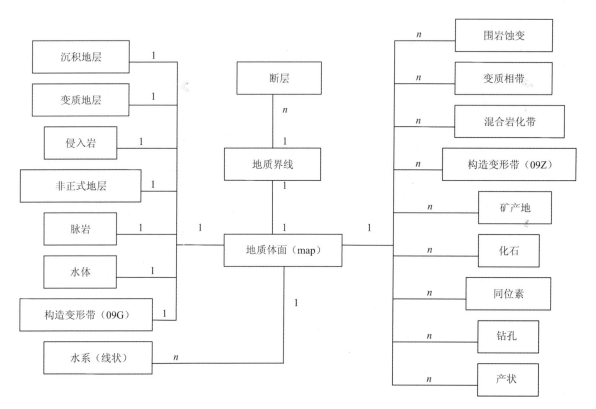

图 3-21 1:20 万数字地质图空间数据库的概念模型 E-R 图

2. 管理系统简介

2002 年中国地质调查局发展研究中心组织内蒙古自治区地质调查院等单位进行了全国数据综合，在 ArcSDE 数据库建立的基础上，开发了 1:20 万数字地质图空间数据库管理系统，该系统仅在数据综合阶段供其内部运行，未下发给各省级地质调查院使用。该管理系统计算机网络环境，采用微软公司 Windows 系列的网络操作系统，选用 TCP/IP 网络协议，网络带宽为 100MB 的星型拓扑结构的局域网。全国 1:20 万数字地质图空间数据库产品发布网络拟采用光纤连接的千兆网。硬件环境：操作系统为 Windows 2000，内存 1GB 以上；客户端为 ArcInfo 8.1 或 ArcEditor 8.1 及以上。

全国 1:20 万数字地质图空间数据库管理系统采用 C/S 体系结构。系统开发综合利用 GIS 技术、关系数据库管理系统（RDBMS）技术和计算机网络技术，采用 VBA 定制 ArcMap 的方法来实现系统功能。

1:20 万数字地质图空间数据库管理系统可实现对全国 1:20 万数字地质图空间数据库的数据管理、图形浏览、空间查询、属性查询、查询元数据及数据输出等功能，可以为地学、物探、化探、遥感多源信息综合和提取、基础地质调查、矿产资源评价检索出所需的 1:20 万地质图数据。

数据管理模块对 ArcSDE 数据库数据进行管理以及提供输入外部数据的接口，其基本功能包括添加数据、添加图层、删除图层、保存图层、图幅浏览、代码转换以及退出系统。

图形浏览功能模块是 GIS 软件图形显示的基本功能，其主要功能包括放大、缩小、全屏显示、漫游、属性信息。

空间查询功能模块可对图形要素的空间信息进行查询操作，系统根据用户定义的空间位置或范围来查询符合条件的空间要素，查询结果可以直接进行图形显示和以 ShapeFile 文件输出。包括点查询、矩形查询、任意多边形查询、任意线段查询、图幅查询、行政区查询、缓冲区查询、自由区查询。

属性查询功能根据用户给定的空间要素的属性条件进行查询检索，查询结果也可以直接进行图形显示和转存为 ShapeFile 文件输出。包括年代地层单位查询、岩石地层单位查询、围岩蚀变查询、变质相带查询、地质界线查询、断层查询、矿产查询、火山口查询、化石查询、钻孔查询和自由属性查询。

查询元数据功能提供对图幅名称以及图幅号两种方式的单幅 1∶20 万地质图查询元数据功能，查询结果显示单幅地质图的基本标识信息、空间参考信息、数据采集信息以及该幅地质图的相关图层信息。

帮助系统能帮助用户正确使用全国 1∶20 万数字地质图空间数据库管理系统以及提供给用户其他系统信息。

3. 存在问题

由于建库时间跨度大，地质图空间数据库所用的系统库前后有差异，未建立起可以用于所有地质图空间数据库的系统库。图幅无法接边。

十一、 地理底图数据库

1∶25 万地理底图数据库，是国家基础地理信息系统 3 个全国性空间数据库之一。它由地形数据库、数字高程模型(DEM)数据库、地名数据库 3 个部分构成。地形数据库：以矢量方式存储管理 1∶25 万地形图上的境界、水系、交通、居民地、地貌等要素，数据库管理系统采用 ArcInfo 7.1。数字高程模型(DEM)：以格网点方式存储和管理 1∶25 万地形图上地形起伏高程信息和海底深度信息，数据库管理系统采用 ArcInfo 7.1。地名数据库：以关系数据库方式存储和管理 1∶25 万地形图上的各类地名信息，数据库管理系统采用 Oracle 7.0。

1∶25 万地理数据采用国家测绘局提供的 2002 年更新的最新数据库，该数据库是由国家测绘局于 1995 年组织，在国家基础地理信息中心建立而成的。2002 年国家测绘局组织人力对该数据库进行了更新，1∶25 万数据更新的基本资料有 1∶5 万卫星数字影像数据；全国骨干交通网数据；1∶5 万地名数据；最新勘界成果。以及一些更新参考资料，如各省测绘局收集的现势资料、1∶1 万数据库成果，其他满足 1∶25 万数据库更新要求的资料、图件、图集等。更新内容涉及主要更新要素如全部铁路；全部境界；省道及以上等级道路；乡镇及以上等级点状居民地、县级及以上等级真形居民地；五级及以上等级河流；大型工程设施等重要地物。一般更新要素如县乡级道路；行政村级点状居民地、乡镇级真形居民地；六级河流等。现势情况最低达到 2000 年底，有的资料现时性情况要更好，达到 2002 年。数据共分为 9 类：政区、居民地、铁路、公路、水系、地貌、土地覆盖、其他要素、辅助要素等共 31 个图层。

1∶25 万地理底图数据库未建立管理系统。

十二、 地质信息元数据库

1. 数据库现状

元数据，即关于数据的数据，是对数据信息的描述，包括数据的空间信息、数据内容信息、数据结构信息、数据质量信息、数据服务信息等。元数据记录了数据的信息，又区别数据本身，借助元数据可以方便地实现数据资源的查找、发现、应用、管理和一体化组织，元数据服务也是地质信息服务的重要支撑。用户利用元数据，可以迅速了解数据的名称、质量、比例尺、组织、获取方式等描述信息。由于地质数据存在数据量大、格式不统一和存储形式各异等特点，直接访问和浏览数据体比较困难，因此，地质信息元数据库已经逐步从一种数据描述与索引的方法扩展到包括数据发现、数据转换、数据管理和数据使用的整个网络信息过程中不可或缺的工具和方法之一。为便于已经建设的地质数据库的应用和服务，近年来，依托各有关项目，建设了统一的地质信息元数据库和相应的管理系统。

第一层次采集了大区和省层面的地质数据库元数据。最终完成元数据采集的数据库：1∶250 万数字地质图空间数据库、1∶50 万数字地质图数据库、1∶20 万数字地质图空间数据库、1∶5 万区域地质图空间数据库、1∶50万数字水文地质图空间数据库、1∶20万区域水文地质图空间数据库、1∶5万区域水文地质图空间数据库、全国矿产地数据库、全国自然重砂数据库、全国同位素地质测年数据库、全国地质工作程度数据库、地质调查工作部署数据库等。共采集元数据1054个,覆盖了地质调查局建设的13个数据库。

第二层次是分工区(图幅)的地质信息元数据采集工作,采集了1163个全国1∶20万数字地质图空间数据库分图幅元数据和200个全国区域重力数据库的分工区元数据、401个全国区域地球化学数据库的分工区元数据、335个航磁数据库的分工区元数据、117个冶金地质总局地球物理地球化学调查院的物探数据元数据。部分数据库在建设时也开展了元数据采集工作,采集了2719个1∶5万区域地质图空间数据库分幅元数据,262个1∶25万区域地质图空间数据库分幅元数据和1064个全国自然重砂数据库的分幅元数据,全国范围的大型数据库都已经完成了分工区的元数据采集工作。

内蒙古自治区地质信息元数据库建设是随着各基础地学数据库的建设完成而建立,包括1∶50万数字地质图数据库、1∶25万区域地质图空间数据库、1∶20万数字地质图数据库、矿产地数据库、1∶20万自然重砂数据库、地质工作程度数据库等,均按相应比例尺标准图幅或以省为单位的子课题建立对应的元数据。各数据库元数据具体情况见表3-11。

表3-11 内蒙古自治区基础地质信息元数据库建设情况一览表

序号	数据库名称	内蒙古自治区元数据数量(个)	备注
1	1∶50万数字地质图数据库	1	分省
2	1∶25万区域地质图空间数据库	3	分幅
3	1∶20万数字地质图空间数据库	202	分幅
4	区域重力数据库	1	分省
5	航磁数据库	1	未建
6	区域地球化学数据库	1	分省
7	遥感影像图数据库	1	未建
8	1∶20万自然重砂数据库	167	分幅
9	矿产地数据库	1	分省
10	地质工作程度数据库	1	分省

2. 管理系统简介

(1)MDIS元数据管理系统:为了方便元数据的采集工作,同时也为了及时地应用这些元数据,通过快捷的方式将这些元数据发布出去,以助力地质数据库社会化服务,中国地质调查局开发了地质信息元数据管理系统,该系统基于网络模式运行,集元数据的采集、管理和发布于一体,通过授权每个用户可以在本系统中对管理范围的元数据进行管理,包括上传、下载、批量修改、发布、取消发布等功能。各个用户有独立的管理空间,相互之间不交叉重叠,方便进行管理。社会公众用户无需通过授权,可以直接访问数据库元数据发布页面,检索浏览数据库元数据信息,获取每个数据集的内容说明、数据质量情况、数据分布情况、获取途径等。实现了统一平台、统一标准下的元数据分布式管理和发布。

(2)元数据采集器:元数据采集器(Access)是采用了《地学信息元数据标准》(DD 2006—05)进行元数据采集制作的专用软件。元数据格式为XML格式。元数据采集器软件的主界面如图3-22所示。

《地质信息元数据标准》(DD 2006—05)由中国地质调查局于2006年12月发布试用,对地质调查空间信息的编目、管理、发布和社会服务起到了重要的指导和推进作用。本标准采用UML与数据字典相结合的方法描述元数据内容和结构,地质信息的元数据由7个子集(相对应的7个子集表)和14个代

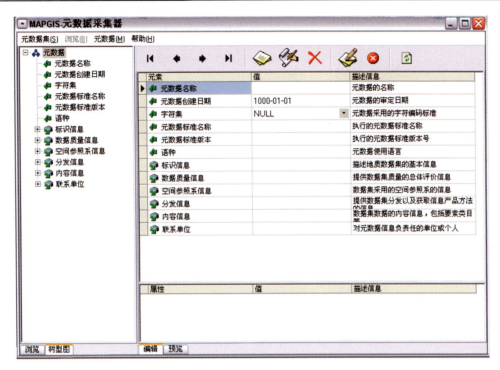

图 3-22 元数据采集器软件的主界面

码表构成。这 7 个子集包括元数据的内容信息、空间参照系信息、数据质量信息、分发信息、引用信息、标识信息、负责单位联系信息，见图 3-23。

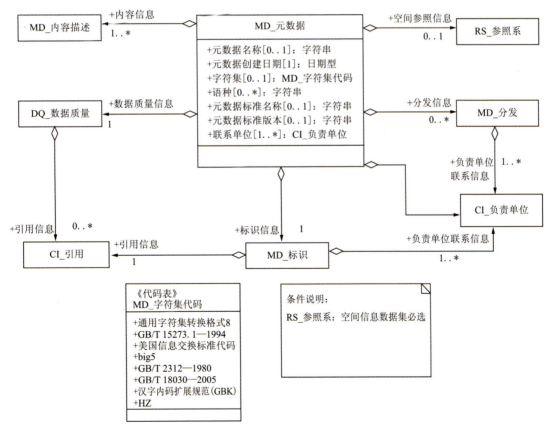

图 3-23 元数据信息

本标准完全覆盖了原标准(2001版)的全部元数据内容,并根据地质信息的特征以及信息发布、信息交换的要求,在原标准的基础上对元数据内容进行了修订和扩充。较之原标准在结构和定义方面更加规范,在内容方面更加丰富和全面。

2007年以来,全国开展1∶5万区域地质调查、1∶5万矿产地质调查,其最终成果所建立的空间数据库也要求采用该元数据标准建立元数据库。

第四章　基础地质数据库维护

第一节　地质工作程度数据库

一、数据库维护情况

2007—2008年,内蒙古自治区地质工作程度数据库开展了维护工作,维护后共包含地质工作程度数据4701个。地质工作程度数据库维护情况见表4-1。

二、数据库维护工作流程

(一)技术路线

按照《全国地质工作程度数据库建设工作指南》的要求确定资料收集范围与对象,力求全面反映内蒙古自治区的地质工作程度。属性数据采用关系型数据格式,数据采集和输入采用 MS Access 2000 软件的 MDB 格式,由全国项目办提供统一的数据录入界面。采用 MapGIS 生成图形数据文件。

按照内蒙古自治区地质调查院质量管理体系的要求进行质量检查工作,严格执行本单位制定的质量手册、质量体系程序文件、作业指导书。同时利用全国项目办提供的检查软件以协助属性数据与空间数据的质量检查工作。

(二)工作流程

工作流程如图4-1所示。

1. 资料收集

按照工作指南规定的资料范围系统收集各类地质资料,地质工作专业范围包括区域地质调查、矿产勘查、地球物理勘查、地球化学勘查、遥感地质调查、水文地质调查、工程地质调查、环境地质调查和有关矿产资源调查评价及综合类项目。项目组首先查阅了全国地质资料馆的资料目录,主要收录了国土资源大调查项目成果的资料清单;又全面查阅了内蒙古自治区全区地质资料馆的资料目录,对非大调查成果资料有了全面了解,绝大部分矿产勘查类、工程地质类的资料,特别是商业性地质资料,均来源于此;同时在内蒙古自治区地质勘查基金招投标管理办公室收集了一批近3年内自治区勘查基金所安排并完成的勘查报告。

2. 属性卡片填写

按"全国地质工作程度数据库属性填写卡片"所规定的形式填写地质工作程度的属性,各数据项尽量填写完整,特别是标示为必填项的字段更为注意,但因原始资料原因,某些数据项难以填写,做了如下

表 4-1 地质工作程度数据库维护情况表

序号	维护大类	维护子类	维护情况内容
1	数据库维护基本情况	数据库名称	内蒙古自治区地质工作程度数据库
		数据库维护主要内容	①检查原地质工作程度数据库,修改完善其内容;②收集2000—2006年前全行业的地质大调查、资补费项目、地方专项,以及社会商业性项目有关成果资料,按技术要求对资料综合整理,录入建库。资料截止日期为2006年12月
		数据库维护技术要求	《全国矿产资源潜力评价项目:数据库维护工作技术要求》《全国地质工作程度数据库建设工作指南》
		元数据维护情况	根据《地质信息元数据标准》(DD 2006—05)的规定,编制了本次矿产地数据库维护元数据
		维护前数量	地质工作程度数据3679个
		维护后数量	地质工作程度数据4701个,矿产地工作程度数据1882个
		新增数量	地质工作程度数据新增1022个
		若为空间数据,其覆盖范围、比例尺、坐标参数(大地坐标系统、高程基准、地图椭球参数、地图投影类型)	覆盖范围:内蒙古自治区全区; 比例尺:1:50万、1:20万; 坐标参数:投影平面直角坐标系
		数据库维护负责人、主要技术人员	负责人:郝俊峰;主要技术人员:杜震刚、金景阳、苑梁、李瑞彬
		数据库维护资料来源	全国地质资料馆、内蒙古自治区全区地质资料馆、内蒙古自治区地质勘查基金管理中心
		数据库维护存在的主要问题描述	区内有一些城市的郊区都已由新的名称代替,行政区划代码尚未更新,只能根据项目组掌握的资料,参照以前的区划进行了填制
		数据库其他情况描述	数据库中档案号是指资料保管单位所使用的档案号,而不是原档存放单位的档案号
2	数据库概念模型维护情况	数据库概念模型变化情况	①去掉原指南中与建国前有关的内容,如老科协等;②去掉原工作指南中与行业有关的内容,如核工业等;③增加了资料收集范围,如国土资源大调查、资源补偿费矿产勘查、商业性地质勘查项目等;④对用户ID号定义进行了修改
3	数据库维护后地质工作程度略图	地质数据库附工作程度略图	无
4	数据库维护工作流程	数据库维护工作流程图	见图4-1
5	数据库维护验收情况	数据库维护工作完成情况	对原有工作程度数据记录3679个进行维护,补充新资料至2007年底,共补充工作程度数据记录3225个。维护后,地质工作程度数据6904个,矿产地工作程度数据2675个,矿区工作情况数据7328个
		数据库维护工作验收情况	2009年3月,通过全国矿产资源潜力评价项目办公室在天津组织的专家验收

处理:对于"地理坐标"项,报告中没有直接给出地理位置及图形范围时,从文字报告中根据其所描述的地理含义,大致标定其坐标来填卡;工作区为完整行政区域时,在"地理坐标"数据项中,填写相应的行政区划代码。部分成果资料不反映项目来源,则暂作空缺处理。绝大多数成果资料中不反映原始资料

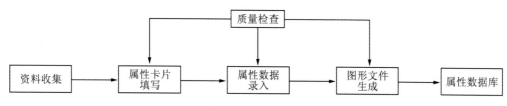

图 4-1 地质工作程度数据库维护工作流程图

的存放地点,在"原档存放单位"数据项下填写承担单位的名称,而绝大多数地勘单位几经更名变迁,许多单位一时很难查清,确定一律填写提交该份成果资料时的单位名称。对旧库中有些1:20万、1:5万区调工作报告当时尚未汇交、无"档案号"的成果,这次也统一将档案号做了补充。

3. 属性卡片检查

对属性卡片填写内容进行100%自检和100%互检,专题负责人本身作为微机录入人员,除完成100%自检外,还进行了30%的抽检。

4. 属性数据录入

在卡片填写完成的基础上,利用全国项目办提供的数据录入软件进行属性数据录入,形成属性数据库。

5. 录入数据检查

所有录入数据经过100%自检后,分图层打印输出全面校对,修改完成后,专题负责人对数据录入做了100%的检查,对部分容易出现错误的图层,做了第二次打印输出校对。最后利用全国项目办提供的检查软件对属性数据逻辑性做系统检查。

6. 完成地质工作程度数据库

形成完整的地质工作程度数据库。

三、维护工作完成情况

2007年3月—2008年12月,完成了内蒙古自治区地质工作程度数据库维护工作。

(1)在对原数据库进行了认真核对、补充完善和必要的修改的同时,新收录区域地质调查、矿产勘查、地球物理勘查、地球化学勘查、遥感地质调查、水文地质调查、环境地质调查、工程地质调查专业、综合类专业等地质成果资料千余份,新采集矿区工作情况子表数据849个,新增矿产地数据446个,并对原库中有严重出入的40个数据进行了修改,建立了MS Access 2000格式的内蒙古自治区地质工作程度数据库。

(2)新收集录入数据共形成了地质工作程度图层37个,矿产地图层8个。

(3)通过本次数据库维护,全区地质工作程度数据库共有数据4701个,图层109个,矿产地1882个,矿产地图层13个。收录资料包括了2006年12月31日以前全区地质资料馆正式归档的所有地质调查、地球化学勘查、地球物理勘查、水文地质、工程地质环境地质调查及综合类地质成果报告;除近几年区内部分煤矿企业投资进行的煤炭资源储量核实报告未录入外,其余所有的矿产勘查成果报告均收录入内;还包括了已向全国地质资料馆正式汇交的2006年以前自治区境内所开展的国家地质大调查成果报告。另外,收集了2006年12月31日前内蒙古自治区地质勘查基金所安排并已提交成果报告的32份资料,按全国项目办临时编号做了收集录入。

四、质量评述

(一)数据源质量

1. 原始资料来源

原始资料主要来源可分为3类:一是国家大调查项目,通过全国地质资料馆进行收集;二是全区地质资料馆2000年以来所归档的成果资料;三是内蒙古自治区地质勘查基金管理中心所保管的近几年自治区地勘基金完成的项目报告。

2. 原始资料涉及的单位

根据《数据库维护工作技术要求》,本次工作收集了2000—2006年期间内蒙古自治区境内所完成的各类地质勘查报告。资料涉及的单位有50多个,除原地矿、有色、冶金、核工业、煤炭、化工、建材、石油系统所属地勘单位和有关科研院所、武警黄金部队等外,还有近几年来所成立的杂而多的矿业勘查公司等技术服务企业。

3. 原始资料收集评述

国土资源大调查工作的成果资料搜集齐全,其中截至2006年底完成的1:20万区域地球化学、重力,以及1:25万与1:5万区域地质调查资料已全部收齐。航磁测量及其地表航磁异常查证工作资料收集较为齐全。矿产勘查资料中,对于金属矿产、非金属矿产、地下水汽矿产的勘查成果资料收集较全,列入2006年矿产储量表的矿产地勘查资料也均有所反映。对于煤炭和部分非金属矿产因受行业限制,资料存放地不明,2000年以前的资料缺口较大,应特别注意2000年以前相关煤炭、非金属的地质工作程度数据库。2000年以后,除本区所归档的煤炭矿山企业开展的部分储量核实报告暂未做收集外,其余所有矿产勘查报告均收录其中,特别是所有涉及煤的预查、普查、详查、精查等成果资料均收集入库。全区有关区划及与矿产相关的科研类成果资料也收集齐全。

综上所述,本次工作收集的原始资料较全面地反映了2000—2006年期间内蒙古自治区的地质工作程度。

4. 原始资料的质量评述

通过卡片填制和微机录入这两项工作的开展,也对本次所收集的资料质量情况有了大致了解。总体上,所有汇交的成果报告质量较好。但归档资料中,近年来的报告多数缺少相关的验收决议书、任务书等附件,偶尔也出现同一个报告以两个档案号立卷归档或总体报告与专题报告分别归档的现象。这些都无形中加大了工作的难度,需要随时甄别,同时附件材料的不全也直接影响了项目来源、是否验收、验收单位等有关内容的填制。

(二)数据库质量

1. 属性卡片填写质量

内蒙古自治区地质调查院专门聘请了地质矿产、物探、化探、资料管理等方面的专家负责属性卡片填写工作,填卡后经过了100%自检和100%互检后,由项目负责人对属性卡片做了30%的抽检,错误率小于1%。因此属性卡片填写可保证数据资料真实、内容准确、可靠,与原始资料对应。

2. 数据录入质量

在全国项目办提供的数据录入软件上进行属性数据录入，所有录入数据经过100%自检后，打印输出全面校对。项目负责人对数据录入做了100%的检查，错误率最大达0.32%，对于错误率偏大的地理坐标进行了第二次输出校对，并组织专门人员进行检查，因此可以保证录入数据与属性卡片一一对应。

3. 属性数据库质量

利用Access自带的查询功能，对属性数据进行重复档案号（PKIIN）、重复项目名称（PKMC）、重复地理坐标（CHAHB）等项查询，删除了重复采集录入的卡片。分别建立区域基础地质属性表与矿区工作情况表和矿产地图层属性表与区域基础地质属性表间的逻辑关系，检查是否有遗漏、错录、不合理现象以及逻辑错误，然后利用全国项目办提供的检查软件做最终检查。通过以上检查修改后，可确定本数据库质量可靠。

4. 空间数据库质量

地理坐标是空间数据库的基础，在属性卡片填写与数据录入阶段应作为检查工作的重点，以确保空间数据准确。并利用MapGIS 6.7软件，通过属性数据项中的"地理坐标"数据项内容，将数据库中的地质工作程度数据和矿产地属性数据分别生成MapGIS的WL文件和WT文件，然后进行属性挂接，从而校对和检查图形空间位置的正确性，利用MapGIS 6.7对每一图层的空间图形都做系统检查。

五、维护成果说明

维护后内蒙古自治区地质工作程度数据库结构合理、内容适用齐全。为充分表达地质工作程度的空间分布和工作内容，按地质工作的性质和比例尺，建立了109个空间数据图层；按工作简况、项目成果、资料保存等设置了31项属性数据项。按矿产种类建立了13个矿产地空间数据图层，并设置了反映矿产地的矿种、规模等内容的11项属性数据项。

该数据库编制的内蒙古自治区地质工作程度图，直观全面地反映了本自治区地质工作的主要内容，图面表达清晰，并有简洁的文字说明，方便各层次用户需求。

该数据库的完成对于政府宏观决策，推进地矿行政规范管理、科学部署地质工作、组织实施地质项目、实现地质成果资料共享等具有十分重要意义。该成果在全区地质行业已得到广泛应用，在国土资源厅地质工作的部署中，提供了有力支持；在本自治区矿产资源潜力分析和勘查规划的编写过程中发挥了重要作用。该成果为矿产资源潜力评价工作、地质勘查工作"十二五"规划编制工作，以及区域矿产地质调查项目等，提供了大量的数据支撑工作。

第二节 矿产地数据库

一、数据库维护情况

2007—2008年，内蒙古自治区矿产地数据库开展了维护工作，维护后矿产地数据库共收录各类矿产地数据1932个。矿产地数据库维护情况见表4-2。

二、数据库维护工作流程

按照《全国矿产资源潜力评价数据库维护工作技术要求》，在《矿产地数据库建设工作指南》的指导下,结合内蒙古自治区实际情况制定了工作流程和工作方法(图4-2)。

表4-2 矿产地数据库维护情况表

序号	维护大类	维护子类	维护情况内容
1	数据库维护基本情况	数据库名称	内蒙古自治区矿产地数据库
		数据库维护主要内容	原库检查进行修改完善。收集2000—2007年提交的大调查项目、资源补偿费项目、地方专项等各类报告,按技术要求对其中的矿产地内容进行资料综合整理,录入建库
		数据库维护技术要求	《全国矿产资源潜力评价项目:数据库维护工作技术要求》《矿产地数据库建设工作指南》
		元数据维护情况	按照《地质信息元数据标准》(DD 2006—05)的规定,编写本次矿产地数据库维护元数据
		维护前数量	1427个
		维护后数量	1932个
		新增数量	505个
		若为空间数据,其覆盖范围、比例尺、坐标参数(大地坐标系统、高程基准、地图椭球参数、地图投影类型)	覆盖范围:内蒙古自治区全区;比例尺:1:50万,1:20万;坐标参数:投影平面直角坐标系
		数据库维护负责人、主要技术人员	负责人:刘永慧;主要技术人员:毛德鹏、张亮
		数据库维护资料来源	内蒙古自治区国土资源信息院、内蒙古自治区地质调查院、内蒙古自治区地质勘查基金管理中心
		数据库维护存在的主要问题描述	数据表中个别数据项的规定与矿产勘查实际情况不符,难以填写;地质资料馆部分资料设有保护期,部分资料未收集到
		数据库其他情况描述	矿产地数据库还无法向全社会提供公开服务;只能根据地质矿产勘查项目申请,提供有针对性资料查询服务
2	数据库概念模型维护情况	数据库概念模型变化情况	①由原工作指南中的9个数据表增加到11个;②根据《固体矿产资源/储量分类》(GB/T 17766—1999),矿产储量增加了相应的字段;③在基础情况表中增加了"维护情况"字段
3	数据库维护后地质工作程度略图	地质数据库附工作程度略图	无
4	数据库维护工作流程	数据库维护工作流程框图	见图4-2
5	数据库维护验收情况	数据库维护工作完成情况	矿产地由原来的1427个增至2162个,已完成全部工作
		数据库维护工作验收情况	2009年3月,通过全国矿产资源潜力评价项目办公室在天津组织的专家验收

1. 资料收集

收集了内蒙古自治区自2003年以来提交的大调查项目、资补费项目、地方专项等各类报告进行资料综合整理,以2008年内蒙古自治区矿产资源储量表中新增矿产地为重点,列出相应的报告档案号和有关资料,为采集有关数据作准备。

2. 数据采集阶段

按照《矿产地数据库建设工作指南》中要求的各项内容,项目组人员从各类勘查文字报告或有关的

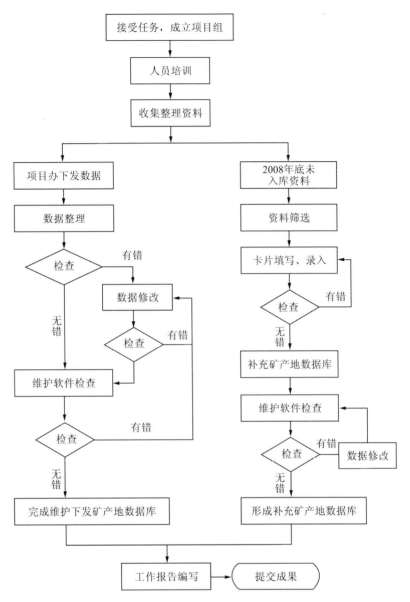

图 4-2 矿产地数据库维护工作流程图

图件、资料中查找,综合整理后加以利用。对准确性不高的内容,先记录下来,经查阅有关资料或与地质专家协商后采集。对于有新的工作投入的已入库矿产地,则按照本次收集的相关报告认真研究后进行维护数据采集。

3. 卡片填写阶段

在填卡过程中,力求做到字迹工整清晰,资料筛选依据正确,数据内容完整,引用标准得当。若有从标准中查不到代码的数据项,则归于大类中。有的内容较多而填写不下的,则精简之后填卡。对于本次矿产地数据库维护要求增加的字段则按要求进行了补充。

4. 卡片的自检、互检、抽检阶段

补充和维护的数据库按有关要求由数据采集人员按100%自检,项目负责人安排其他人按100%互检,最后项目负责人按30%抽检,每一项质量检查工作必须有质量检查工作记录,并由有关人员签署质量检查意见,确保数据库在数据维护中的质量。

5. 数据录入及机检

自检、互检完成后,由专业人员进行数据录入工作,在完成数据录入之后,用 Excel 格式编排打印成稿,再由专业人员进行 100% 校对,最后根据校对内容修改数据库。

由于矿产地数据库是不同时期、不同单位参加建立的数据库,因而存在矿产地重复录入或矿产地编号重复等现象,为了形成高质量的数据库,在最终提交数据前,对往年和本年度的所有数据进行反复核对,发现问题立刻修改,从而使数据库更加完善。

6. 通过成图的方式检查矿产地坐标和属性

采用 MapGIS 6.7 软件,编制内蒙古自治区矿产地分布点位图,进行属性挂接,从而达到检查矿产地坐标和属性的目的。

三、维护工作完成情况

2007 年 3 月—2008 年 12 月,完成了内蒙古自治区矿产地数据库维护工作。

(1) 全面收集了 2003 年 1 月—2007 年 12 月提交的大调查项目、资补费项目、地方专项等各类报告,并以 2008 年《内蒙古自治区矿产资源储量表》中的新增矿产地为重点,按矿种及储量规模分类查找最新、最全的矿产勘查报告和相关资料进行补充维护。

(2) 截止到 2007 年 12 月底,各类矿产地共计增补了 513 个,其中,大型 10 个,中型 17 个,小型 232 个,各类矿点、矿化点 254 个;金属矿产地为 446 个,非金属矿产地为 67 个。

(3) 按《全国矿产资源潜力评价项目:数据库维护工作技术要求》,对原已验收矿产地数据库表,增加了"维护工作""121b"等 16 个字段。按要求对储量单位进行了统一(如对铁矿储量单位统一为"亿吨"),并将原 1427 个矿产地信息逐条进行了修改。由于矿点勘查程度的提高,对已入库的 15 个矿产地进行了资料的更新和维护工作。

(4) 查出了 8 个重复录入的矿产地记录,并加以删除。截止到 2007 年 12 月底,各类矿产地实际新增 505 个。

通过本次维护,矿产地数据库共收录各类矿产地 1932 个。其中,大型 89 个,中型 225 个,小型 680 个,各类矿点、矿化点 938 个。

四、质量评述

(一) 数据源质量

1. 原始资料来源

本次工作原始资料主要来源于内蒙古自治区国土资源信息院、内蒙古自治区地质调查院、内蒙古自治区地质勘查基金招标管理办公室等单位,原始资料来源基本可靠。

2. 原始资料涉及的单位

本次工作收集了 2000—2007 年期间,由内蒙古境内所完成的各类地质勘查报告。资料涉及的单位有原地矿、有色、冶金、核工业、煤炭、化工、建材、石油系统所属地勘单位和有关科研院所、武警黄金部队等,以及近几年来所成立的杂而多的矿业勘查公司等技术服务企业。

3. 原始资料收集评述

专题组已经尽全力收集了内蒙古自治区自 2003 年以来提交的各类矿产勘查报告,但由于"十五"及

"十一五"期间,自治区勘查项目繁多,勘查单位较分散,以及本次工作时间紧、人员少等原因,对于一些原始资料未收集到,有待以后维护过程中进行补充完善。

4. 原始资料质量评述

本次收集到的原始资料大多数已经过有关部门的审批认定,质量较好。但少数中国地质调查局大调查项目报告由于时间关系未进行最终报告验收,因此来源于此类报告的矿产地信息有待以后维护过程中进行补充完善。

(二)数据库质量

1. 数据填卡质量

新数据卡片和补充、修改的数据卡片均来自各类矿产报告,尽量查找有关信息,确保数据的完整性、可靠性。新卡片和修改的卡片数据均经过100%自检和100%的互检,以及项目负责人30%的抽检,并形成自检、互检及抽检记录。因而卡片数据内容准确,数据填写无重复或遗漏现象。

2. 数据录入质量

数据基本上由专业人员录入,并在数据库中对关键性数据项做了专门设置,可避免遗漏和录入错误。所有录入数据经过100%自检,并打印输出全面校对、修改。确保录入数据与卡片一一对应,因此数据录入完整、无误。

3. 数据库质量

所维护的矿产地数据库的原始资料筛选、数据卡片填写、数据录入等各个环节均经过严格的质量管理、质量监控,因此整个数据库的质量是可信的。数据库形成之后,又打印校对并上机修改。对各种原因造成的数据重复和矿产地编号重复等问题,均在最终数据检查中发现并修改,从而进一步增加了数据库的可靠性。

五、维护成果说明

维护后矿产地数据库资料收集齐全、数据规范、技术先进、质量监控措施完备、数据质量可靠,数据库应用系统功能完备、性能稳定、实用性强。为了保证数据的可靠性、准确性、权威性,在建库工作过程中,对数据质量采取严格的质量监控措施,保证了数据库的质量。该成果受到广泛关注,并将成果反馈给冶金、有色、武警、建材等行业系统以及中国地质调查局各大区地质调查中心使用。

矿产地数据维护工作的完成,对内蒙古自治区的固体矿产地进行了全面系统的整理和建库,实现了方便快捷的查询检索。该数据库的完成有助于摸清内蒙古自治区资源"家底",为进一步做好资源潜力评价和矿产资源预测提供基础数据。

第三节 区域重力数据库

一、数据库维护工作

依据全国矿产资源潜力评价项目要求,本次工作对中国地质调查局所提供的内蒙古自治区1:100万区域重力数据库进行了更新与维护,对缺少的2个图幅数据(东经107°—108°与北纬39°20′—42°40′范围),利用原地矿部第二物探队的资料进行了补充。区域重力数据库维护后共收录数据 90 114 个。区域重力数据库维护情况见表 4-4。

表 4-4 区域重力数据库维护情况表

序号	维护大类	维护子类	维护情况内容
1	数据库维护基本情况	数据库名称	内蒙古自治区区域重力数据库
		数据库维护主要内容	按照全国项目办的技术要求对重力数据进行"五统一",主要是对原来的数据进行基点改算和正常场改算;其次是收集补充全区新的重力测量成果资料,通过数据整理入库,更新原数据库
		数据库维护技术要求	《全国矿产资源潜力评价项目:数据库维护工作技术要求》区域重力数据库维护内容
		元数据维护情况	按照《地质信息元数据标准》(DD 2006-05)的规定,分工区编写重力数据库维护元数据
		维护前数量	1:20 万区域重力测量数据 76 816 个;1:50 万数据 1631 个;1:100 万的重力测量除巴丹吉林沙漠外,基本覆盖全区
		维护后数量	共收录数据 90 114 个,其中,1:20 万数据 76 816 个,1:50 万数据 1631 个,1:100 万数据 11 667 个
		新增数量	对缺少的 1:100 万 2 个图幅的数据进行补充,并进行"五统一"改算
		若为空间数据,其覆盖范围、比例尺、坐标参数(大地坐标系统、高程基准、地图椭球参数、地图投影类型)	覆盖范围:全区;比例尺:1:100 万、1:50 万、1:20 万区域重力数据;坐标参数:1954 北京坐标系、1985 国家高程基准、克拉索夫斯基(1940)椭球参数、兰伯特等角圆锥投影
		数据库维护负责人、主要技术人员	负责人:常忠耀;主要技术人员:王志利、杨建军
		数据库维护资料来源	中国地质调查局、原地质矿产部第二物探队
2	数据库维护工作流程	数据库维护工作流程框图	见图 4-3
3	数据库维护验收情况	数据库维护工作完成情况	已完成全部工作
		数据库维护工作验收情况	2009 年 3 月,通过全国矿产资源潜力评价项目办公室在天津组织的专家验收

二、数据库维护工作流程

工作方法及流程如图 4-3 所示。

1. 数据整理

将中国地调局下发的不同比例尺的区域重力数据进行整理,数据项包括:横坐标 G_x、纵坐标 G_y、高程值 H、布格重力值 B_g。

2. 坐标转换

利用 MapGIS 6.7 软件,将坐标进行投影变换。

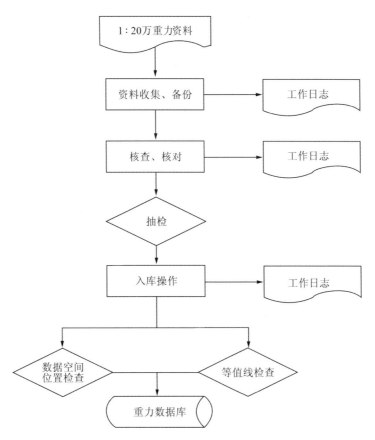

图 4-3 区域重力数据库维护工作流程图

3. 图形文件生成

通过内蒙古自治区全区性成图对数据库进行检查,将遗漏的数据进行补充,并与原始资料的等值线图进行对比。

(1)通过对不同比例尺的区域重力数据绘制等值线图发现,1:100万区域重力数据库有数据缺失现象,范围为东经107°—108°、北纬39°20′—42°40′。从原地质产矿部第二物探队收集,内容包括点号、X坐标、Y坐标、高程、近区地改值和实测重力值。利用上述数据进行数据整理、"五统一"改算、坐标转换、数据处理、数据检查和数据入库。

其中,"五统一"改算的参数为:

- 统一采用2000国家重力基本网系统或1985国家重力基本网。
- 统一采用1954北京坐标系和1985国家高程基准。
- 统一采用国际大地测量学会(IAG)推荐的1980年正常重力值计算公式。
- 统一采用本规范规定的公式进行布格改正和中间层改正,密度统一采用2.67g/cm^3。
- 统一采用166.7km的半径进行地形改正。

此外,重力资料外部改正的远区地形改正接口采用环形,起始半径为2km,地壳平均厚度采用45km。

(2)通过成图与原始资料的等值线图进行对比,认为异常形态无畸变现象,不存在系统误差。

4. 自检、互检及抽检

对数据库维护内容进行100%自检、互检和30%的抽检。

三、维护工作完成情况

1. 数据整理

完成 1∶100 万重力原始数据补充及"五统一"(5 项)改算等工作。

2. 坐标转换

完成 1∶100 万、1∶50 万、1∶20 万数据坐标转换工作。

3. 图形文件生成

为确保区域重力数据无误,制作了全区和分图幅布格重力异常平面图等图形文件。

4. 维护后数据量

维护后的区域重力数据库中包含数据 90 114 个,其中,1∶100 万数据 11 667 个、1∶50 万数据 1631 个和 1∶20 万数据 76 816 个。

四、质量评述

1. 数据源质量

对中国地质调查局下发的内蒙古自治区区域重力数据库,进行了数据检查、成图对比,认为数据质量能够满足本次工作要求。

2. 数据库质量

对入库数据做如下说明。
(1)入库数据是中国地质调查局发展中心提供。
(2)数据库版本为:MS Access 2000。
(3)包含数据项为:经度、纬度、高程值、布格重力异常值,具体参数见表 4-5。
(4)符合《区域重力调查规范》(DZ/T 0082—93),即实现了统一重力基本网、统一坐标系和国家高程基准、统一正常重力场公式、统一地改半径、统一中间层密度的各项计算,其参数见表 4-5。

表 4-5 区域重力数据库参数表

字段名称	数据类型	小数位数(位)	说明
经度	Double	5	测点所在的经度值,如:113.842 34
纬度	Double	5	测点所在的纬度值,如:33.349 30
高程值	Double	1	单位:m,1985 国家高程基准
布格重力异常值	Double	2	单位:10^{-5} m/s^2

(5)数据库中包含了 1∶100 万、1∶50 万和 1∶20 万区域重力数据。
(6)入库数据质量可靠。

第四节 航磁数据库

一、数据库维护情况

对下发数据进行了核查、校对,数据维护情况详见表4-6、表4-7。数据库维护工作流程见图4-4。

表4-6 航磁数据库维护情况表

序号	维护大类	维护子类	维护情况内容
1	数据库维护基本情况	数据库名称	内蒙古自治区航磁数据库
		数据库维护主要内容	原库数据进行检查修改,新增加部分区域航磁数据。数据格式为大地坐标、磁场值
		数据库维护技术要求	《矿产资源潜力评价数据模型丛书:磁测资料应用数据模型》及《全国矿产资源潜力评价项目:数据库维护工作技术要求》
		元数据维护情况	按照《地质信息元数据标准》(DD 2006—05)的规定,编写本次航磁数据库维护元数据
		新增数量	新增航磁数据见表4-8
		若为空间数据,其覆盖范围、比例尺、坐标参数(大地坐标系统、高程基准、地图椭球参数、地图投影类型)	覆盖范围:内蒙古自治区; 比例尺:1:2.5万~1:50万; 坐标参数:平面直角坐标系,1985国家高程基准
		数据库维护负责人、主要技术人员	负责人:陈新民;主要技术人员:贾金福、吕洪涛等
		数据库维护资料来源	国土资源部航遥中心,物探调查单位
2	数据库维护工作流程	数据库维护工作流程图	见图4-4
3	数据库维护验收情况	数据库维护工作完成情况	已完成
		数据库维护工作验收情况	2009年3月,通过全国矿产资源潜力评价项目办公室在天津组织的专家验收

表4-7 航磁数据维护情况一览表

工区名称	档案号	工作比例尺	测量单位	检查情况	修改
大小兴安岭航磁、放测区	7021a	1:20万	航空物探903队	已检查正常	
大兴安岭航磁、放测区	7021b	1:10万	航空物探903队	已检查正常	
内蒙古中部航磁、放测区	7019	1:20万	航空物探901队	已检查正常	
大兴安岭南部航磁、放测区	7077d	1:10万	航空物探903队	已检查正常	
锡盟南部航磁、放测区	7100d	1:10万	航空物探大队906队	已检查正常	
锡盟南部航磁、放测区	7100d	1:10万	航空物探大队906队	已检查正常	
昭盟航磁、放测区	7101	1:20万	航测大队907队	已检查正常	
鄂尔多斯中部航磁、放测区	7104	1:20万	航空物探大队904队	已检查正常	
北山东部航磁、放测区	7148-2	1:10万	航空物探大队905队	已检查正常	

续表 4-7

工区名称	档案号	工作比例尺	测量单位	检查情况	修改
大青山航磁、放测区	7154-1	1:5万	航空物探队906队	已检查正常	
大青山东段和北部航磁、放测区	7156-1	1:5万	航空物探队907队	已检查正常	
大青山东段和北部航磁、放测区	7156-2	1:10万	航空物探队907队	已检查正常	
北大山-毛条山航磁、放测区	7151	1:5万	航空物探大队903队	已检查正常	
河西走廊航磁、放测区	7151	1:5万	航空物探大队903队	已检查正常	
河西走廊航磁、放测区	7279-2	1:10万	航空物探大队903队	已检查正常	
呼和浩特-大同航磁、放测区	7158-1	1:5万	航空物探队906队	已检查正常	
呼和浩特-大同航磁、放测区	7158-2	1:10万	航空物探大队906队	已检查正常	
河套航磁、放测区	7160	1:20万	航空物探大队904队	已检查正常	
大兴安岭东南部航磁、放测区	7173	1:5万	航空物探大队905队	已检查正常	
大兴安岭南部航磁、放测区	9406	1:5万	黑龙江物探队	已检查正常	
辽西航磁、放测区	7179	1:5万	航空物探队901队	已检查正常	
宁夏北部航磁、放测区	7185-1	1:5万	航空物探队907队	已检查正常	
哲盟北部航磁、放测区	7193	1:5万	航空物探队905队	已检查正常	
辽西、吉南航磁、放测区	7188	1:5万	航空物探队901队	投影后方里网坐标出现错位	已改正
迭布斯克航磁、放测区	7195	1:10万	航空物探队907队	已检查正常	
神山航磁、放测区	9811	1:5万	黑龙江物探队航测分队	已检查正常	
白城西部航磁、放测区	7205-1	1:5万	航空物探队905队	已检查正常	
昭盟东部航磁、放测区	7334	1:5万	航空物探队901队	已检查正常	
昭盟东部航磁、放测区	7199	1:5万	航空物探队901队	投影后方里网坐标出现错位	已改正
贺兰山航磁、放测区	7208-1	1:10万	航空物探队907队	已检查正常	
三关口航磁、放测区	7208-3	1:10万	航空物探队907队	已检查正常	
加格达奇北部航磁、放测区	9803	1:5万	黑龙江地质局航测队	已检查正常	
昭盟北部航磁、放测区	9412	1:5万	航空物探大队901队	投影后方里网坐标出现错位	已改正
狼山航磁、放测区	9404	1:5万	内蒙古自治区地质矿产局物探队航磁分队	已检查正常	
狼山航磁、放测区	9404	1:10万	内蒙古自治区地质矿产局物探队航磁分队	已检查正常	
包头航磁测区	9401	1:5万	内蒙古自治区地质矿产局物探队航磁分队	已检查正常	
包头航磁测区	9401	1:10万	内蒙古自治区地质矿产局物探队航磁分队	已检查正常	
海拉尔北部航磁、放测区	9409	1:5万	黑龙江物探队航测分队	已检查正常	
昭盟西北部航磁、放测区	9413	1:5万	辽宁物测队航空物探分队	投影后方里网坐标出现错位	已改正
乌力吉北部航磁、放测区	7239	1:5万	航空物探大队905队	已检查正常	
加格达奇南部航磁、放测区	9804	1:5万	黑龙江省航空物探队	已检查正常	
东乌旗航磁、放测区	9407	1:5万	内蒙古自治区地质矿产局物探队航磁分队	投影后方里网坐标出现错位	已改正
宁夏西北部航磁、放测区	7249	1:5万	航空物探大队905队	已检查正常	
阿尔山航磁、放测区	7255	1:5万	航空物探大队901队	投影后方里网坐标出现错位	已改正

续表 4-7

工区名称	档案号	工作比例尺	测量单位	检查情况	修改
东乌旗西部航磁、放测区	9408	1:5万	内蒙古自治区地质矿产局物探队航磁分队	已检查正常	
西乌旗航磁、放测区	9411	1:5万	内蒙古自治区物探队航磁分队	已检查正常	
额济纳旗航磁、放测区	7258-2	1:5万	航空物探大队905队	已检查正常	
额济纳旗航磁、放测区	7258-1	1:10万	航空物探大队905队	已检查正常	
二连-锡林浩特北部航磁、放测区	9403	1:5万	内蒙古自治区物探队航磁分队	已检查正常	
二连-锡林浩特北部航磁、放测区	9403	1:10万	内蒙古自治区物探队航磁分队	已检查正常	
乌拉盖航磁、放测区	9410	1:10万	内蒙古自治区物探队航测分队	已检查正常	
那日图航磁、放测区	9402	1:20万	内蒙古自治区物探队航测分队	已检查正常	
赤峰西部航磁、放测区	9405	1:5万	内蒙古自治区物探队航磁分队	已检查正常	
满归地区航磁、放测区	9801	1:5万	黑龙江物探大队航磁分队	已检查正常	
甘龙首山潮水盆地航磁、放测区	7279-1	1:5万	航空物探队903队	已检查正常	
内蒙开鲁地区航磁、放测区	7292	1:20万	航空物探总队	已检查正常	
蔡家营-宝昌航磁、放测区	7333	1:10万	航测大队901队	已检查正常	

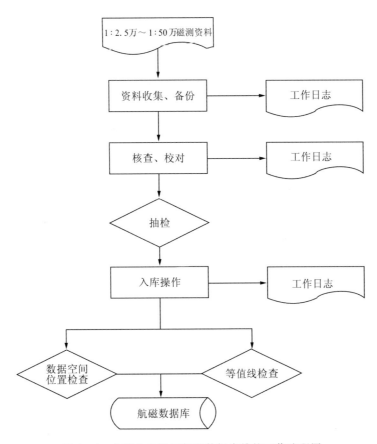

图 4-4 内蒙古自治区航磁数据库维护工作流程图

二、新增的数据

本次数据库建设根据全国矿产资源潜力评价项目要求,全部进行更新并补充。经检查发现部分地区缺失数据,去国家航遥中心进行了收集,新增数据情况见表 4-8。

表 4-8 新增航磁数据情况一览表

档案号	测区名称	数据来源	比例尺	数据格式	是否检查	修改情况
6002	多伦—太卜寺旗	航遥中心	1:5万	.xyz	正常	
7019	内蒙古自治区中部地区	航遥中心	1:20万	.xyz	正常	
7422	内蒙古自治区中部地区	航遥中心	1:5万	.xyz	投影后方里网坐标出现错位	已改正
7195	宁夏北部AB	航遥中心	1:5万	.xyz	正常	
9801	黑龙江西林吉	航遥中心	1:5万	.xyz	正常	
9803	加格达旗北部	航遥中心	1:5万	.xyz	正常	
9804	加格达旗南部	航遥中心	1:5万	.xyz	正常	
9811	呼盟神山	航遥中心	1:5万	.xyz	正常	

三、数据库维护工作流程

1. 数据整理

将航遥中心提供的航磁数据进行整理。

2. 坐标转换

利用 MapGIS 6.7 软件,将坐标进行投影变换。

3. 图形文件生成

通过成图对数据库进行了检查。将生成的全区航磁 ΔT 等值线图与原始资料的等值线图进行对比,对异常畸变点进行修正。

4. 自检、互检及抽检

对数据库维护内容进行 100% 自检、互检和 30% 的抽检。

四、维护工作完成情况

航磁数据库新增 1:5 万航磁数据测区 7 个、1:20 万航磁数据测区 1 个,并对全区数据进行了核查、校对,制作了全区和分片航磁 ΔT 等值线图。

五、质量评述

对航遥中心提供的内蒙古自治区航磁数据库,进行了数据检查、成图对比,认为数据质量能够满足本次工作要求。

第五节 区域地球化学数据库

一、数据库维护情况

本次工作补充了近年来新产生的 6 个 1∶20 万图幅数据,维护后共收录数据 151 205 个。由于种种原因,目前尚有一些图幅数据未收集到,包括 M-51-(25)喜桂图旗幅、M-51-(26)博克图幅、M-51-(27)沟口幅、M-51-(31)塔尔其幅、M-51-(32)绰尔幅、M-51-(33)布特哈旗幅、L-51-(1)大黑沟幅、L-51-(2)一二五公里幅、L-51-(3)华安公社幅、N-51-(33)满归幅、M-51-(6)兴隆镇幅。

通过全区性成图对区域地球化学数据库进行检查,发现图幅间有系统误差,数据有疑点和缺失现象。

区域地球化学数据库维护情况见表 4-9 及图 4-5、图 4-6。

表 4-9 区域地球化学数据库维护情况表

序号	维护大类	维护子类	维护情况内容
1	数据库维护基本情况	数据库名称	内蒙古自治区区域地球化学数据库
		数据库维护主要内容	①检查原 1∶20 万区域地球化学数据库;②收集区内新提交的化探报告,按技术要求对其中的分析数据进行整理,录入建库
		数据库维护技术要求	地球化学数据库维护技术要求
		元数据维护情况	按照《地质信息元数据标准》(DD 2006-05)的规定,分幅编写本次化探数据库维护元数据
		维护前数量	148 505 个
		维护后数量	151 205 个
		新增数量	2700 个
		若为空间数据,其覆盖范围、比例尺、坐标参数(大地坐标系统、高程基准、地图椭球参数、地图投影类型)	覆盖范围:化探数据覆盖内蒙古自治区大部分地区;比例尺:1∶20 万;坐标参数:投影平面直角坐标系
		数据库维护负责人、主要技术人员	负责人:任亦萍;主要技术人员:云丽萍
		数据库维护资料来源	全国地质资料馆、全区地质资料馆及内蒙古自治区地质调查院等单位和部门
		数据库维护存在的主要问题描述	
		数据库其他情况描述	1∶20 万化探接图表的属性字段名改为汉字
2	数据库概念模型维护情况	数据库概念模型变化情况	见图 3-11
3	数据库维护后地质工作程度略图	地质数据库附工作程度略图	见图 4-5
4	数据库维护工作流程	数据库维护工作流程图	见图 4-6
5	数据库维护验收情况	数据库维护工作完成情况	已完成
		数据库维护工作验收情况	2009 年 3 月,通过全国矿产资源潜力评价项目办公室在天津组织的专家验收

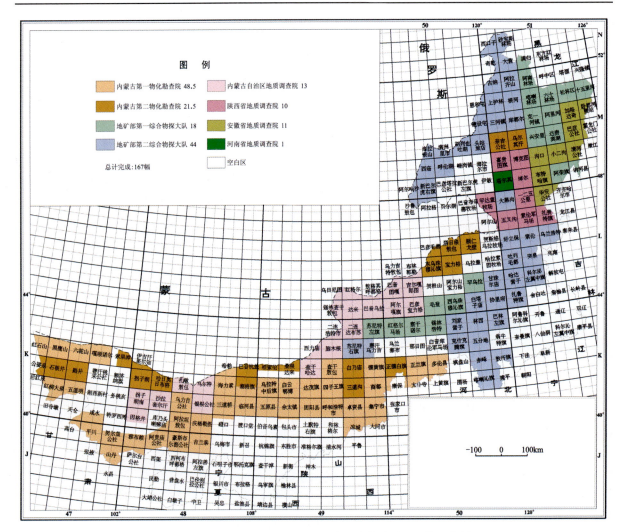

图 4-5 内蒙古自治区 1:20 万区域地球化学测量工作程度图

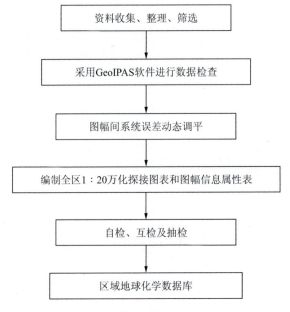

图 4-6 区域地球化学数据库维护工作流程图

二、数据库维护工作流程

区域地球化学数据库维护工作方法与流程如下：

（一）新数据入库工作

（1）将巴音乌拉、阿巴嘎旗等图幅的1：20万化探数据库导入GeoExpl中，并进行检索、投影变换。
（2）在GeoExpl中，将巴音乌拉、阿巴嘎旗等图幅的1：20万化探数据库工作区数据表转出。
（3）将"内蒙古区域化球化学数据库"导入GeoExpl中。
（4）在GeoExpl中，将巴音乌拉、阿巴嘎旗等图幅的1：20万化探数据导入"内蒙古区域化球化学数据库"中。
（5）在GeoExpl中，将"内蒙古区域化球化学数据库"工作区数据表转出，转为Text文件。

（二）数据库完善

1. 采用GeoIPAS软件进行数据检查

（1）在GeoIPAS中，将上述Text文件（逗号分隔）进行数据检查，检查设置：首行忽略。
（2）在显示非法字符（逗号连续出现）行、列处，加空值-1.0×10^{38}。
（3）在GeoIPAS中，将上述Text文件再次数据检查，无错误时，保存。
（4）将上述逗号分隔的Text文件，替换成空格相间的Text文件。
（5）在GeoIPAS中，对空格相间的Text文件进行数据检查，检查设置：首行忽略，0和负数检查，畸变系数100。

2. 数据库检查

通过全区性成图，对数据库进行检查，将遗漏的数据进行补充，查找显著差异原因（系统误差，连接错误，单位错误，坐标错误，数据错乱，数量级不统一，氧化物超限，小数点位数缺失，小于检出限，数据录入错误出现异点等问题），进行核对修改。

分幅成图与原成果报告地球化学图对比，发现问题或疑点，然后进行核实修正。

（三）图幅间系统误差动态调平

（1）数据网格化：在GeoIPAS中进行离散数据网格化—打开数据文件Ag.txt—保存结果文件Ag.grd。
（2）数据动态调平：在GeoIPAS中，依次选择：图形图像—数据动态调平—打开Ag.grd文件—左键点击具明显系统误差的图幅—乘以或加上某个系数—预览—确定—完成全区所有图幅—保存—调平文件Ag.tpf。
（3）按标准图幅数据调平处理：数据文件内蒙.txt—结果文件Agtp.txt—动态调平—原始数据投影参数设置：兰伯特—20万标准图幅—调平元素39种—选择每种元素的调平文件。

（四）编制了全区1：20万化探接图表和图幅信息属性表

1. 全区1：20万化探接图表编制

（1）绘制投影经纬网线，进行拓扑造区。
（2）在图幅范围内，标注图幅名称、图幅编号和图幅数据块行、列数，数据块左下角数据中心点及数据块右上角数据中心点的X、Y方里网坐标，该图幅开始采样时间、地球化学图及说明书评审时间。

2. 属性表填写

按照如表4-10所示的要求进行了数据采集。

3. 属性表修改

为使属性表更直观、更合理,将表4-10中的"原数据项名称"改为汉字形式,"工作图幅"改为"ID",图幅编号和工作单位的数据类型"L"(长整型)改为"C"(字符型),见表4-11。

表4-10 原工作图幅信息数据表

序号	原数据项名称	字段名	数据类型	字段长度	说明
1	工作图幅	MAPN_ID	L		自动编号
2	图幅编号	MAP_ID	L	10	图幅编号表
3	左下角横坐标	CHAHAD	S	4	
4	左下角纵坐标	CHAHAC	S	4	
5	右上角横坐标	CHAHAE	S	4	
6	右上角纵坐标	CHAHAF	S	4	
7	数据列数	CHAMTD	I	2	
8	数据行数	CHAMTC	I	2	
9	工作单位	QDAJ	L	20	
10	工作起始日期	TKBEAL	D	8	
11	工作结束日期	TKBEALE	D	8	
12	行政负责人	QDAEE	C	20	
13	技术负责人	QDAED	C	20	

表4-11 工作图幅信息数据表

序号	字段名	数据类型	字段长度	说明
1	ID	L		自动编号
2	图幅编号	C	10	图幅编号表
3	左下角横坐标	S	4	
4	左下角纵坐标	S	4	
5	右上角横坐标	S	4	
6	右上角纵坐标	S	4	
7	数据列数	I	2	
8	数据行数	I	2	
9	工作单位	C	20	
10	工作起始日期	D	8	
11	工作结束日期	D	8	
12	行政负责人	C	20	
13	技术负责人	C	20	

4. 属性连接

属性库管理中连接属性,连接文件——选择要挂属性的区文件,被连文件——DBF属性文件。

(五)自检、互检及抽检

对数据库维护内容进行100%自检、互检和30%抽检。

三、维护工作完成情况

维护工作完成情况如下。

(一)新数据入库工作

区域地球化学数据库新增数据2700个,包含1:20万图幅数6个,元素39种。

(二)数据库完善

通过制作全区39种元素的地球化学图和点位数据图,对区域地球化学数据库进行了检查,发现图幅间的数据存在系统误差、缺失、坐标错误等情况。

(三)图幅间系统误差动态调平

对全区存在系统误差的38种元素数据进行了动态调平。

(四)编制了全区1:20万化探接图表和图幅信息属性表

1. 全区1:20万化探接图表编制

完成了"内蒙古自治区1:20万化探接图表"。

2. 属性表填写

收集、整理、填写图幅信息属性表168个。

3. 属性连接

将"内蒙古自治区1:20万化探接图表"中的区文件,与"图幅信息属性表"进行属性连接。

四、质量评述

(一)数据源质量

1. 原始资料来源

原始资料主要来自全国地质资料馆、内蒙古自治区国土资源信息院(内蒙古自治区地质资料馆)、内蒙古自治区地质调查院等单位和部门。

2. 原始资料涉及的单位

根据《数据库维护工作技术要求》,本次工作收集了2000—2006年期间,在内蒙古自治区境内所完成的1:20万地球化学图说明书。资料涉及的单位有内蒙古自治区第一物化勘查院、内蒙古自治区第二物化勘查院、地质矿产部第一综合物探大队、地质矿产部第二综合物探大队、内蒙古自治区地质调查院、陕西省地质调查院、安徽省地质调查院、河南省地质调查院。

3. 原始资料收集评述

截至2006年底完成的大部分图幅的1∶20万区域地球化学数据及成果资料均已收集入库。部分图幅数据和成果资料未收集到。

4. 原始资料的质量评述

通过全区性成图和分幅成图，以及图幅信息属性表填制工作，对本次所收集的成果资料质量情况有了大致了解，本次收集的区域地球化学数据和成果报告总体上质量较好，仅在区域地球化学数据库中发现有个别数据遗漏、系统误差、数量级不统一等问题。

（二）数据库质量

1. 录入数据质量

首先将收集的区域地球化学数据库与新录入的数据进行合并，生成汇总数据。然后对全区数据进行100%自检、互检，项目负责人又对数据录入做了30%的抽检，经检查发现有个别遗漏、错录、不合理现象以及逻辑错误。

2. 属性数据库质量

检查"图幅信息属性表"内容的正确性，以及"内蒙古自治区1∶20万化探接图表"的属性与图幅信息属性表的对应情况，直到内容正确并一一对应。

通过以上检查修改后，可确定本数据库质量可靠。

第六节 遥感影像数据库

一、数据库维护情况

采用航遥中心提供的ETM原始数据，共102景，数据格式为FST。重点是对ETM原始数据进行质量检查，并对数据库维护内容进行100%自检、互检和30%的抽检。

维护情况见表4-12及图4-7、图4-8。

二、维护工作完成情况

完成了全区ETM原始数据检查102景。

三、质量评述

对中国国土资源航空物探遥感中心提供的内蒙古自治区遥感影像数据库，进行了数据和图面质量检查，认为基本满足本次工作需要。

表 4-12 遥感影像数据库维护情况表

序号	维护大类	维护子类	维护情况内容
1	数据库维护基本情况	数据库名称	内蒙古自治区遥感影像数据库
		数据库维护主要内容	检查所提供全区遥感影像,修改完善其中的内容;采用航遥中心提供的 ETM 数据编制 1:25 万分幅及全区 1:50 影像图
		数据库维护技术要求	《全国矿产资源潜力评价项目:数据库维护工作技术要求》及与遥感相关的技术标准、规范
		元数据维护情况	按照《地质信息元数据标准》(DD 2006—05)的规定,编写本次遥感影像数据库维护元数据
		维护前数量	包括 ETM 影像数据、1:25 万标准分幅影像数据。内蒙古自治区 102 景 ETM
		维护后数量	内蒙古自治区 102 景 ETM
		若为空间数据,其覆盖范围、比例尺、坐标参数	覆盖范围:全区; 比例尺:1:25 万及 1:50 万; 坐标参数:平面直角坐标系,1954 北京坐标系,1985 国家高程基准,高斯-克吕格投影
		数据库维护负责人、主要技术人员	负责人:张浩;主要技术人员:颜涛等
		数据库维护资料来源	中国国土资源航空物探遥感中心
		数据库维护存在的主要问题描述	由于采用 ETM 2000 年左右时相的数据,现时性稍差
2	数据库维护工作流程	数据库维护工作流程框图	见图 4-7、图 4-8
3	数据库维护验收情况	数据库维护工作完成情况	完成境内遥感影像数据库中 ETM 影像数据、1:25 万标准分幅影像数据的维护
		数据库维护工作验收情况	2009 年 3 月,通过由全国矿产资源潜力评价项目办组织的验收

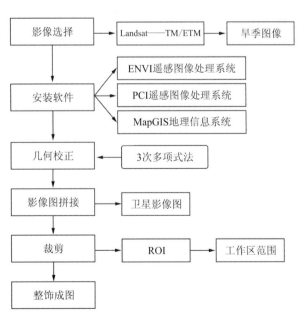

图 4-7 1:25 万遥感影像数据库维护技术流程图

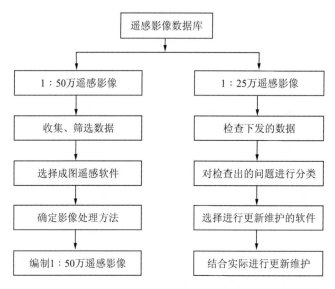

图 4-8 遥感影像数据库维护与更新工作流程图

第七节 自然重砂数据库

一、数据库维护情况

对全区167个图幅自然重砂数据进行了核查、校对。数据库包括图幅基本信息数据文件、样品基本信息数据文件、重砂鉴定结果数据文件、重砂鉴定不定量的表示方法和量化值的数据文件,数据格式:Access文件格式。数据库维护情况见表4-13。1:20万自然重砂数据库工作程度详见图4-9。

表 4-13 自然重砂数据库维护情况表

序号	维护大类	维护子类	维护情况内容
1	数据库维护基本情况	数据库名称	内蒙古自治区自然重砂数据库
		数据库维护主要内容	原1:20万自然重砂数据库数据库检查、核对
		数据库维护技术要求	《自然重砂数据库建设工作指南》
		元数据维护情况	按照《地质信息元数据标准》(DD 2006—05)的规定,编写本次自然重砂数据库维护元数据
		维护前数量	内蒙古自治区建库167个图幅,数据量131 014个
		维护后数量	维护后数据量131 014个
		若为空间数据,其覆盖范围、比例尺、坐标参数	覆盖范围:内蒙古自治区; 比例尺:1:20万; 坐标参数:投影平面直角坐标,1954北京坐标系、克拉索夫斯基(1940)椭球参数,高斯-克吕格投影,6度分带
		数据库维护负责人、主要技术人员	负责人:杨继贤;主要技术人员:田俊、周婧
		数据库维护资料来源	区调或自然重砂调查单位
		数据库维护存在的主要问题描述	还没有建立起一个有效的长期机制,目前只能根据项目需求来决定是否进行自然重砂数据库的维护与更新
		数据库其他情况描述	自然重砂数据库还无法向全社会提供公开服务,只能供地矿行业内部使用

续表 4-13

序号	维护大类	维护子类	维护情况内容
2	数据库概念模型维护情况	数据库概念模型变化情况	无
3	数据库维护后地质工作程度略图	地质数据库附工作程度图	无
4	数据库维护工作流程	数据库维护工作流程图	见图 4-9
5	数据库维护验收情况	数据库维护工作完成情况	已完成维护工作
		数据库维护工作验收情况	已验收

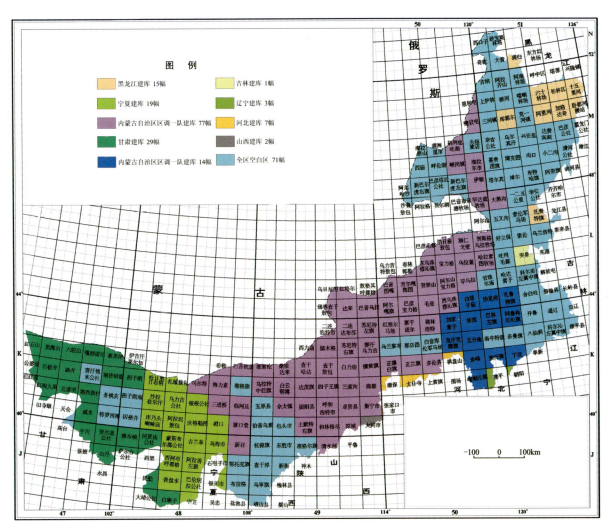

图 4-9 内蒙古自治区 1:20 万自然重砂数据库工作程度图

二、数据库维护工作流程

数据库维护工作流程如图 4-10 所示。

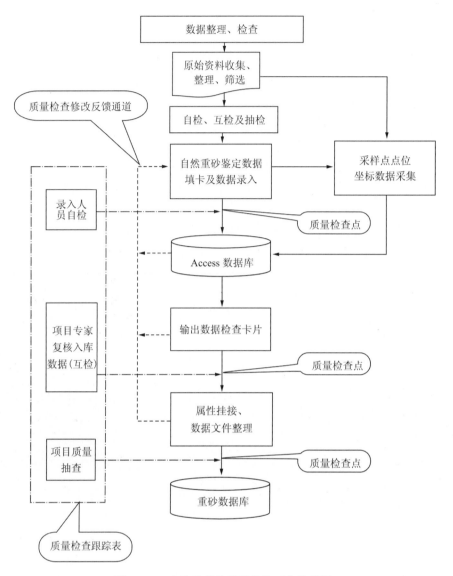

图 4-10 自然重砂数据库维护工作流程图

1. 数据整理和核查

内蒙古自治区自然重砂数据库共有自然重砂数据 167 个图幅,对有自然重砂鉴定报告的(77 个图幅),根据"技术要求"自然重砂数据进行了核查,包括样品信息表中的自然重砂总重量、缩分后的重量、磁性部分重量、电磁性部分重量、轻部分重量、重部分重量及矿物鉴定结果表各项数值一一对照进行核查。对没有自然重砂鉴定报告的(90 个图幅),按照"技术要求"对不合理的数据最大值、最小值等进行分析、计算,查阅相关原始资料进行核查。在检查中,如发现有遗漏、错录的数据,要进行填卡、记录,并进行自检、互检,最后抽检,使核查后的数据完全准确无误。

2. 图形文件生成

利用自然重砂软件对维护后的数据生成矿物点位图、分级图和八卦图,以便进一步检查数据的正确性。

3. 自检、互检及抽检

对数据库维护内容进行 100% 自检、互检和 30% 的抽检。

三、维护工作完成情况

1. 数据核查

对全区167个图幅自然重砂数据进行了核查,在其中1个图幅中,发现了不合理的最大值1幅,属原始资料错误造成,并予修改,另有错录、遗漏数据26个,按原始自然重砂鉴定报告予以改正和补充。

2. 点位图等编制

为确保1∶20万自然重砂数据维护无误,利用自然重砂软件制作了矿物点位图、分级图、八卦图等。

四、质量评述

于2000—2003年建立的1∶20万自然重砂数据库成果,被评为"优秀"级。本次工作又进行了数据核查、成图对比,认为数据质量可靠。

第八节 1∶20万数字地质图空间数据库

一、数据库维护情况

根据本项目要求,将原系统库(1∶20万Slib),更换为矿产资源潜力评价项目全国统一系统库,共完成131个图幅。1∶20万数字地质图空间数据库维护情况见表4-14。

表4-14 1∶20万数字地质图空间数据库维护情况表

序号	维护大类	维护子类	维护情况内容
1	数据库维护基本情况	数据库名称	内蒙古自治区1∶20万数字地质图空间数据库
		数据库维护主要内容	1∶20万地质图原有的MapGIS系统库统一替换为矿产资源潜力评价项目规定的系统库,部分图幅进行了地理内容补充、图式图例的修正,以及图廓外的剖面图、柱状图补充整饰工作
		数据库维护技术要求	《地质图空间数据库建设工作指南》
		元数据维护情况	按照《地质信息元数据标准》(DD 2006—05)的规定,分幅编制1∶20万数字地质图空间数据库维护元数据
		维护前数量	202个图幅1∶20万数字地质图空间数据库,多个系统库
		维护后数量	1∶20万数字地质图空间数据库,使用一个系统库
		新增数量	无
		若为空间数据,其覆盖范围、比例尺、坐标参数(大地坐标系统、高程基准、地图椭球参数、地图投影类型)	覆盖范围:覆盖全区;比例尺:1∶20万;坐标参数:两套坐标参数;投影平面直角、地理坐标系[1954北京坐标系、克拉索夫斯基(1940)椭球参数、高斯-克吕格投影]
		数据库维护负责人、主要技术人员	负责人:任亦萍;主要技术人员:云丽萍、杨亚博
		数据库维护资料来源	原1∶20万数字地质图空间数据库的数据
		数据库维护存在的主要问题描述	原来使用的多个系统库无法与矿产资源潜力评价项目系统库中所涉及的子图、颜色和图案完全对应,遇到不一致的情况时,只能在新系统库中选取近似的代替
		数据库其他情况描述	无

续表 4-14

序号	维护大类	维护子类	维护情况内容
2	数据库概念模型维护情况	数据库概念模型变化情况	无
3	数据库维护后地质工作程度略图	地质数据库工作程度图	无
4	数据库维护工作流程	数据库维护工作流程框图	见图 4-11、图 4-12
5	数据库维护验收情况	数据库维护工作完成情况	只完成 131 个图幅（总 202 个图幅）
		数据库维护工作验收情况	已验收

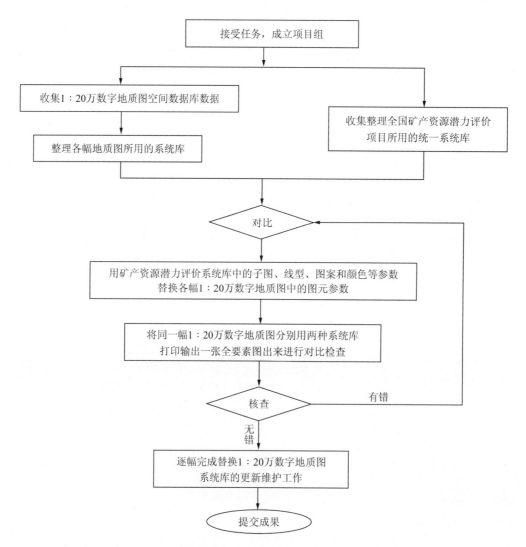

图 4-11 1∶20 万数字地质图空间库更新维护工作流程图

二、数据库维护工作流程

为了使 1∶20 万数字地质图空间数据库更加统一完善，将原 1∶20 万系统库下的文件，生成 TIFF

图像文件,再转换为 MSI 文件,最后校正到相应 MapGIS 文件所在的位置,并作为光栅文件装入要改的 MapGIS 工程文件中,进行系统库更换工作。整个过程复杂、繁琐,打印、校对、上机修改等程序交替进行。1∶20 万数字地质图空间数据库的维护工作流程见图 4-11,其建库工作流程见图 4-12。

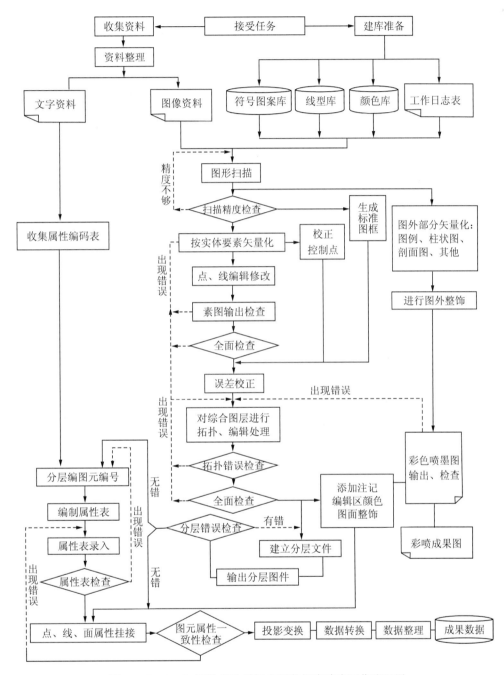

图 4-12 1∶20 万数字地质图空间数据库建库工作流程图

各种子图参数和线型参数需要根据具体情况而定,原则是保持原状即可,不能变形和移位。

三、维护工作完成情况

根据本项目要求,将原系统库(1∶20 万 Slib)更换为矿产资源潜力评价项目全国统一系统库,共完成 131 个图幅。

第九节　1∶50万数字地质图数据库

一、数据库维护情况

对1∶50万数字地质图数据库进行了维护，汇入1∶25万地质图数据18个图幅：东北部地区恩和哈达幅、奇乾幅、莫尔道嘎幅、阿龙山幅、额尔古纳左旗幅、小乌尔旗汉林场幅、扎兰屯市、诺敏幅、阿荣旗幅9个图幅，中东部地区二连浩特市幅、巴音乌拉幅、红格尔幅、阿巴嘎旗幅等5个图幅，包头—满都拉地区3个图幅，西乌珠穆沁旗1个图幅。1∶50万数字地质图数据库维护情况见表4-15。

表4-15　1∶50万数字地质图数据库维护情况表

序号	维护大类	维护子类	维护情况内容
1	数据库维护基本情况	数据库名称	1∶50万数字地质图数据库
		数据库维护主要内容	汇入1∶25万地质图数据18个图幅
		数据库维护技术要求	《1∶50万数字地质图数据库维护技术手册》的要求
		元数据维护情况	已维护
		维护前数量	全区1∶50万数字地质图数据、属性数据
		维护后数量	全区1∶50万数字地质图数据、属性数据及1∶25万地质图数据18个图幅
		新增数量	1∶25万地质图数据18个图幅
		若为空间数据，其覆盖范围、比例尺、坐标参数（大地坐标系统、高程基准、地图椭球参数、地图投影类型）	覆盖范围：内蒙古自治区；比例尺：1∶50万；坐标参数：投影平面直角、兰伯特等角圆锥（第一纬度38°00′00″，第二纬度52°00′00″，中央子午线经度111°00′00″，投影原点纬度37°35′00″，经纬度无投影坐标单位为度）
		数据库维护负责人、主要技术人员	负责人：张彤；主要技术人员：张玉清、高清秀
		数据库维护资料来源	内蒙古自治区地质资料馆
		数据库维护存在的主要问题描述	无
		数据库其他情况描述	无
2	数据库概念模型维护情况	数据库概念模型变化情况	无
3	数据库维护后地质工作程度略图	地质数据库附工作程度图	无
4	数据库维护工作流程	数据库维护工作流程图	见图4-13
5	数据库维护验收情况	数据库维护工作完成情况	对1∶50万数字地质图数据库进行了维护，汇入1∶25万地质图数据18个图幅
		数据库维护工作验收情况	未验收

二、数据库维护工作流程

1:50万数字地质图数据库维护工作流程如图4-13所示。

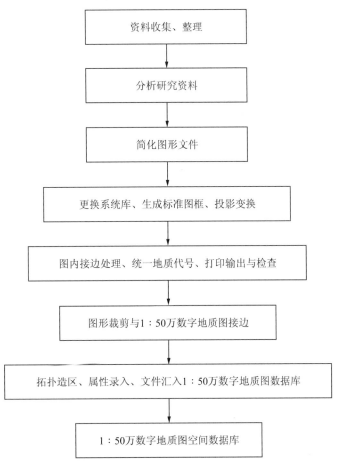

图4-13　1:50万数字地质图数据库的维护工作流程图

1. 资料搜集

对18个图幅1:25万地质图的图形数据及其系统库进行了搜集。

2. 分析研究资料

将内蒙古自治区东北部地区恩和哈达—阿荣旗9个图幅、中东部地区二连浩特—阿巴嘎旗5个图幅、包头—满都拉地区3个图幅、西乌珠穆沁旗1个图幅的1:25万地质图进行打印输出;对每个图幅进行了认真细致的阅读和理解。总结出每个大区域(如东北部地区恩和哈达—阿荣旗)的地质特征,确定原地质填图单元的合并原则,再在参考《内蒙古自治区岩石地层》(李文国等,1996)的基础上统一地质代号,并进行列表对比。

3. 简化图形文件

对东北地区恩和哈达幅、奇乾幅、莫尔道嘎幅、阿龙山幅、额尔古纳左旗幅、小乌尔旗汉林场幅、扎兰屯市、诺敏幅、阿荣旗幅 9 个图幅和中东部地区二连浩特市幅、巴音乌拉幅、红格尔幅、阿巴嘎旗幅等 5 个图幅,以及包头—满都拉地区 3 个图幅、西乌珠穆沁旗 1 个图幅 1∶25 万地质图的图形文件(MapGIS 的点文件、线文件)进行了简化,共计 18 个图幅。

4. 更换系统库、生成标准图框、投影变换

将 18 个图幅 1∶25 万地质图的图形数据按规定的系统库对子图和线型进行了更换,利用正版 MapGIS 6.7 生成 1∶25 万标准图框,将简化好的 1∶25 万地质图点线文件进行投影,结果文件参数为地理坐标系,单位为度。在整图变换中将其等比例放大 200 倍,此时的文件即与原 1∶50 万数字地质图处于同一位置。

5. 图内接边处理、统一地质代号、打印输出与检查

18 个图幅处于 4 个区域,构成 4 片图,每一片图内部要进行地质界线的连接和图边地质体代号统一,在机内检查的基础上,将处理好的点、线文件打印输出,进行认真检查与校核。

6. 图形裁剪与 1∶50 万数字地质图接边

利用正版 MapGIS 6.7 新生成的标准图框及原 1∶50 万数字地质图的国界、省界线形成的两条裁剪边界线(即,东北部地区 9 个图幅和中东部地区 5 个图幅的边界线),对原 1∶50 万数字地质图的线文件、面文件进行"外裁",即裁去要更新的旧内容,将投影成"度×200"且连在一起的两片地质图与"外裁"后的 1∶50 万数字地质图放在同一工程文件下进行更新部分与未更新部分的接边处理。

7. 拓扑造区、属性录入、文件汇入 1∶50 万数字地质图数据库

用上一步处理好的两片地质图的线文件和裁剪 1∶50 万数字地质图时所用的裁剪框进行造区,区文件赋色时,相同地质体原则上采用原来的色号,新增的地质体重新选用新的色号,或以图案、辅助颜色等区别。填写两个地区的区文件和线文件属性表,进行属性录入,同时打印输出进行属性正确性检查。没有错误后将线、区文件汇入 1∶50 万数字地质图数据库,对周边进行区文件的合并和线文件的连接,使同一地质体成为一体。

三、维护工作完成情况

1. 分析研究

将东北地区恩和哈达—阿荣旗 9 个图幅、中东部区二连浩特—阿巴嘎旗 5 个图幅、包头—满都拉地区 3 个图幅、西乌珠穆沁旗 1 个图幅的 1∶25 万地质图进行了认真细致的阅读和理解,总结了其地质特征,确定了与原地质填图单元的合并原则,等等。

2. 简化图形文件

对 18 个图幅 1∶25 万地质图的图形文件(MapGIS 点文件、线文件)进行了简化。

3. 更换系统库、生成标准图框、投影变换

将 18 个图幅 1∶25 万地质图的图形数据按规定的系统库对子图和线型进行了更换、点线文件进行投影,使它们与原 1∶50 万数字地质图处于同一位置。

4. 图形裁剪与 1∶50 万数字地质图接边

对原 1∶50 万数字地质图的线文件、面文件进行"外裁",并将它与投影成"度×200"且连在一起的

地质图放在同一工程文件下进行更新部分与未更新部分的接边处理。

5. 拓扑造区、属性录入、文件汇入 1∶50 万数字地质图数据库

拓扑造区、区文件和线文件属性表的填写与录入、线文件和区文件的汇入、区文件的合并和线文件的连接,使同一地质体成为一体。

6. 更新数据库

更新了 1∶50 万数字地质图数据库。

第十节　地理底图数据库

一、数据库维护工作方法

参照地理数据库建库的技术要求,对地理底图数据库进行维护。项目组下发的地理底图数据是以度为单位的地理坐标系数据,按照潜力评价的相关技术要求,需进行投影转换。同时对投影变换后的数据库,按全国矿产资源潜力评价项目下发的统一系统库,对点、线、面图元的参数进行修改。

维护内容方法如下。

1. 数据收集

拷贝全国矿产资源潜力评价项目办公室提供的 1∶25 万标准图幅地形图全部数据,并对已获得的数据进行全面的质量检查和图幅核对,确定原数据库能否从 ArcGIS 格式转成 MapGIS 格式,工程图能否打开,图层是否全面、是否内容显示完全等,以便开展下一步的维护工作。

2. 投影变换

经检查,所获数据投影参数全部为地理坐标系,坐标单位为度的数据,因此,首先要对各图幅数据按幅进行投影参数转换,利用 MapGIS 软件,将各幅所有数据全部转成高斯-克吕格投影,坐标单位为毫米的数据格式。

3. 系统库更换

利用全国矿产资源潜力评价项目办公室下发的统一系统库,分幅进行维护工作,1∶25 万标准图幅地理底图数据库各图层子图、线型修改到全国项目办下发的统一系统库中。修改内容除每个图幅均有"县界""村庄""山峰名""水井""水库坝"等线型和子图要修改外,各图幅仍有不同于其他图幅的修改内容,如飞机场等。

二、数据库维护情况

根据需要对获得的 1∶25 万地理底图图幅进行了维护。主要是投影和统一系统库工作。维护情况详见表 4-16。

表 4－16　1∶25 万地理底图数据库维护情况表

序号	维护大类	维护子类	维护情况内容
1	数据库维护基本情况	数据库名称	1∶25 万地理底图数据库
		数据库维护主要内容	1∶25 万地理底图数据库维护工作主要内容为根据全国矿产资源潜力评价项目办下发的统一系统库进行子图、线型的修改，使其数据质量符合潜力评价项目要求
		数据库维护技术要求	中国地质调查局《地质图空间数据库建设工作指南》
		元数据维护情况	未维护
		维护前数量	下发 1∶25 万标准图幅地形图的全部数据
		维护后数量	数量未增减，与下发时的数量一致
		新增数量	无
		若为空间数据，其覆盖范围、比例尺、坐标参数（大地坐标系统、高程基准、地图椭球参数、地图投影类型）	坐标系类型：1954 北京坐标系；投影类型：地理坐标系；高程类型：1985 国家高程基准；坐标单位：以度为单位
		数据库维护资料来源	未收集新资料
		数据库维护存在的主要问题描述	各省未统一点、线、面类代码
		数据库其他情况描述	无
2	数据库概念模型维护情况	数据库概念模型变化情况	无
4	数据库维护工作流程	数据库维护工作流程框图	见图 4－14
5	数据库维护验收情况	数据库维护工作完成情况	已全部完成数据维护与更新工作
		数据库维护工作验收情况	未验收

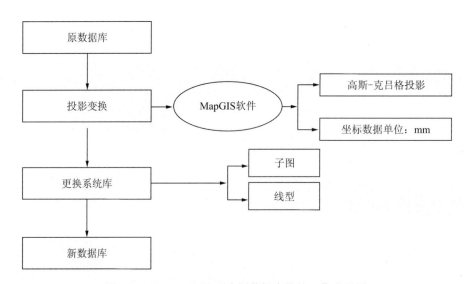

图 4－14　1∶25 万地理底图数据库维护工作流程图

第十一节 地质信息元数据库

一、元数据库维护工作方法

在已建的各类地学数据库中均按照相关的地质信息元数据标准建立了元数据库,在本次各基础地学数据库维护过程中,按照《地质信息元数据标准》(DD 2006—05)的要求对相关基础地学数据库开展元数据库维护与更新工作。

元数据库维护主要是元数据标准和内容的修改。由于元数据是不同时期元数据版本建立的,最终统一为 DD 2006—05 的元数据版本。主要是利用元数据采集器软件开展本项工作,其工作方法及流程如下:

(1)安装最新的元数据采集器软件,利用全国矿产资源潜力评价项目统一提供,名称为"全国矿产资源潜力评价元数据模版.xsd"进行注册,根据建立的模板建立对应的元数据集合,并打开集合。

(2)导入需要修改的地学数据库元数据,利用编辑工具,对元数据已有内容进行检查修改,对与本次维护有关的数据项内容进行录入,如维护信息、验收情况等内容。

(3)如果原始元数据文件不能导入到采集器,应利用记事本或其他工具打开元数据文件做为参考,然后利用采集器软件录入到相应的元数据内容中并增加维护内容信息。

(4)填写内容完整、检查无误的元数据,在采集器中保存并导出,形成最新的元数据文件。

二、元数据库维护情况

在本次的数据库维护工作中,完成了相关地学数据库的元数据库维护与更新工作,保持了元数据的同步更新。

第五章　矿产资源潜力评价专题成果数据库建设

第一节　软件支撑

按照《全国矿产资源潜力评价省级矿产资源潜力评价资料性成果图件及属性库复核汇总技术方案》要求,全过程全面地应用 GIS 技术,并且将其确定为保障全国矿产资源潜力评价工作赖以实施的技术策略。本项目时间短、任务重,而矿产资源预测评价工作涉及资料浩繁、信息量大、数据处理复杂且技术专业种类繁多,工作量很大,如果不使用计算机技术是不可能完成的。

一、GeoMAG 软件

1. GeoMAG 软件简介

全国矿产资源潜力评价数据模型使用软件 Geology Map – Model Generator for MapGIS 6.X(简称"GeoMAG"),是基于全国矿产资源潜力评价数据模型字典库的、用于全国矿产资源潜力评价数据模型应用的专门软件工具。

主要目的:①简化全国矿产资源潜力评价数据模型应用;②确保全国矿产资源潜力评价工作所形成的图件与图件数据库符合全国矿产资源潜力评价数据模型规范,从而建成各省(市)间规范一致、高度统一的综合空间数据集;③加强数据库建设规范化程度从而加速潜力评价工作进度。

2. 认真学习并掌握数据模型,做好 GeoMAG 软件技术支撑

首先,潜力评价综合信息集成课题组认真学习并熟练掌握数据模型相关文档及软件,并建立了顺畅、有效、规范的分发—解释—执行工作机制。及时向各专业组提供最新的数据模型及对应的 GeoMAG 软件,统一下发保证软件使用的实时性,避免因新、旧版本软件的差异造成不必要的重复工作。

其次,潜力评价综合信息集成课题组将各专业组在使用数据模型和建库过程中发现的问题进行汇总并解答,统一向全国汇总组专家进行请教,再通过 QQ 群、电话或者现场教学,指导各专业组使用数据模型,从而保证了各专业组能及时得到指导。

二、GeoTOK 软件

矿产资源潜力评价成果图件空间拓扑检查软件,英文名是 Geo Topological Check(简称"GeoTOK")。由全国重要矿产资源潜力评价综合信息集成项目组组织研制开发并提供使用,立足于对空间数据集的空间精度、拓扑结构进行检验与评估。

一方面,软件将"空间拓扑检查规则""空间拓扑检查记录""空间拓扑质量评价"三者有机集成处理;另一方面,将"空间拓扑检查规则"内容、"空间拓扑质量评价"处理与 GeoTOK 软件处理适度独立,增加了灵活性与通用性,减少了交互操作,统一了检查要求,提高了检查效率。软件依据"空间拓扑检查规则"对图件进行空间拓扑检查的结果记录以 Excel 表格形式表示,方便自检自查和质量缺陷分析。

软件功能包括点元空间检查、线元空间检查、面元空间检查、局部拓扑一致性检查和整体拓扑一致性检查 5 类。其中,点元空间检查、线元空间检查属于空间数据检查,面元空间检查属于空间数据与空间拓扑检查,局部拓扑一致性检查、整体拓扑一致性检查属于空间拓扑检查。对各类成果图件的每一图层,可能进行 5 类检查中的一种或多种联合检查,也可能不作任何检查。具体到每一类图的详细设定依据项目管理规范进行,全国统一要求,程序内置。

三、全国自然重砂数据库管理系统(ZSAPS 2.0)

自然重砂数据库管理系统(ZSAPS 2.0)是在全国自然重砂数据库成果基础上研制的一套用于全国自然重砂数据的管理、查询、检索与应用的综合性软件系统。该系统集自然重砂、岩石、地理、地质及矿产信息管理、分析、处理、转换、成图为一体的专业型软件系统。该软件运行在 Windows 2000/XP 等操作系统下的基于 MapGIS 平台上。

利用全国自然重砂数据库管理系统对自然重砂资料处理计算,圈出异常等值线,显示异常强度,强化了异常规模,扩大异常范围,使得自然重砂资料的处理更系统化、标准化,使得找矿信息更加丰富,大大地提高了工作效率,为地质找矿提供了可靠根据。

四、区域地球化学数据管理信息系统(GeoMDIS 2000)

由中国地质调查局发展研究中心研制开发区域地球化学数据管理信息系统,是集区域地球化学数据管理和应用于一体的专业化软件系统,是中国地质调查局组织国土资源大调查地质调查项目以来第一批启动的项目,其工作周期为 1999 年 12 月—2000 年 12 月。该系统为地球化学工作者和相关领域的专家们提供了一套高效的软件工具,实用性强。由图形管理、区化数据库、数据查询与检索、外部图形编辑、专题图件制作、数据分析、数据转换、系统管理以及帮助 9 个子系统组成,具有下列主要特点。

(1)管理以区域性(1:20 万、1:50 万)地球化学勘查为主体的分析数据,并对勘查中获取的相关信息和质量监控数据以及 1:10 万、1:5 万和异常查证数据进行管理。数据库结构采用动态扩充模式(可任意扩充),可满足地球化学勘查发展的需要。

(2)增加了基于 GIS 的图形数据管理。可对点、线、面及图像数据进行管理,可管理地理、地质、矿产等图形信息,并建立了图形与地球化学数据库的关联,为区域地球化学调查成果的多目标综合应用奠定了基础。

(3)可视化图形操作。可对任意区域、标准图幅(1:5 万~1:100 万)、图形单元(包括地理的和地质的)和文件与键盘确定的检索区域进行多方式、多条件的数据检索。

(4)系统可同时管理多个数据库。用户可根据不同地域、不同研究目标建立多个数据库,并且切入方便,满足区域地球化学多目标综合应用与研究的需要。

(5)具有制作常规地球化学数据处理和分析的专题地球化学图件(包括平面图、平剖图、剖析图、剖面图等)功能、灵活方便的图形编辑和图件输出功能。可按照地球化学工作者的需求,编制多种地球化学图件。

(6)提供 10 多种常规地理坐标的变换和多种数据格式之间的转换(包括 MapGIS、MapInfo、ArcView、Surfer、AutoCAD 等),并可接收常用数据库和电子表格数据,大大提高了系统应用的灵活性和适用性。

GeoMDIS 2000 是基于 GIS 和面向对象数据库管理技术的区域地球化学勘查数据管理和综合应用系统;集区域地理、地质、矿产等图形管理,区域地球化学空间数据及相关信息的管理、数据处理、分析、转换、制图为一体;为区域地球化学调查多目标综合应用提供了高效而实用的软件处理途径。

GeoMDIS 2000 利用 GIS 强大的图形功能,能对数据库进行多功能操作,可根据用户的需求编制地理图、点位图、剖面图、剖析图和地球化学块体图等,并提供了灵活便捷的图形编辑和打印输出功能,同样也可制作其他地学类专题图件及综合图件。GeoMDIS 2000 提供了常规地理坐标转换,并兼容多种外部图形格式和数据格式(数据库、电子表格、文本数据等),可直接与地学领域中其他常用的 GIS 软件、数据处理软件接轨。

五、元数据采集检查软件

全国矿产资源潜力评价成果数据库元数据的采集、格式检查仍沿用中国地质调查局发展中心研制的、业内已使用多年的元数据采集器(Access)工具软件(1.2 版)(图 5-1)。程序依据元数据模板进行了界面程度的录入、修改限制,既方便了使用,又提高了元数据建设操作的透明度。

图 5-1 元数据采集器软件

在使用元数据采集器(Access)工具软件(1.2 版)采集元数据时,首先调用"全国矿产资源潜力评价元数据模版.xsd",模板文件直接与《地质信息元数据标准》(DD 2006—05)对应。内容严格按《全国矿产资源潜力评价数据模型:元数据规定分册》要求填写。

元数据采集器(Access)工具软件(1.2 版)统一处理,从而保证元数据 XML 格式、自由文本格式的正确性、统一性。同时,通过使用元数据采集器(Access)工具软件(1.2 版)的"导入/导出"操作,可以验证元数据格式的正确性与否,若既能正确完成"导入"操作,又能正确完成"导出"操作,即说明元数据文件格式正确。

历年来,地质信息元数据标准多次发生了变化,本次元数据采集统一使用数据录入模板,利用最新版本元数据标准提高了元数据规范化水平。

第二节 技术支撑

一、矿产资源潜力评价成果图(库)总体要求

为了按规范要求完成各类矿产资源潜力评价图件,综合信息集成课题组要求各专业课题组完全依照全国项目办提供的数据模型及 GeoMAG 软件进行编图和建库工作,以便达到全国统一的要求。基于以上要求,综合信息集成组在编图建库方面主要完成以下工作。

(1)对成矿地质背景、成矿规律及矿产预测、重力资料应用、磁法资料应用、化探资料应用、重砂资料应用、遥感资料应用等专题分别对编图和建库方面按数据模型及 GeoMAG 软件的要求进行了培训,使各课题组基本了解数据库建设的基本要求和具体操作过程。

(2)为了保证数据库建设中数据库代码不冲突,综合信息集成课题组对区内涉及的矿产预测类型、预测工作区及典型矿床代码进行了编号,各课题组均按统一编号进行建库,从而保证了省内各预测工作区及典型矿床数据库编码的唯一性。

(3)协助各专业组完成各预测工作区及典型矿床制作统一图框,为其他各专业组提供编图范围。

(4)确定并提供全区及各预测工作区的地理底图,协助成矿规律组对底图进行修改和编制,保证各专业组地理底图的一致性。

(5)综合信息集成课题组向各专业课题组提供最新的数据模型及对应的 GeoMAG 软件,保证软件使用的实时性,避免因新、旧版软件问题造成不必要的重复修改工作。

(6)综合信息集成课题组为各专业组之间的数据库进行收集、整理、分发等服务,便于各专业组能及时应用到最新的其他专业数据资料。

综合信息集成项目组在全国项目办统一技术领导下,密切配合各专题图库建设工作,提供必要的技术指导及 GIS 数据库、软件服务等。通过建库技术指导、数据模型应用、GeoMAG 软件使用、属性挂接检查、元数据库建设、地理底图统一等系列辅助工作,严格规范各专题图库建设。在统一严格把关、质量三级检查的基础上,完成本省图库建设工作。

二、矿产资源潜力评价成果验收及资料汇总性技术支撑

(一)矿产资源潜力评价成果验收的基本流程

矿产资源潜力评价成果验收采取项目承担单位初检、省级国土资源管理部门评审、全国项目办组织验收、华北矿产资源潜力评价项目办公室复核的 4 步验收方式。在潜力评价成果图件(库)生产完成以后,由项目承担单位组织对数据进行全面检查,并根据检查结果对数据进行修改完善、质量评价。通过国土资源管理部门的评审后,由全国项目办组织专家按照相关要求进行全面检查验收,在检查与评价的基础上给出成果验收意见书(质量报告)、验收结论,项目承担单位根据验收专家意见修改后再由华北矿产资源潜力评价项目办公室复核。

(二)依据和要求

基础编图、各单矿种潜力评价成果数据验收复核汇总的依据和要求主要为:
(1)《中国地质调查局地质调查工作项目任务书》。
(2)《全国矿产资源潜力评价总体实施方案》。
(3)《全国矿产资源潜力评价省级矿产资源潜力评价资料性成果图件及属性库复核汇总技术方案》。

(4)《矿产资源潜力评价数据模型丛书》。

(5)《省级矿产资源潜力评价综合信息集成专题汇总技术要求》。

(6)《地质信息元数据标准》(DD 2006—05)等。

(7)全国矿产资源潜力评价各专业汇总组针对各专业的每类图件(要求建属性库的图件)的属性数据库的质量方面所制定的专业质量指标要求(定性和定量)。

(8)全国矿产资源潜力评价各专业其他补充规定等。

矿产资源潜力评价成果验收方案如表5-1所示。

表5-1 矿产资源潜力评价成果质量检查验收方案

序号	内容	说明
1	成果数据验收复核汇总的依据和要求	《中国地质调查局地质调查工作项目任务书》《全国矿产资源潜力评价总体实施方案》《全国矿产资源潜力评价省级矿产资源潜力评价资料性成果图件及属性库复核汇总技术方案》《矿产资源潜力评价数据模型丛书》《省级矿产资源潜力评价综合信息集成专题汇总技术要求》《地质信息元数据标准》(DD 2006—05)等
2	成果数据内容	基础性编图及铁、铜、铝土、铅、锌、锰、镍、钨、锡、金、铬、钼、锑、稀土、银、磷、硫、萤石、菱镁矿、重晶石等矿种评价成果
3	各数据集一级质量元素	数据的完整性、逻辑一致性、概念一致性、拓扑一致性、值域一致性
4	检查项、检查方式和方法	检查内容：图件结构检查、图层结构检查、属性结构检查、属性项值域检查、属性项填写率检查、空间拓扑检查。 检查项：空间数据集检查评价10项、属性数据集检查评价9项、图件元数据集检查评价3项、图件(库)总体质量评价3项。 检查方法：采用人检、机检、人机交互3种方法。 检查方式：全检和抽检
5	缺陷分级	严重缺陷、重缺陷、次重缺陷、轻缺陷、次轻缺陷
6	检查评价流程	分为制定成果验收方案、确定抽样方案和方法、实施检查、质量评价4个步骤

(三)具体质量要求

1. 专业方面质量指标要求

(1)基础编图和单矿种潜力评价成果图件均必须符合相关专业工作技术要求(包括使用的资料要求、编图流程、表达方式、数据处理方式等)。

(2)所有规定要挂接专业属性数据的潜力评价成果图件,均必须提供图件属性库,其专业属性数据的时效性、可靠性、准确性、完整性,均必须提供明确的说明或可以证明的资料供专业专家复核时参考。

(3)所有规定要挂接专业属性数据的潜力评价成果图件,其专业属性数据项的填写率均必须达到一定的百分率以上。

(4)所有规定要求提交的潜力评价成果图件,采用全覆盖方式复核,即每一张图件均要求复核,合格一张接收一张,所有图件复核均合格后给出复核汇总意见及质量评述报告。

(5)各专业全国汇总组提供了细则要求或指南,供汇总审查工作时使用。

• 针对各专业的每类图件,列出需要提交哪些明确的说明或必要的资料。

• 针对各专业规定要挂接专业属性数据的图件,列出每一图层内每一专业属性数据项必须达到的填写率(或填写率范围)要求(原则上要求填写率达到90%以上)。

•针对各专业的每类图件,制定一个质量检查流程,供专家复核时统一遵循,基于编图与填卡(属性卡)使用的资料,以及 GeoMAG 软件统计的各专业属性项达到的实际填写率等,以判断图件专业方面质量是否合格。

2. 信息方面质量指标要求

(1)数据库的种类与数量要求。基础编图和单矿种潜力评价成果数据库的种类和数量(包括总数量和各分类的数量)应大于或等于《全国矿产资源潜力评价省级矿产资源潜力评价资料性成果图件及属性库复核汇总技术方案》清单内"潜力评价省级基础编图成果数据库""铁矿潜力评价成果数据库"或"铝土矿潜力评价成果数据库"等所统计的种类和数量,否则,针对缺少的图件种类和数量情况(包括总数量和各分类的数量),提供充足理由说明材料。

(2)数据库的空间参数要求。基础编图和各单矿种潜力评价成果数据库的空间坐标参数(包括比例尺),应符合《矿产资源潜力评价数据模型丛书:空间坐标系统及其参数规定》要求。

(3)数据库的结构编码要求。基础编图和各单矿种潜力评价成果数据库的要素分层、图层命名、图层属性数据表结构,以及图件命名等结构、编码,应符合矿产资源潜力评价数据模型相应专题的要求。

(4)图层的专业属性填写及填写率要求。基础编图和各单矿种潜力评价成果图件的各专业图层属性填写(除不要求填写专业属性的图层外),应符合矿产资源潜力评价数据模型相应专题的要求,按其属性数据表的相应属性数据项的填写规定。

各专业图层的各专业属性数据项填写率(除不要求填写专业属性的图层外),应达到相应全国专业汇总组所规定的填写率指标要求,且不得以"空格"字符、"＊"字符、"-"字符或"性质不明"、"无资料"等随意充填提高填写率。填写率未达到指标要求的属性数据项,省级项目组应在该图件的编图说明中提供充分的可以确认的理由。

(5)图件的空间拓扑精度要求。基础编图和各单矿种潜力评价所有成果图件(主要指具有严格空间地理坐标的图件),均要求做空间拓扑精度检查。物探(重力、磁力)、化探、遥感、自然重砂类图件,只做单图层空间拓扑精度检查;地质背景类图件、成矿规律及预测类图件,除了做单图层空间拓扑精度检查外,还做了图层间空间拓扑精度检查。

空间拓扑检查的精度和要求:

•相交线均建立结点、多边形必须封闭、无重叠线(弧)、线(弧)无重叠坐标、线(弧)无自相交、线(弧)无不合理的"Z"字线、图面要素间应具有严格拓扑一致性。

•规定结点(裁剪)搜索半径$\leqslant 10^{-9}$、坐标点间最小距离$\leqslant 10^{-6}$。

•规定线和多边形拓扑处理容差限$\leqslant 10^{-6}$。

•参与拓扑的图面要素之间要求严格套合,即在进行拓扑套合检查时,要求线与其面边界在同一位置上(即公共界线的重合性,例如断裂、地质界线、面状水体、有明确界线的矿体、地质体要素界线的严格套合)。

•物探(重力、磁力)、化探、遥感、自然重砂等类图件的图面要素拓扑一致性要求可适度放宽。

(6)行政边界、预测工作区、典型矿床研究区边界要求。各类图件省级行政区边界线要求一致,以封闭线图层"××省(市、区)行政区边界.WL"表示在相应的图件中。

同一预测工作区的各类图件,其预测工作区边界线要求一致,其拐点的经纬坐标(符合空间坐标参数规定的)要求在其图件的编图说明书中准确列出,以封闭线图层"××预测工作区边界.WL"表示在相应的图件中,并提供××省(市、区)××矿种(组)的所有预测工作区边界 MapGIS 图件工程文件。

同一典型矿床研究区的各类图件,其研究区边界线要求一致,其拐点经纬坐标(符合空间坐标参数规定的)要求在其图件的编图说明书中准确列出,以封闭线图层"××典型矿床研究区边界.WL"表示在相应的图件中,并提供××省(市、区)××矿种(组)的所有典型矿床研究区边界的 MapGIS 图件工程文件。

(7)数据库资料齐全要求。每一个成果数据库,应具备编图说明书、元数据文件(XML 格式、TXT

自由格式)、质量检查卡(自检、互检、项目组抽查)。

(8)使用统一图例系统库及同类要素使用相同图例号要求。基础编图和各单矿种潜力评价成果数据库,应采用潜力评价项目办统一发布的系统库。各类图件同类要素的表达应做到一致,即相同类别的图面要素所使用的子图号,或线型号,或图案号,或色号做到省内一致,图形辅助参数可以不一致。随省级基础编图和单矿种潜力评价成果数据库一起,提交"图面要素分类及图面表示的系统库编号清单"。

(9)图元编号、特征代码填写及规范性要求。图件内所有专业图层、地理图层内所有图元编号数据项应非空、同一图层内唯一且符合填写规定;图件内所有专业图层、地理图层内所有图元的特征代码数据项应非空、同一图层内唯一且符合填写规定。

(10)数据库元数据要求。基础编图和各单矿种潜力评价成果数据库的元数据,应符合《全国矿产资源潜力评价数据模型:元数据规定分册》要求。

3. 成果种类形式验收提交要求

(1)成果数据库文件清单。依据《全国矿产资源潜力评价省级矿产资源潜力评价资料性成果图件及属性库复核汇总技术方案》内容清单,"潜力评价省级基础编图成果数据库""铁矿潜力评价成果数据库"或"铝土矿潜力评价成果数据库"等所统计的图件情况,以 Word 文档形式提交"潜力评价省级基础编图成果数据库清单""铁矿潜力评价成果数据库清单"或"铝土矿潜力评价成果数据库清单"等。

(2)成果数据库目录结构。成果数据库,依据《全国矿产资源潜力评价省级矿产资源潜力评价资料性成果图件及属性库复核汇总技术方案》的目录结构规定形式存放,按潜力评价省级基础编图、各单矿种潜力评价成果数据库存放目录结构保存数据。

(3)成果数据库一致性要求。交给各专业专家检查的成果数据库与交给信息专家检查的成果数据库,应是同一套数据。

(4)成果数据库提交介质要求。基础编图和各单矿种潜力评价成果数据库,依据规定的目录结构存放,以移动硬盘介质提交复核汇总。

4. 矿产资源潜力评价成果资料汇总技术标准

《省级矿产资源潜力评价综合信息集成专题汇总技术要求》规定了汇总的资料性成果种类、质量要求、汇总要求,规定了资料性成果集成建库内容、要求、成果验收;提出了成果报告编写内容要求、报告提纲;详细列出了各专业第二类相关成果资料汇交清单。

《省级矿产资源潜力评价资料性成果集成建库实施技术指南》从入库数据要求与准备、建库软件与硬件环境准备、数据组织方案、查询方案配置、用户权限方案、数据转换、数据导入、数据备份 8 个方面详细规定了资料汇总技术要求。

三、专题成果数据库建设技术支撑

配合各个专业按照一图一库的原则进行专题成果数据库建设。在数据库建设过程中,各专业组严格按照矿产资源潜力评价的数据模型、《数据库维护工作技术要求》、《地质信息元数据标准》及《全国矿产资源潜力评价省级矿产资源潜力评价资料性成果图件及属性库复核汇总技术方案》等相关规定要求,对专题图件进行数据采集、图层划分,并编制各图层相应的属性表,利用 GeoMAG 软件将专题图层与对应的属性表进行匹配规范入库,数据经过 100% 自检和 100% 互检后,打印输出全面校对,修改完成后项目负责人对数据做 30% 以上的抽检。各级检查通过后,方可进行下一步工作,各级质量检查均有记录,最终设有院级检查验收。做到了数据采集正确齐全,满足质量要求。

接收并下发由全国重要矿产资源潜力评价综合信息集成项目组完成的《全国矿产资源潜力评价数据模型》系列标准要求和 GeoMAG、GeoTOK 等成果数据库建设、检查的工具软件,并开展了相应的技术培训工作。在矿产资源潜力评价项目各专题成果数据库建设中,通过 QQ 群传递信息或现场指导的

（一）地质背景专题成果数据库

在实际材料图和建造构造图属性数据库建设中，提出了一些建议。

1. 实际材料图的注意事项

（1）根据全国项目办要求，偏关、丰宁、张北、张家口等图幅的实际材料图由邻省负责建库工作，应予以注意，以免重复工作。

（2）锡林浩特、乌海、鄂托克前旗在1∶20万图幅间未连图，应跟其余的40幅一样连起来。

（3）地质界线不该断的应先连接线，再造区。

（4）乌海、鄂托克前旗、乌审旗、东胜、呼市、集宁、大同、正镶白旗、多伦建整幅的库，需把邻省的数据传过来后再做。

（5）实际材料图建库之前需做的工作如下。

- 实际材料图把参与造区的断层和水体界线放在地质界线中。
- 将建造构造图中挂了属性的断层，与实际材料图中的地质界线（删除断层）和水体界线合并为"造区线"。
- MapGIS（设置系统参数—节点裁剪/搜索半径0.000 000 000 1）—其他—线拓扑错误检查—在"坐标点重叠"上点右键，清除所有重叠坐标点—清线重叠坐标及自相交—重叠线检查—保存线。
- 用查图软件对另存的"造区线"做如下检查（设置系统参数—节点裁剪/搜索半径0.000 000 000 1）：辅助工具—清除所有线或弧重叠坐标—软件自动把重叠坐标用记事本记录下来—在MapGIS中修改原"造区线"文件，输入一个子图2938（10×10）—点编辑中，定位点，点击该子图，将记事本中的第一个坐标粘贴，OK—放大该子图，坐标点可见，线上删点—线或弧段"Z"字形批量检查，在MapGIS中修改"Z"字线。
- 用MapGIS把标准内图框合并到"造区线"中—其他—线拓扑错误检查—除了与内图框相交的悬挂线以外，都要线结点平差—取圆心值—F12抓线头—选择造区的断裂—进行结点平差—未断开的线用剪断线（母线剪断）—再线拓扑错误检查（确认除了与内图框相交的悬挂线以外，没有悬挂线）—将与内图框相交的线靠近线（靠近内图框）—自动剪断线。
- 注意尽量不用"清除微短线"，否则如果参数设的太大会把要用的短线删除，太小又不能删除没用的线。

2. 预测区建造构造图的注意事项

预测区建造构造图的建库工作，可以充分利用已建库的分幅建造构造图的文件进行操作。通过分幅建造构造图与预测区建造构造图对比，提出以下几点建议。

（1）白云鄂博地区中—新元古代铁矿预测区沉积岩建造构造图：利用白云鄂博幅建造构造图属性库的沉积岩建造（面）、地质界线、断层、产状、各类注释、建造花纹、地理和辅助图层等文件，将内容有变动的图层更新一下。

（2）白灵庙热液型铁矿预测区侵入岩浆构造图：将白云鄂博幅建造构造图属性库整图变换、裁剪，利用侵入岩（面）、地质界线、断层、产状、各类注释线、建造花纹线、地理和辅助图层等文件，将内容有变动的图层（如各类注释点、建造花纹点）更新一下。

（3）包头—集宁地区古太古代沉积变质铁矿预测区变质岩建造构造图：将包头幅、四子王旗幅等8幅建造构造图属性库拼接在一起，利用变质岩（面）中的Ar_1和含铁建造、地质界线、断层、产状、各类注释、建造花纹、地理和辅助图层等文件，将内容有变动的图层更新一下。

（4）包头—集宁地区中太古代沉积变质铁矿预测区变质岩建造构造图：将包头幅、四子王旗幅等8

幅建造构造图属性库拼接在一起,利用变质岩(面)中的 Ar_2 和含铁建造、地质界线、断层、产状、各类注释、建造花纹、地理和辅助图层等文件,将内容有变动的图层更新一下。

(5)包头—集宁地区新太古代沉积变质铁矿预测区变质岩建造构造图:将包头幅、四子王旗幅等8幅建造构造图属性库拼接在一起,利用变质岩(面)、地质界线、断层、产状、各类注释、建造花纹、地理和辅助图层等文件,将内容有变动的图层更新一下。

(6)朝不楞地区矽卡岩型铁矿预测区晚侏罗世花岗岩侵入岩浆构造图:将额仁高壁幅、宝格达幅等4幅建造构造图属性库拼接在一起,利用侵入岩(面)、地质界线、断层、产状、各类注释、建造花纹、地理和辅助图层等文件,将内容有变动的图层更新一下。

(7)额济纳旗黑鹰山地区石炭纪铁矿预测区沉积岩建造构造图:将甜水井幅和老点幅建造构造图属性库整图变换、拼接、裁剪,利用沉积岩建造(面)的白山组、地质界线、断层、产状、各类注释线、建造花纹线、地理和辅助图层等文件,将内容有变动的图层(如各类注释点、建造花纹点)更新一下。

(8)额里图地区矽卡岩型铁矿预测区侵入岩浆构造图:将正镶白旗幅等建造构造图属性库拼接、裁剪,利用侵入岩(面)、沉积岩建造(面)、变质岩(面)、地质界线、断层、产状、各类注释、建造花纹、地理和辅助图层等文件,将内容有变动的图层更新一下。

3. 沉积岩建造属性填写

(1)沉积岩建造大类、沉积岩建造和形成时代:可从"模型表"中选填两三项,并用"-"连接。
(2)第四纪成因类型和沉积相:从"模型表"中选填1项即可。

4. 火山岩性岩相属性填写

(1)岩石组合:可从"模型表"中选填两三项,并用"+"连接。
(2)形成时代、岩石结构、岩石构造、火山岩相类型及岩石系列:可从"模型表"中选填两三项,并用"-"连接。
(3)火山碎屑物类型、包体类型、特殊岩类、特殊岩性夹层、喷发类型、成因类型及大地构造环境:从"模型表"中选填1项即可。

5. 变质岩建造属性填写

(1)变质岩建造:可从"模型表"中选填两三项,并用"+"连接。
(2)变质岩建造类型、形成时代、矿物共生组合、岩石结构、岩石构造、原岩建造:可从"模型表"中选填两三项,并用"-"连接。
(3)变质相、变质作用类型及大地构造环境:从"模型表"中选填1项即可。

6. 对预测工作区沉积建造构造图提出意见

(1)文件经过多次添加、合并后,投影类型显示为用户自定义,这时需要通过 MapGIS 6.7 投影变换或直接修改地图参数。若选择投影变换,则当前投影参数和目的投影参数均为投影平面直角坐标,1954北京坐标系、克拉索夫斯基(1940)椭球参数,高斯-克吕格投影坐标系,100000,毫米,投影带类型6度带,投影带序号,中心点经度默认,原点纬度0°。

(2)新建工程,从文件导入,点击投影参数正确的线或区文件,这时,所建的工程从 GeoMAG 中打开规范图件结构时,则投影参数正确。

从 GeoMAG 中打开该工程文件,图件辅助工具—规范图件结构—图件名规范—选择 *.MPJ 或 *.WL文件—显示正确的投影参数—点击"合法性测试"—显示"已通过合法性检查"。

预测工作区分层见表5-2。

7. 数据库自检、互检和抽检建议

(1)在 MapGIS 中,打开 MDZJZGZC△△△△ 工程文件,将各图层文件以文件名排序。关闭所有文件,分别勾选"地质界线"等文件,检查是否有错误归类的线元或面元,比如把水系放在了地质界线图层中。

(2)同时在 GeoMAG 窗口中,打开 MDZJZGZC△△△△ 工程文件,将各图层文件也以文件名排序。与前面一样,分别勾选"地质界线"等文件,图件辅助工具→编辑图元属性→查看最后一个图元的 ID、图元编号和特征代码,与顺序号一致即可—按线型、面色和子图批改的属性内容非空,并与地质人员填的表一致,否则说明其线型或面色有误,应改正并附属性—抽查产状倾角,断裂名称、倾向、倾角和断裂两侧岩石等。

(3)各类标注点见表 5-3。

(4)各类标注线:线元类型—矽卡岩化、图切剖面位置。

表 5-2 预测工作区分层表

文件类型	预测工作区侵入岩浆构造图	预测工作区沉积建造构造图	预测工作区火山岩性岩相构造图	预测工作区变质建造构造图	预测工作区建造构造图	预测工作区构造岩相古地理图
面文件	侵入岩(面)	沉积岩建造(面)	火山岩性岩相(面)	变质岩建造(面)	沉积岩建造(面)	特殊标志层面
	沉积岩建造(面)	火山岩性岩相(面)	沉积岩建造(面)	沉积岩建造(面)	火山岩性岩相(面)	构造古地理类型单元
	火山岩性岩相(面)	侵入岩(面)	侵入岩(面)	火山岩性岩相(面)	侵入岩(面)	盆地构造面
	变质岩建造(面)	变质岩建造(面)	变质岩建造(面)	侵入岩(面)	变质岩建造(面)	沉积相单元
	构造岩浆带	特殊标志层面	火山构造	蚀变带	火山构造	
	韧性剪切带		构造岩浆带	韧性剪切带	构造岩浆带	
	蚀变带		韧性剪切带		韧性剪切带	
			蚀变带		大型变形构造	
线文件		沉积岩建造界线				沉积盆地边界
	地质界线	地质界线	地质界线	地质界线	地质界线	
	断裂	断裂	断裂	断裂	断裂	构造古地理类型界线
	褶皱	褶皱	褶皱	褶皱	褶皱	沉积相界线
	各类标注	各类标注	各类标注	各类标注	各类标注	沉积等候线及沉积中心
	建造花纹	建造花纹	建造花纹	建造花纹	建造花纹	建造花纹
点文件	产状要素	产状要素	产状要素	产状要素	产状要素	古水流方向及物流供给方向
	同位素年龄	同位素年龄	同位素年龄	同位素年龄	同位素年龄	
	岩石化学样品采样点	岩石化学样品采样点	岩石化学样品采样点	岩石化学样品采样点		矿(床)点
	地球化学样品采样点	地球化学样品采样点	地球化学样品采样点	地球化学样品采样点		各类标注
	同位素样品采样点	同位素样品采样点	同位素样品采样点	同位素样品采样点		
	各类标注	各类标注	各类标注	各类标注		
	矿(床)点	矿(床)点	矿(床)点	矿(床)点		
	建造花纹	建造花纹	建造花纹	建造花纹	建造花纹	建造花纹

表5-3 各类标注点一览表

标注类型	标注名称	标注类型	标注名称
蚀变	硅化(可根据图例填)	断层标注	断层
化石	根据图例填	断层标注	倾向
建造标注	建造花纹	断层	平推方向
钻孔位置	钻孔	断层注释	60(注释赋为属性)
地质代号	Pt(注释赋为属性)	钻孔标注	＞60(注释赋为属性)
产状注释	60(注释赋为属性)	同位素	同位素采样点位置
剖面标注	A	地质点标注	地质点
褶皱	向斜(可根据图例填)	地质代号	代号注释(∧)
制图说明	资料来源		

(二)化探应用专题成果数据库

利用 GeoMAG 软件,将专题图层与对应的属性表进行匹配规范入库,并最终完成图件属性数据库建设。地球化学图等值线、等值线注释和极值点标注属性直接利用 MapGIS 生成图件时所带属性。

1. 分割区

在工程文件中,勾选要分割的区文件,输入弧段(应切割要分割的区),双击该区文件,点击区编辑中的分割区,再点击该弧段,即可。但是,如果分割的区有问题,就无法进行下去了,那么应该将这个区和邻区删除,连接不应断开的弧段,检查重叠弧段,重新输入区,分割区。重新造区的原因是,有问题区与弧段已经不存在拓扑关系。

2. 连接属性

在连接属性前,把 Excel 表中的字段名、数据类型和字段长度设置好;把上述要挂属性的文件和 DBF 文件或 WB 文件都放在根目录下;一般来说,DBF 文件能在属性库管理中导入,并保存为内部数据(WB 文件),就一定能成功地连接属性;当有汉字表头时,挂接的属性可能有误。

在 Excel 表中另存为 DBF 文件时,只把所需的行列涂蓝,即可。

3. 在 MapGIS 中绘制等值线图

在 GeoExpl 中网格化,并格式转换为 Surfer 二进制网格化文件,这样可在 MapGIS 中绘制等值线图。

在 MapGIS 中,DTM 分析的 Grd 模型下,点击平面等值线图绘制,打开转换后的 Surfer 二进制网格化文件,高程信息中的最大值和最小值范围就是色阶范围。

4. 地球化学特征值计算

在 GeoExpl 中,数据处理与分析模块下,单击异常下限与特征值,选择处理元素 39 种,处理方法选择"剔除异点的正态分布异常下限",执行处理并保存结果(Word 文档)。

将该 Word 文档另存为纯文本文件,从 Excel 中打开,依次将 $X-2.5S$、$X-1.5S$、$X-0.5S$、$X+0.5S$、$X+1.5S$、$X+2.5S$(X 为算术平均值,S 为标准离差)作为地化图的色阶值,进行色区划分。

5. 地球化学图绘制

在 GeoExpl 中，二维空间分析模块的专题图层下，单击网格数据等值线，数据文件选择 Ag.grd，再单击缺省分级和累频，记下颜色所对应的值域。

在 MapGIS 中，DTM 分析的 Grd 模型下，点击平面等值线图绘制，打开转换后的 Surfer 二进制网格化文件 Ag.grd，将上述记下的值域所对应区参数颜色改为统一系统库中的颜色。

6. 属性表填写

进行了内蒙古自治区化探工作程度图编制和工作程度属性表填写，并完成了数据库建设和数据检查工作。

7. 属性数据录入

完成了成矿预测图（库）部分图层的空间数据和属性数据录入，以及数据库建设和数据检查工作。

（三）地理图层

1. 跨带投影

（1）生成1∶25万标准图框。投影变换→系列标准图框→生成1∶25万图框→起点纬度440000、起点经度1183000→文件名：昆都→将"左下角平移为原点、旋转图框底边为水平"的勾选去掉→确定，即可生成昆都幅标准图框。

同样的步骤也可以生成扎鲁特旗幅标准图框。

（2）将21度带的扎鲁特旗1∶25万图框，投影成20度带。投影变换——当前投影：投影平面直角，高斯-克吕格，250000，毫米，6度带，带号21，左下角纬度440000；目的投影：投影平面直角，高斯-克吕格，250000，毫米，6度带，带号20，左下角纬度440000。

2. 1∶25万地理投影和子图参数修改

（1）投影变换→当前投影：地理坐标系，度→目的投影：投影平面直角，高斯-克吕格，250000，毫米，6度带，带号17，左下角纬度390000。

（2）将投影后的文件新建工程，这时，子图显示的大小与参数一致，由于区、线、点文件的参数比例均为0.001（正常情况下参数比例为1），所以全部编辑显示时很慢，先将区、线文件关闭，仅让点文件处于编辑状态，并且坐标点可见才能看见点的位置。

（3）根据属性代码GB，统改成统一系统库中的子图，子图高度和宽度改为2。

3. 图像文件 TIFF 转图像文件 MSI，并进行图像接边处理

（1）在 MapGIS 中，图像处理→图像分析→数据输入→转换数据类型（TIFF）→添加文件→打开 TIFF（图像文件）→转换，即可完成图像文件的转换。打开转换后的图像文件 MSI→镶嵌融合，即可进行投影、校正、融合。

（2）或者在 PhotoShop 中，同时打开两张 TIFF 图片，视图下显示标尺，在两张图上量同一个地质体的宽度，两个宽度相除得到一个比值，将小图乘以该比值，两张图拉到一起即可。注意两张图的分辨率要一致。

第三节 专题成果数据库建设

各专业组编图后,首先要通过各专业组专家的验收,在此基础上再建立专题成果数据库,总体建库流程如图 5-2 所示。

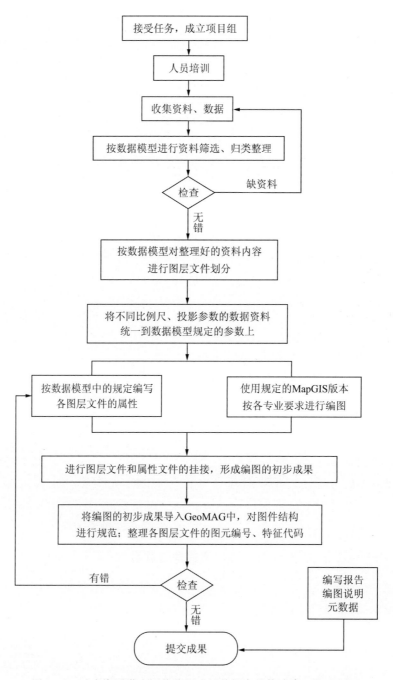

图 5-2 矿产资源潜力评价编图成果数据库总体建库工作流程图

一、成矿地质背景研究专题成果数据库建设

1. 建库流程

成矿地质背景研究工作编图及建库种类总体上有三大类。

第一类是覆盖全区范围分幅编制的基础图件类,包括实际材料图和建造构造图,覆盖全区范围,比例尺为1∶25万,按国际分幅编图。

第二类是预测工作区地质构造专题底图类,按照矿产预测方法类型划分为沉积型、火山型、侵入岩体型、变质型、复合内生型和层控内生型六大类。沉积型需要编制的图件为构造岩相古地理图、沉积建造构造图和地貌与第四纪地质图,火山型、侵入岩体型、变质型需要编制的图件分别为火山岩性岩相构造图、侵入岩浆构造图和变质建造构造图,复合内生型和层控内生型需要编制的图件为建造构造图,层控内生型应突出表示成矿建造。该类图件是比例尺大于1∶25万。

第三类是全区综合性图件类,如全区大地构造相图,比例尺为1∶50万。

首先要按矿产资源潜力评价数据模型编绘1∶25万"分幅建造构造图"、1∶25万"分幅实际材料图"及其属性数据库。

1∶25万"分幅实际材料图"一般直接将原始实际材料图矢量化、投影变换为1∶10万,在认真分析研究剖面资料、查阅主干路线的基础上,再补充采集1∶5万区调的重要样品、地质点等相关矢量数据,最后按1∶25万标准分幅缩编成图,形成纸介质实际材料图,确定基本编图单元——自然岩石组合。

1∶25万建造构造图包含了沉积岩建造、火山岩岩性岩相、侵入岩、变质岩建造、地质界线、断裂、韧性剪切带、褶皱、大型变形构造、构造岩浆带、火山构造、产状要素、同位素年龄等图层。其中地质界线等图层引自1∶25万实际材料图,分幅重力推断地质构造要素等图层来源于物化遥综合信息课题。同样要尽可能地补充1∶5万区调和科研成果。

预测工作区内不同预测方法类型的地质构造专题底图,在编绘、建库时一般间接引用已编建好的1∶25万"分幅建造构造图"、1∶25万"分幅实际材料图"的同名要素,但必须补充1∶5万区调和更大比例尺的科研资料,并开展必要的专题研究。

进行成矿地质背景成果数据库建库时,可参照如下方法流程。

(1)预测工作区的比例尺一般定在1∶5万~1∶25万,根据确定的预测工作区的范围以及地质构造专题底图的比例尺,按数据模型指定的投影参数生成预测工作区图框。

(2)从生成的1∶5万预测工作区图框中提取内框,并将内框拓扑建区,生成裁剪范围区文件。

(3)按数据模型《全国矿产资源潜力评价数据模型:空间坐标系统及其参数规定分册》的要求,对预测工作区所在的1∶25万分幅建造构造图、1∶25万分幅实际材料图进行投影变换,生成与预测工作区投影参数一致的分幅建造构造图和分幅实际材料图,如图5-3所示。

(4)利用MapGIS中的裁剪功能,调用第2步中生成的裁剪范围区文件,如图5-4所示,裁剪得到第3步经过投影变换后的分幅建造构造图、分幅实际材料图中的同名要素。有些预测区的图件因为空间位置或范围过大的原因,需要两幅图或多幅图裁剪拼合生成。

(5)补充精度大于预测工作区比例尺的区调和其他专题研究资料,形成单矿种预测工作区地质构造专题底图。

(6)在编图的同时,按数据模型中规定的1∶25万分幅建造构造图、1∶25万分幅实际材料图的同名要素属性结构,以沉积岩建造要素为例,设计如表5-4所示的表格;由地质专业人员在编图过程中,即时将新补充的不同沉积建造的属性内容逐项填写在表格中,其他要素也要编制类似的供专业人员填写属性内容的表格。

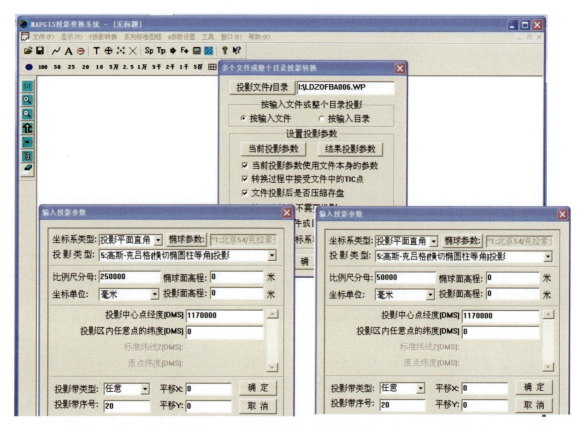

图 5-3　对 1∶25 万分幅实际材料图按预测工作区比例尺进行投影变换

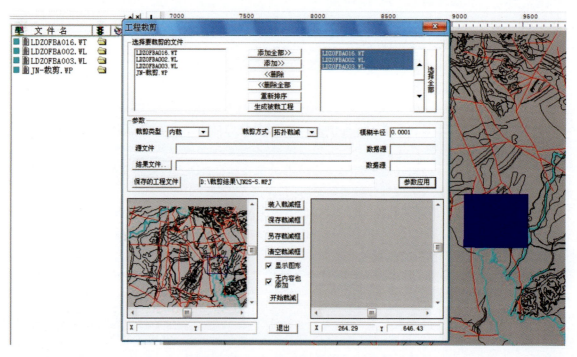

图 5-4　从投影变换后的分幅实际材料图中裁剪同名要素

表 5-4 沉积岩建造属性表

序号	沉积岩建造大类	沉积岩建造	填图单位名称	填图单位代号	第四纪成因类型	形成时代	沉积岩建造厚度	含矿层厚度	主要化石组合	地层分区	沉积相
	DDCDJH	YSKB	QDUECD	QDUECC	QDFCCB	GZEKG	DDCDJHD	MDLHL	MDBRS	SSC	YSPDAD
1											
2											

(7)项目组中负责数据库建设的人员将预测工作区地质构造专题底图新补充修改的地质图元与相应的属性内容挂接在一起。

挂接属性时,有以下两种方式:①首先按数据模型规定的属性结构,将填写好的属性内容生成 dBase 属性数据库;再在 MapGIS 中赋给要素图层文件中相同属性内容的图元相同的 ID 号,要保证此 ID 号与 dBase 属性数据库中对应属性记录前的序号一致;然后通过 MapGIS 属性库管理模块中的挂接属性功能,将 dBase 属性数据库中的属性与要素图层文件中对应的图元挂接在一起。②首先在图形矢量化过程中,对要素图层文件中不同的图元类型按潜力评价编图技术要求赋予不同的参数;再按数据模型的规定,建好要素图层文件的属性结构;然后通过 MapGIS 图形编辑模块中的"根据参数赋属性"功能,直接在 MapGIS 中录入该类图元对应的属性内容。

(8)在 GEOMAG 中规范挂接好属性的预测工作区各组成图层文件,规范步骤如下所示:①首先,要保证文件处于可编辑状态;②启用 GeoMAG "图件辅助工具"菜单下的"规范图件结构"功能;③在打开的"规范图件结构"对话框中勾选"图件名规范";④执行对话框下方的"图件内椭球类型和投影参数的合法性测试",通过后,任选一个文件,会在投影类型下出现投影参数;⑤点击"坐标系及投影参数复制"将投影参数复制到对话框右侧,再设置"图件范围";⑥将对话框上方各项逐一设置好;⑦在随后出现的对话框中,对应"当前图层名"在符合数据模型的"规定图层名"中选对应的文件名,再点击"规定图层说明",则在对话框下方"规定图层属性项列表"中出现符合数据模型的的各属性数据项;⑧选择"自动匹配"或"手动匹配",将编图中的文件属性项与数据模型中规定好的属性项匹配起来,点击"保存匹配";⑨所有文件处理完后,点击"保存";⑩保存后,规范好的文件名会取代原有的文件,同时生成一个规范的工程文件名。

(9)对规范好的要素图层文件,先在 MapGIS 中将 ID 号顺好,启用 GeoMAG"图件辅助工具"菜单下的"编辑图元属性"功能,补充属性结构中所需的"特征代码"和"图元编号"两个属性项。

(二)建库过程中技术问题的处理

按矿产资源潜力评价数据模型规定,地质背景底图类图层文件中的"侵入岩"图层文件,有两个必填属性数据项——"地理位置经度(CHAHBA)""地理位置纬度(CHAHBB)",常规做法是在 MapGIS 编辑系统中通过"设置显示坐标"进行如表 5-5 所示的设置。

表 5-5 MapGIS 编辑系统中图件坐标参数的设置

设置项目	设置前图件坐标参数	设置后图件坐标参数
坐标系类型	投影平面直角	地理坐标系
投影类型	高斯-克吕格	地理坐标系
数据单位	mm	度分秒(DMS)

设置完成后,当鼠标的光标放在图件中某个侵入岩体上时,在窗口右下方的状态显示栏中会出现如"1184832.41,350844.61"的内容;再通过修改区属性,找到对应的"地理位置经度""地理位置纬度"两项,填写以上所显示的内容。这种常规做法比较适合侵入岩体数量较少的图幅。

一旦图幅中侵入岩体数量比较多,这种常规做法的工作效率就显得比较低。此时就需要采用如下方法。

(1)首先打开侵入岩体所在的区图层文件,利用 MapGIS 编辑系统中的"生成 Lable 点文件"功能,如图 5-5 所示,生成 1 个"LAB.WT"点文件,此点文件中的每一个点对应一个侵入岩体的中心位置。

(2)对 LAB.WT 进行投影变换,投影前后的参数设置如图 5-5 所示。投影后,LAB.WT 文件中点的坐标将转为"度分秒"(DMS)的形式。

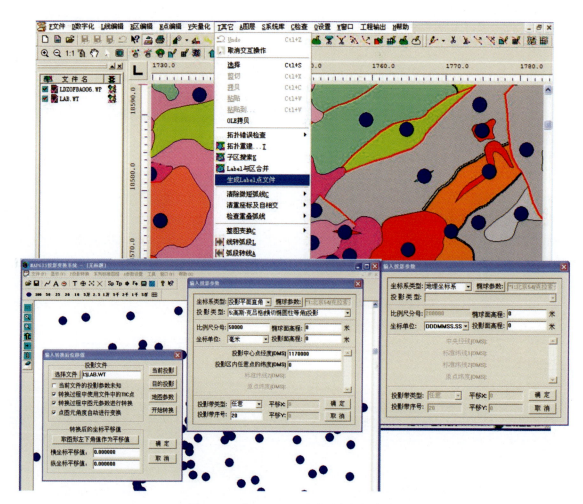

图 5-5　对 LAB.WT 文件进行投影变换

(3)投影后,按如图 5-6 所示的设置,将各点的位置坐标属性值赋予相应的字段。

二、重力综合信息研究专题成果数据库建设

重力数据处理和资料解释成果所提取的信息,是地质构造与矿产预测工作中推断各类地质构造、隐伏地质体及进行成矿区域圈定的一个重要的信息源。

重力编图及建库所用到的 1∶100 万、1∶50 万和 1∶20 万区域重力数据库中,每组数据包含经度、纬度、高程值、布格重力异常值 4 个数据项的数据,具体参数如表 5-6 所示。

图 5-6　将各点位置的坐标属性值赋予相应的字段

表 5-6　重力数据参数表

字段名称	数据类型	小数位数	说明
经度	Double	5	测点所在的经度值,如:113.84234
纬度	Double	5	测点所在的纬度值,如:33.34930
高程值	Double	1	单位:m,1985 国家高程基准
布格重力值	Double	2	单位:10^{-5} m/s^2

重力编图与建库分为省级编图和预测工作区编图,两者编图、建库的过程大致类似。本节将以银矿为例,详细介绍预测工作区重力不同图件建立专题成果数据库的过程。

(一)预测工作区重力工作程度图属性数据库的建设

预测工作区重力工作程度图的编图和建库流程如图 5-7 所示,具体步骤如下。

1. 投影变换

预测区重力工作程度图基本上是在内蒙古自治区重力工作程度图的基础上完成的,所以绘制预测区重力工作程度图之前,如图 5-8 所示,要把全区 1:50 万兰伯特等角圆锥投影坐标系变换到 1:5 万高斯-克吕格投影坐标系上来,使全区重力工作程度图投影坐标系与当前预测区投影坐标系一致。

2. 工程裁剪

投影类型变换完成后,如图 5-9 所示,利用 MapGIS 的工程裁剪,以预测区的内图框作为裁剪框,对内蒙古自治区 1:50 万重力工作程度图 LZLPGAH001.WP 和 LZLPGAH002.WL 进行拓扑裁剪,提取出预测区范围内所需要的内容。

3. 图件规范

先进行图件内椭球类型和投影参数的合法性测试,如果工程文件中有图层文件或者工程投影参数

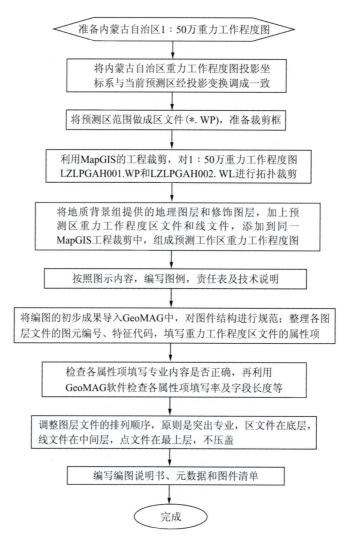

图 5-7 预测工作区重力工作程度图的编图和建库工作流程图

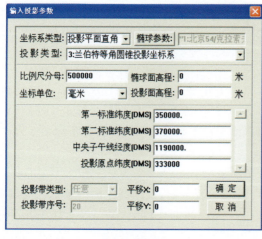

当前投影参数

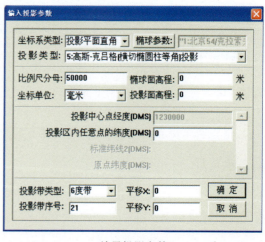

结果投影参数

图 5-8 在 MapGIS 中变换投影类型

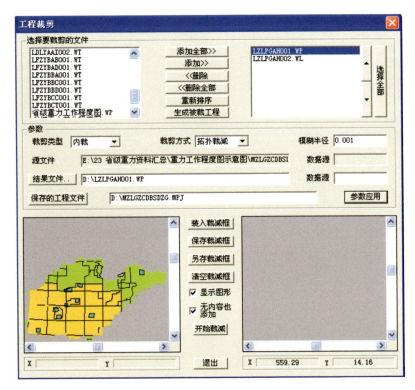

图 5-9　在全区重力工作程度图上裁剪预测区重力工作程度图层文件

不一致,都要用 MapGIS 新建工程,工程中地图参数要利用文件导入形式,再将图层文件全部添加,保存工程。通过合法性测试后,才可以继续其他规范操作。规范图件本身的过程也是检查投影参数是否正确的过程。

在下拉菜单中依次填写下述内容:

(1)省、片或全国:内蒙古自治区。

(2)专业组:重力资料应用。

(3)图件类型:预测工作区重力工作程度图。

(4)比例尺:1∶5 万(对应预测区比例尺)。

(5)空间划分:预测工作区划分,弹出预测工作区模块。

(6)地区:内蒙古自治区。

(7)预测区主要矿产:银矿。

(8)预测方法类型:复合内生型。

(9)矿产预测类型顺序码:01。

(10)预测工作区顺序码:001[预测工作区划分内容由预测组提供信息。如 1712601001,其编码规则:全国或片区或省区代码(2 位)+矿产标识码(2 位)+矿产预测方法类型码(1 位)+矿产预测类型顺序码(2 位)+预测工作区顺序码(3 位)。其中:"17"代表"内蒙古自治区","12"代表"银矿种","6"代表"复合内生型","01"代表"预测类型十里堡式","001"代表"第一个预测工作区"]。

(11)图名拼音缩写:预测区地名首拼音缩写(2 位)+图件类型首拼音缩写(2 位)。

(12)图件中文名:此处应填写图件的全称。如果漏填,则会出现如"××省(市、自治区)××预测工作区重力工作程度图"一类的图名,出现这种情况可以用 GeoMAG 的图件辅助工具修改图件名称。

(13)投影类型:高斯-克吕格投影,6 度带,带号 21。

(14)图件范围:按照左右经度、上下纬度的要求填写图幅范围。

用 MapGIS 软件编图时,为便于对照查询,每张图所建立的工程文件以及构成该图的各图层文件都用汉字命名。

在 MapGIS 软件中完成一张图的编辑后,要用如图 5-10 所示参数设置规范图层名称与属性结构。对于属性项命名比较规范的,可以使用自动匹配,完成属性项入库工作;对于个别软件无法识别图层名和其所属属性项的情况,则使用手动匹配。

图 5-10 规范图层名称与属性结构

操作完成后,要保存匹配结果,保存当前图层文件入库。每个图层文件都要进行属性项匹配工作,才可以完成入库。选对图层所属专业组才可以找到所属图件类别,以及正确的图层说明。重磁数据库入库一般用到:重力资料应用、磁测资料应用、辅助信息、地理信息。对于制图过程中项目组要求添加而数据库中没有的图层,按照自增图层处理。

规范后的结果如图 5-11 所示,图中左侧为规范之前的图件,右侧为规范后的图件,可以看出,上方的图件工程名由原来的"重力工作程度图.MPJ"已自动更改为"MZLGZCDEZYCD.MPJ";下方图层文件名的第一个也由原来的"重力工作程度.WP"已自动更改为"LZLPGAH001.WP",其他图层文件名也做了类似的自动更改,并增加说明项文字。这些由英文字母标示的名称才符合数据模型的规定。

属性数据项填写和规范:要对规范后的图件进行图元编号规范,图元编号在一个图层文件中是唯一的、不可重复的,规范完图元编号后,再更新特征代码。

同时在此窗口中也可以检查专业属性项是否挂接完成,对于没有填写的,要进行补填。

调整图层文件顺序和属性结构:对于图层叠盖不合理的,可以使用 GeoMAG 软件图件辅助工具调整属性结构和工程内点、线、区文件的排列顺序,以保证突出专业,图面整洁,不压盖。

软件检查:图件编制完成,属性也已挂接,投影参数也没有问题,并进行了上述规范后,就可以用 GeoMAG 软件对图件数据进行检查,检查项目包括图件结构、图层结构、属性结构、属性值域和属性项填写率等。

软件自动将检查结果存储为 Excel 表格。对照检查结果,逐项修改出错的内容,修改完后再次运行 GeoMAG 软件的检查功能,直到检查结果达到要求。

图 5-11 图件规范前后的工程名显示对比

通过编图、投影变换、属性数据项填写与挂接、图件规范等建库步骤后,银矿预测工作区重力工作程度图共由 23 个图层文件组成,每个图层文件又有数量不等的属性数据项对其内容进行全面描述。

这些图层文件中有 7 个是由重磁项目组通过专业数据和资料处理新生成的,其他图层文件直接引用自另外的课题。

图件数据检查通过后,按照《矿产资源潜力评价数据模型丛书:重力资料应用数据模型》编写编图说明书,用元数据采集器软件编写元数据,填写图件清单。

最后按照《全国矿产资源潜力评价省级矿产资源潜力评价资料性成果图件及属性库复核汇总技术方案》规定的数据存储目录结构,将图件数据、编图说明书、元数据、图件清单拷贝到指定文件夹中。

(二)银矿预测工作区布格重力异常图属性数据库的建设

预测工作区布格重力异常图,使用全国矿产资源潜力评价项目办公室下发的重力数据,再结合重力工作程度图上的大比例尺数据,调平后使用。

数据二项式调平是控制重力数据质量的关键,利用 Surfer 的"用户自定义滤波器"计算区域场,再用 MapGIS 区域裁剪,将小比例尺数据从下发数据库中裁剪出去,再利用 Surfer 的"数据镶嵌融合",把大比例资料调平后与下发数据一起使用。

预测工作区布格重力异常图的制图和建库工作流程如图 5-12 所示,采用与预测工作区重力工作程度图的编图和建库流程类似的步骤,进行银矿预测工作区布格重力异常图的编制和成果图件空间数据库的建设。

(三)银矿预测工作区剩余重力异常图属性数据库的建设

该类建库要用到预测区布格重力数据的资料。剩余重力窗口的确定是个反复试验的过程,与成矿有关的地质体尺寸决定剩余异常窗口大小。窗口过大,则异常不明显,重磁在预测中作用无法凸显;窗口太小,异常琐碎,使矿致异常与非矿致异常的区别不明显。

预测工作区剩余重力异常图的制图和建库流程如图 5-13 所示。采用如预测工作区重力工作程度图的编图和建库流程类似的步骤,进行"银矿预测工作区剩余重力异常图"的编制和成果图件空间数据库的建设。

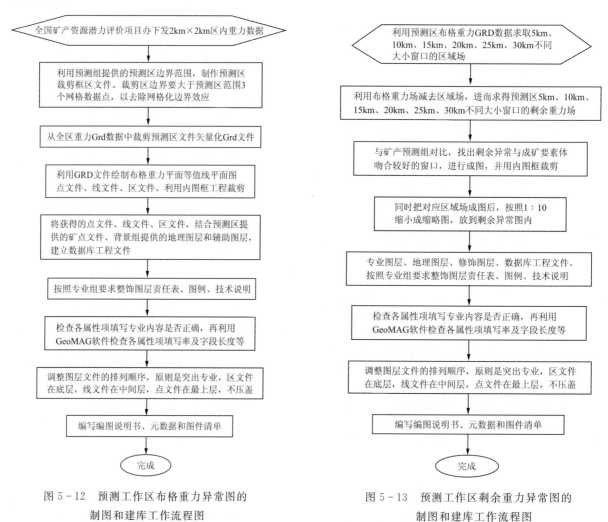

图 5-12 预测工作区布格重力异常图的制图和建库工作流程图

图 5-13 预测工作区剩余重力异常图的制图和建库工作流程图

(四)银矿预测工作区重力推断地质构造图属性数据库的建设

建库用到预测区布格重力异常图、剩余重力异常图及重力数据。重力推断地质构造图比较重的工作量在重力定量计算上,首先收集预测区密度资料,再使用中国地质调查中心下发的 RGIS 2012 进行 2.5 维反演,求取埋深和延伸。

预测工作区重力推断地质构造图的制图和建库流程如图 5-14 所示。采用如预测工作区重力工作程度图的编图和建库流程类似的步骤,进行银矿预测工作区重力推断地质构造图的编制和成果图件空间数据库的建设。

三、磁法综合信息研究专题成果数据库建设

需提交的磁法成果图件,包括航磁工作程度图、地磁工作程度图、航磁 ΔT 等值线平面图、航磁 ΔT 化极等值线平面图、航磁 ΔT 化极垂向一阶导数等值线平面图、航磁异常分布图、磁法推断地质构造图和磁法推断磁性矿床分布图 8 类,预测区包括航磁 ΔT 等值线平面图、航磁 ΔT 化极等值线平面图、航

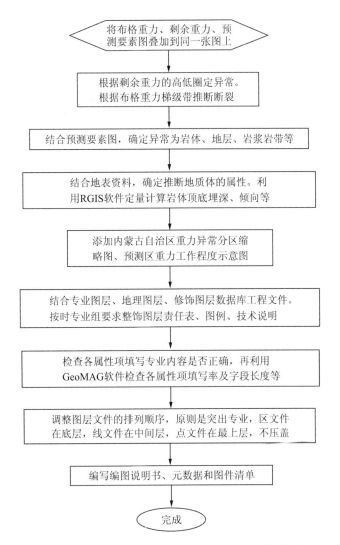

图 5-14 预测工作区重力推断地质构造图的制图和建库工作流程图

磁 ΔT 化极垂向一阶导数等值线平面图、磁异常范围分布图、磁法推断地质构造图和磁法推断磁性矿床分布图 6 类。

（一）预测工作区航磁 ΔT 异常等值线平面图属性数据库的建设

在"三优先"(有新不用旧、有大比例尺不用小比例尺、有高精度不用低精度)的原则下，重新调平 1∶50 万航磁 ΔT 平面图。以全国 1∶100 万航磁图的磁场水平为基础，进行了二次多项式磁场的调平和接边区的数值圆滑，较精确地统一了全区的磁场水平。利用 MapGIS 的"区域裁剪"，将小比例尺数据从下发数据库中裁剪出去，再利用 Surfer 的"数据镶嵌融合"，把大比例资料调平后与下发数据一起使用。

预测工作区航磁 ΔT 异常等值线平面图的制图和建库流程如图 5-15 所示。采用与预测工作区重力工作程度图的编图和建库流程类似的步骤，进行预测工作区航磁 ΔT 等值线平面图的编制和成果图件空间数据库的建设。

（二）预测工作区航磁 ΔT 化极异常等值线平面图属性数据库的建设

建库用到预测区航磁 ΔT 数据资料，航磁 ΔT 化极异常等值线平面图制图关键在化极参数求取，确定预测区中心点经纬坐标，确定使用资料时间、高程，利用 RGIS 求取磁倾角、磁偏角，化到地磁极。将化极数据利用 MapGIS 绘制航磁 ΔT 化极异常等值线平面图点文件、线文件、区文件。

预测工作区航磁 ΔT 化极异常等值线平面图的制图和建库流程如图 5-16 所示。采用如预测工作区重力工作程度图的编图和建库流程类似的步骤，进行预测工作区航磁 ΔT 化极异常等值线平面图的编制和成果图件空间数据库的建设。

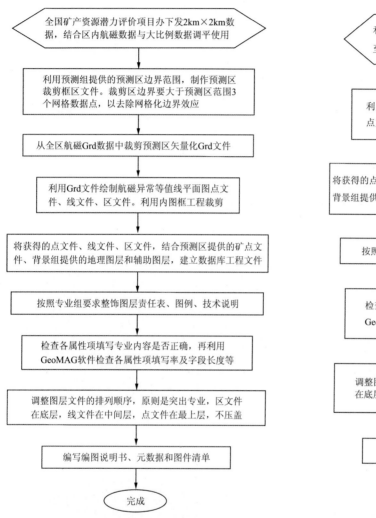

图 5-15 预测工作区航磁 ΔT 异常等值线平面图的制图和建库工作流程图

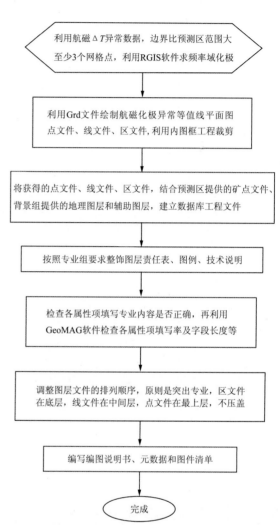

图 5-16 预测工作区航磁 ΔT 化极异常等值线平面图的制图和建库工作流程图

(三)预测工作区航磁 ΔT 化极垂向一阶导数等值线平面图属性数据库的建设

建库用到预测区航磁 ΔT 化极数据资料。航磁 ΔT 化极垂向一阶导数等值线主要工作在频率域垂向一阶导数求取上，求导角度为 $90°$，求导阶数为 1，求取垂向一阶导数数据。

预测工作区航磁 ΔT 化极垂向一阶导数等值线平面图的制图和建库流程如图 5-17 所示。采用如预测工作区重力工作程度图的编图和建库流程类似的步骤，进行预测工作区航磁 ΔT 化极垂向一阶导数等值线平面图的编制和成果图件空间数据库的建设。

(四)预测工作区磁法推断地质构造图属性数据库的建设

建库用到前面绘制完成的航磁 ΔT 等值线平面图、航磁 ΔT 化极等值线平面图、航磁 ΔT 化极垂向一阶导数等值线平面图。磁法推断地质构造主要工作集中在专业图层数据项填写。利用 RGIS 软件计算推断体埋深、延深及倾向,要结合预测区内物性资料、岩体的磁化率,还要考虑剩磁情况。

预测工作区磁法推断地质构造图的制图和建库流程如图 5-18 所示。采用如预测工作区重力工作程度图的编图和建库流程类似的步骤,进行"预测工作区磁法推断地质构造图"的编制和成果图件空间数据库的建设。

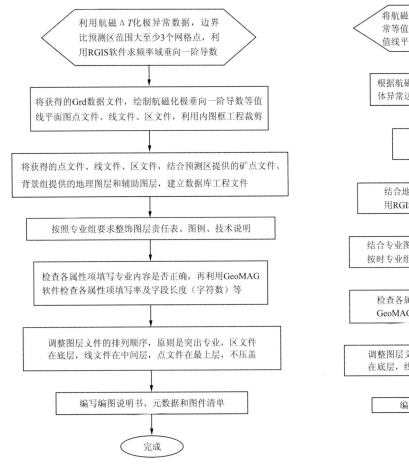

图 5-17 预测工作区航磁 ΔT 化极垂向一阶导数等值线平面图的制图和建库工作流程图

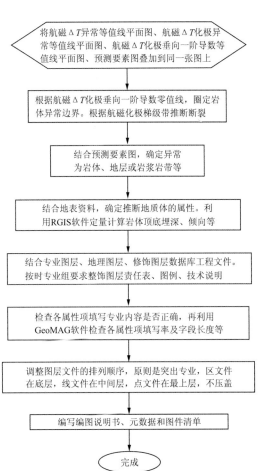

图 5-18 预测工作区磁法推断地质构造图的制图和建库工作流程图

四、化探综合信息研究专题成果数据库建设

(一)数据源的选择

1. 1∶50 万省级图件

(1)地球化学工作程度图:编图资料包括全省 1∶20 万水系沉积物测量、部分图幅和地区 1∶5 万水系沉积物测量,个别地区的 1∶1 万土壤测量及 1∶25 万多目标地球化学调查资料。

(2)地球化学景观图:编图资料为全国二级地球化学景观区划分资料及内蒙古自治区地貌图、地质图、地势图、卫星影像图、水系流域图等资料。

(3)单元素地球化学图:编图资料为 1∶20 万水系沉积物测量数据。

(4)单元素地球化学异常图:编图资料为 1∶20 万水系沉积物测量数据,内蒙古自治区简化地质矿产图。

(5)地球化学组合异常图:编图资料为1:20万水系沉积物测量数据,内蒙古自治区简化地质矿产图。

(6)地球化学综合异常图:编图资料为1:20万水系沉积物测量数据,内蒙古自治区简化地质矿产图和成矿区划分图等。

(7)地球化学推断地质构造图:编图资料为1:20万水系沉积物测量数据和内蒙古自治区地质构造格架划分图等。

(8)地球化学找矿预测图:编图资料为1:20万水系沉积物测量数据,内蒙古自治区地质矿产图,内蒙古自治区成矿区划分等。

2. 预测工作区图件

预测工作区的地球化学图、单元素异常图、组合异常图、综合异常图、找矿预测图编图资料为1:20万及部分1:5万水系沉积物测量资料。

3. 典型矿床图件

典型矿床的地球化学异常图、组合异常图、异常剖析图,编图资料为1:20万及部分1:5万水系沉积物测量、矿床钻孔等资料。

(二)编图比例尺、坐标及坐标投影

1. 全区图件

根据《矿产资源潜力评价数据模型丛书:化探资料应用数据模型》,编图比例尺均为1:50万。根据《全国矿产资源潜力评价数据模型:空间坐标系统及其参数规定分册》,坐标系采用1954北京坐标系,1985国家高程基准。内蒙古自治区采用兰伯特等角圆锥投影坐标系。

2. 预测工作区、典型矿床图件

编图比例尺为1:5万,采用1954北京坐标系,高斯-克吕格投影。

(三)数据分级及异常划分原则

1. 单元素地球化学图

数据分级按《矿产资源潜力评价数据模型丛书:化探资料应用数据模型》,以累频方式划分19级,即0.5、1.2、2、3、4.5、8、15、25、40、60、75、85、92、95.5、97、98、98.8、99.5、100。

2. 各类异常图

单元素异常圈定采用累频方式划分为3级,取90%频数的值为异常下限,采用95.5%、98%数值将异常划分为弱、中、强3级浓度分带。组合异常图、综合异常图主成矿元素异常均采用上述3级浓度分带。

(四)单元素地球化学图属性数据库的建设

单元素地球化学图属性数据库的建库工作流程如图5-19所示。

具体建库步骤如下。

(1)根据1:20万区域地球化学数据库,导出为TXT格式,在MapGIS中启用投影变换→用户文件投影变换→根据经纬度形成带属性的点位图。

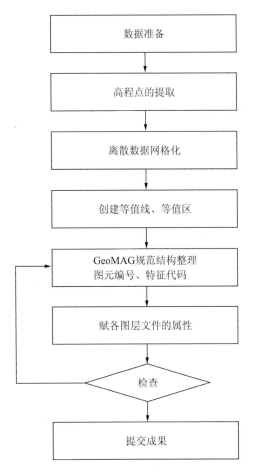

图 5-19 单元素地球化学图属性数据库的建库工作流程图

(2)如图 5-20 所示,在 MapGIS 中启用空间分析→DTM 分析→文件→打开数据文件→点数据文件。

(3)如图 5-21 所示,在 MapGIS 中的空间分析系统中,启用处理点线→点数据高程点提取。

(4)如图 5-22 所示,启用 Grd 模型→离散数据网格化。

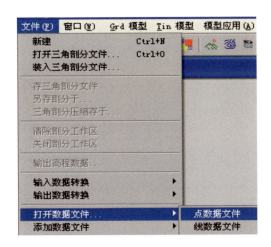

图 5-20 调取点数据文件

图 5-21 点数据高程点提取

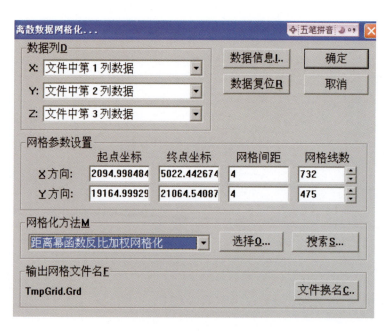

图 5-22　离散数据网格化

(5)如图 5-23 所示,启用 Grd 模型→平面等值线图绘制。

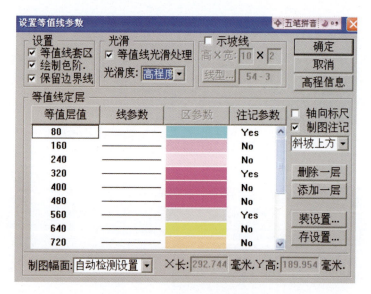

图 5-23　设置平面等值线参数

(6)在 GeoMAG 软件中,启用图件辅助工具→生成结构菜单→生成图件结构。

(7)如图 5-24 所示,在 GeoMAG 软件中,启用图件辅助工具→编辑图元属性,更新特征代码和规范图元编号。

(8)为图中其他字段赋予属性值。

(9)在 GeoMAG 软件中,启用图件辅助工具→检查图件属性,对查出不符合规范的字段进行修改。

(10)如图 5-25 所示,启用 GeoTOK 软件中的空间数据检查→空间拓扑集成检查评价,对查出的拓扑错误进行修改。

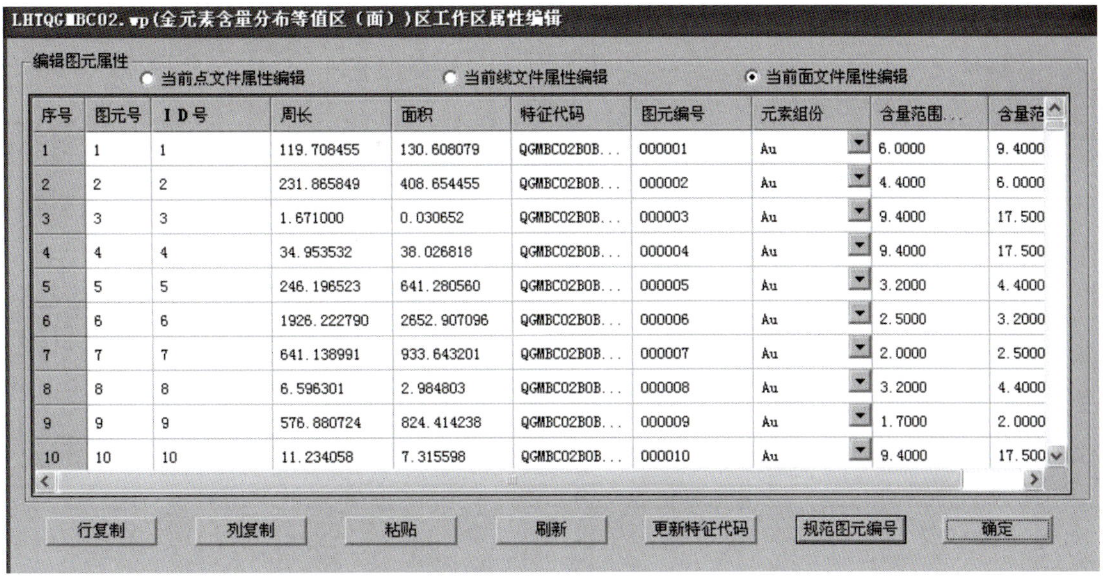

第五章 矿产资源潜力评价专题成果数据库建设

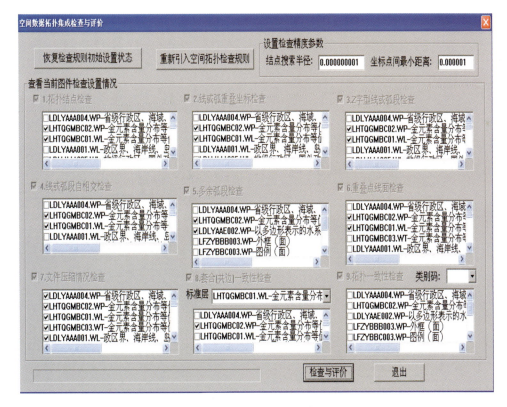

图 5-24 更新特征代码和规范图元编号

图 5-25 空间数据拓扑集成检查与评价

(五)单元素地球化学异常图属性数据库建设

单元素地球化学异常图属性数据库的建库流程如图 5-26 所示。其具体建库步骤如下。

(1)划分地质子区。根据地质概况及大地构造格架,将内蒙古自治区化探扫面覆盖区划分为华北地台北缘等 6 个地质子区,分别统计其地球化学参数并确定异常下限值。

(2)确定异常下限值。编图数据经过处理及误差校正后,采用累计频率分级方式,分子区将分析数据从小到大排序,取 90% 频数的值作为异常下限值,采用 95.5%、98.8% 数值将异常划分为弱、中、强 3 级浓度分带。

(3)MapGIS 生成等值线、等值区。

(4)按与"单元素地球化学图属性数据库"建库中(6)~(10)类似的步骤进行后续建库操作。

(六)地球化学组合异常图属性数据库建设

地球化学组合异常图属性数据库的建库流程如图 5-27 所示,其具体建库步骤如下。

(1)异常确定。根据预测矿种的需要,在单元素异常图的基础上,以异常下限为基准,每种元素通过不同颜色区别。主成矿元素用面色分带表示,按 3 级划分,辅助元素用线型表示,利用异常下限圈定(累频的 90%)异常。

(2)计算机成图。用 MapGIS 软件,根据应用目的将确定组合的元素的异常空间套合在一张简化地质矿产底图上而成。

(3)按与"单元素地球化学图属性数据库"建库中(6)~(10)类似的步骤,对地球化学组合异常图各图层按照规范要求进行整理填写。

(4)对数据进行检查,修改后提交最终数据。

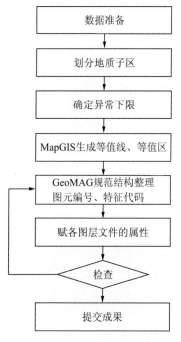

图 5-26 单元素地球化学异常图属性数据库的建库工作流程图

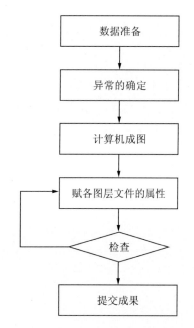

图 5-27 地球化学组合异常图数据库的建库工作流程图

(七)地球化学综合异常图属性数据库建设

地球化学综合异常图属性数据库的建库流程类似于图 5-27,其具体建库步骤如下。

(1)异常确定。该图采用真值以多元素异常空间逻辑叠加方法编制。异常以主成矿元素外带为主,参考伴生元素的异常分布确定异常边界,以粗线表示。异常中主成矿元素以面色表示,色阶同单元素异常,伴生及组合元素顺序标上元素符号。综合异常按其中心位置由左向右,从上到下统一顺序编号。

(2)计算机成图。用 MapGIS 软件,根据应用目的将确定综合的元素的异常空间套合在一张简化地质底图上而成。

(3)按与"单元素地球化学图属性数据库"建库中(6)~(10)类似的步骤,对地球化学综合异常图各图层按照规范要求进行整理填写。

(4)对数据进行检查,修改后提交最终数据。

(八)地球化学找矿预测图属性数据库建设

地球化学找矿预测图属性数据库的建库流程如图 5-28 所示,其具体建库步骤如下。

(1)准备综合异常图,地质矿产图等数据。

(2)综合异常筛选结合地质矿产信息,异常定性分析,对圈定的金综合异常进行分类、筛选,作为圈定找矿预测区的主要依据。

(3)在对地球化学金矿综合异常研究、筛选的基础上,结合地质矿产、矿床规模和找矿模型等评价,圈定预测区(Ⅳ)。以同类异常的数量和有无已知矿床为依据对找矿预测区进行分级,找矿预测区划分为 A、B、C 三级。

(4)找矿靶区圈定。找矿靶区(Ⅴ)是在预测区(Ⅳ)内,进一步利用中大比例尺地球化学资料或异常查证资料,以及地质矿产资料的综合研究的基础上圈定。

(5)计算机成图。用 MapGIS 软件,根据应用目的将圈定预测区、找矿靶区套合在一张简化地质底图上而成。

(6)按与"单元素地球化学图属性数据库"建库中(6)~(10)类似的步骤,对找矿预测图各图层按照规范要求进行整理填写。

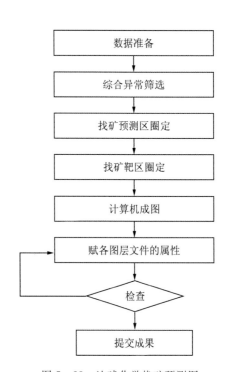

图 5-28 地球化学找矿预测图数据库建设工作流程图

(7)对数据进行检查,修改后提交最终数据。

五、自然重砂综合信息研究专题成果数据库建设

自然重砂指赋存在第四纪松散沉积物中,经过淘洗后获得的相对密度在 2.8 以上的重矿物。它是自然界形成的矿物的一部分,是依靠自身属性特点,经过风化、剥蚀、搬运等表生作用后而在地表保留下来比重较大的矿物,因此,它的存在反映着其源区物理化学条件的发生、发展和变化过程,可以通过其产出特征追索原生贵金属矿床、有色金属矿床、黑色金属矿床、稀有金属矿床、稀土金属矿床,以及萤石、重晶石、磷灰石等矿种。

自然重砂工作就是通过合理有效的步骤和方法来研究重砂矿物特征、形成、迁移和聚集规律,为矿产预测及找矿勘查提供有意义的信息和资料。

(一)自然重砂基础图件属性数据库建设

重砂基础成果图件使用自然重砂数据库系统(ZSAPS 2.0)生成。自然重砂数据库系统(ZSAPS 2.0)是在前期全国自然重砂数据库基础上研制的,用于自然重砂数据的管理、查询、检索与应用的综合性软件系统。其具体成图步骤如下。

(1)首先如图 5-29 所示新建 1 个空白工程文件——新工程.WPJ。

(2)导入分幅重砂数据。制作省级自然重砂异常图时,导入 1∶20 万重砂数据库;制作预测工作区自然重砂异常图时,在导入 1∶20 万重砂数据库后,还要视情况补充 1∶5 万重砂数据库。

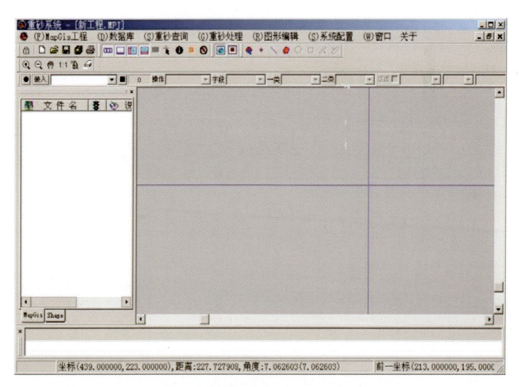

图 5-29 在 ZSAPS 中新建 1 个空白工程文件

(3)确定图件投影参数和坐标系后,装入坐标文件。图件的投影参数按模型中的规定执行,预测工作区的范围是由矿产预测组提供。

(4)执行查询,生成如图 5-30 所示的重砂点位图。

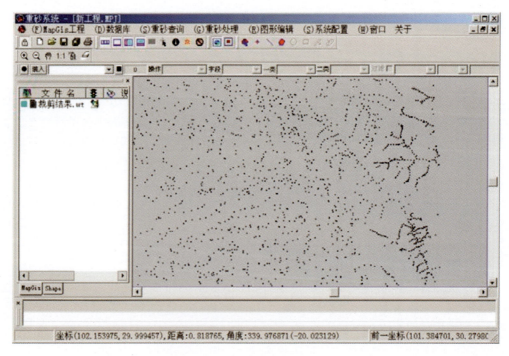

图 5-30 重砂点位图

(5)数据标准化后,生成如图 5-31 所示的用作基础成果图件的点位图。

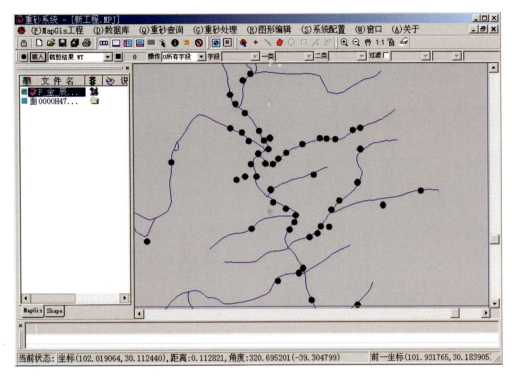

图 5-31 数据标准化后的点位图

(6)生成如图 5-32 所示的基础成果图件。图 5-32(a)为有无图,图 5-32(b)为分级含量图,图 5-32(c)为八卦图。

(二)自然重砂异常图属性数据库的建设

1. 自然重砂异常图的编图方法流程

自然重砂异常图属性数据库的建库流程如图 5-33 所示。其具体步骤如下。

(1)确定图件投影参数和坐标系。

(2)圈定异常,异常圈定一定要合理、准确。为满足矢量化精度,设定 MapGIS 系统参数中的结点/裁剪搜索半径$\leqslant 10^{-9}$、坐标点间最小距离为$\leqslant 10^{-6}$。利用 MapGIS 软件系统提供的"拓扑错误检查"功能,反复进行拓扑处理与错误检查,修改至检查通过为止,然后拓扑造区。拓扑关系建立起来后,再次进行拓扑错误检查,必要时重建拓扑关系。

(3)将异常图的异常线、面与属性表做好相关字段的处理,以便进行字段连接和属性挂接。连结图形与属性表的关键字段,两者中必须保持一致,按顺序码编写。

(4)挂接属性,用 GeoMAP 软件检查重砂异常图图层属性无误,包括更新下属词。

(5)编制标注、图例、责任表和说明书。

(6)套合底图(地理要素图层、地质矿产要素图层):明确图件包括的图层要素,按规范要求细分各图层。

(7)规范图库所有内容。①规范工程及各图层名称及内容并检查(检查过程中做好自检、互检、抽检卡片);②建立目录;③制作编图说明、元数据;④图件投影(经纬度)。

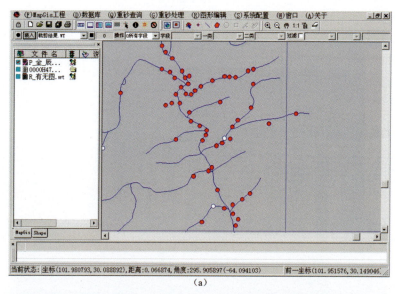

(a)

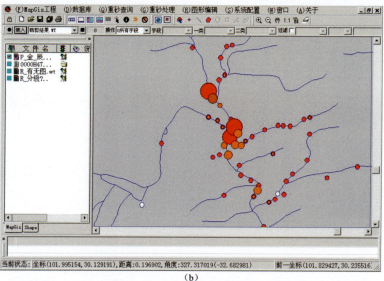

(b)

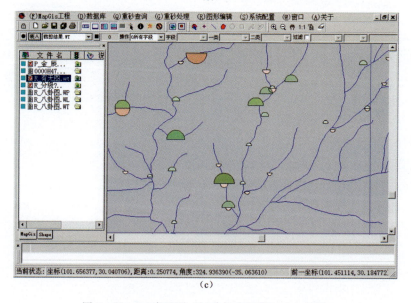

(c)

图 5-32 (a)有无图;(b)分级含量图;(c)八卦图

第五章　矿产资源潜力评价专题成果数据库建设

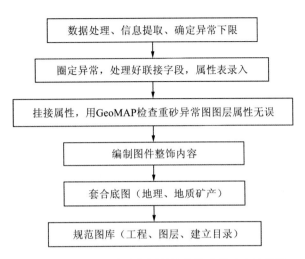

图 5-33　自然重砂异常图属性数据库的建库流程图

2. 自然重砂异常图的属性编制方法流程

自然重砂异常图的图层分地理要素图层、地质矿产要素图层、辅助图层及自然重砂专业图层。
自然重砂专业图层划分图层如下。

(1)自然重砂异常分布区图层(LZS△△△△△01)。

(2)自然重砂异常边界线图层(LZS△△△△△02)。

自然重砂专业图层属性结构按照《矿产资源潜力评价数据模型丛书:自然重砂资料应用数据模型》规定,如表 5-7 所示。

表 5-7　自然重砂异常属性数据表

序号	数据项名称	数据项代码	数据类型	字段长度	小数位数	约束条件	值单位
1	特征代码	FEATUREID	C	26		NOTNUL	
2	图元编号	CHFCAC	C	6		NOTNUL	
3	异常类型	QDNGDE	C	8		M	
4	异常编号	QDNGDA	C	9			
5	异常名称	QDNGDF	C	40			
6	矿物名称	KWBEH	C	100		M	
7	矿物含量	QDNGC	F	15	6	M	
8	异常分级	QDNGDD	C	6		M	
9	异常下限	QDNGDJ	C	20			
10	标型特征	QDNGI	C	250			
11	异常检查情况	QDNGDK	C	20			
12	汇水盆地	QDGEF	C	8			
13	异常面积	WTCEBA	F	8	2		km²
14	迁移距离	QDNGBC	F	8	2		km
15	推断矿种	QDNGN	C	200			
16	矿化特征	QDNGM	C	200			
17	备注	MDLZZ	C	250			

重砂异常属性数据表填写说明如下。

(1)特征代码:不用人工填写,由 GeoMAG 根据图元编号自动赋值。

(2)图元编号:6 个字符,自"000001"开始顺序填写。

(3)异常类型:指重砂矿物类型,填写重砂异常类型代码(1——单矿物异常;2——组合矿物异常)。

(4)异常编号:9 个字符,填写重砂异常编号。

(5)异常名称:40 个字符,填写重砂异常汉字名称,无名称可不填写。

(6)矿物名称:100 个字符,填写的矿物名称必须是重砂矿物名称中标准的中文矿物名称,若多项,中间用"-"连起来。

(7)矿物含量:数值型,6 位小数。单异常填写单矿物标准化后的矿物含量,单位为克。组合矿物异常填写组合矿物加权平均值,无单位。

(8)异常分级:6 个字符,填写相应的自然重砂异常的矿物含量分级,通常分为Ⅰ级、Ⅱ级、Ⅲ级,共 3 个级别。

(9)异常下限:20 个字符,填写相应的自然重砂异常的矿物含量分级下限值,用粒数或者克表示。如:3 粒/30kg,2g/8kg。

(10)标型特征:250 个字符,矿物标型特征能够反映矿物及其"母体"形成时的物理化学条件,表现在形态、成分、物理性质、化学性质、晶体结构等方面。它可以提供有关原生矿床成因的成矿信息,对评价异常区具有特殊的意义。在单矿物重砂异常中,要对矿物进行物性描述,包括颜色、形态、粒径、成分、物理性质、晶体结构(晶形、晶体延长率、光泽等)等描述内容。

(11)异常检查情况:20 个字符,指圈定的异常(可能是已知异常)是否进行过异常检查,填写异常检查情况。异常检查代码:踏勘检查(Ⅲ级);详细检查(Ⅱ级);工程验证(Ⅰ级)。可填写多个异常检查代码,用半角下划线分开。如:Ⅲ_Ⅲ_Ⅲ_Ⅱ,表示 3 次踏勘检查和 1 次详细检查。

(12)汇水盆地:8 个字符,填写该重砂异常所在汇水盆地的等级代码。汇水盆地分为 6 级:"110"代表"一级汇水盆地";"120"代表"二级汇水盆地";"130"代表"三级汇水盆地";"140"代表"四级汇水盆地";"150"代表"五级汇水盆地";"160"代表"六级汇水盆地"。

(13)异常面积:数值型,2 位小数,为重砂异常的面积,单位为 km^2。

(14)迁移距离:数值型,2 位小数,为推断的重砂矿物迁移距离,单位为 km。

(15)推断矿种:200 个字符,根据重砂异常所推断的矿种类型。

(16)矿化特征:200 个字符,填写异常范围内矿化特征。

(17)备注:250 个字符,其他需要说明的注意事项。

根据地质专业人员编制的自然重砂属性表,结合经过拓扑检查修改后建立的分层文件,可利用 GeoMAG 软件提供的"转入图元属性"功能对图元进行属性挂接,用 GeoMAG 认真检查各分层文件的属性结构、字段长度及类型是否有错,并根据实际情况进行修改和补充。

六、 遥感综合信息研究专题成果数据库建设

遥感专题收集了遥感数据图像和前人遥感成果资料,在综合研究前人遥感成果资料的基础上,按照矿产资源潜力评价工作的技术要求和工作方法,分别进行了省级和单矿种(金属矿、非金属)矿产预测区及部分典型矿床遥感影像图制作、遥感矿产地质解译与编图、遥感羟基铁染异常提取和编图等。

(一)遥感影像图的编制

1. 单矿种预测区相同比例尺遥感影像图编制

将航遥中心提供的 ETM 2000 年融合后的图像,依据 1∶5 万的地形图采用双线性法重采样法进行纠正,采用单矿种预测区相同比例尺(多数为 1∶5 万)的内图框任意编制预测区遥感影像图,依据项目

要求进行影像图整饰。

2. 单矿种典型矿床相同比例尺遥感影像图编制

收集法国SPOT-5、印度P6等卫星融合后的图像,依据典型矿床相同比例尺的地形地质底图采用双线性法重采样法进行纠正,采用相同比例尺的内图框任意编制遥感影像图,依据项目要求进行影像图整饰。

(二)遥感编图与属性库建设

在充分总结前人地质和遥感地质解译成果的基本上,对经处理后的遥感图像采用目视解译和人机交互式解译法来提取"线、环、色、带、块"和近矿找矿标志内容等遥感地质信息。根据遥感矿产地质特征解译成果,严格按照项目要求技术标准编制解译图。其具体工作流程如图5-34所示。

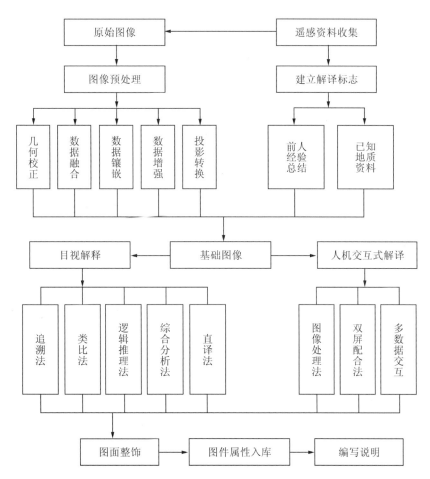

图5-34 遥感地质解译编图的工作流程图

1. 遥感矿产地质特征

1)线要素的地质特征及其解译标志

线要素是指与导矿、控矿、成矿和容矿作用相关的断裂构造信息。概括起来,线要素主要包括断裂构造、脆-韧性变形构造、逆冲推覆构造、褶皱轴、线性构造蚀变带等基本构造类型。

在解译过程中,线要素主要根据影像色调(彩)、地貌、水系等异常特征,结合地质等来确定。其主要解译标志如下。

(1)具一定规模的色线和色界异常。色线是指背景色调中的线性异常。色界指两种不同色调（彩）突然接触的线性界线。

(2)山脊错断、山体位移。

(3)不同走向的山体呈线性对垒。

(4)具较大规模的冲沟呈线性延伸。

(5)碎斑状、斑杂状的线性伸展影像。

(6)水系异常呈直角拐弯。

2）环要素的地质特征及其解译标志

由岩浆侵入、火山喷发和构造旋扭等作用引起的、在遥感图像显示出环状影像特征的地质体称为环要素。

环要素的解译标志如下。

(1)环状色界、地层或山脊呈弧形弯曲。

(2)环状色线。

(3)弧形断裂。

(4)环状隆起、坳陷，其上分布放射状或向心状水系。

(5)环状色斑。

3）色要素的地质特征及其解译标志

色要素是指与各种围岩蚀变相关的色调异常、色带、色块、色晕等。它代表与成矿作用相关的热液蚀变、同化混染、物质代入、物质代出等围岩蚀变和矿化现象，具有指示金属矿床、矿化存在的意义。

主要解译标志：在目视遥感解译中可识别的、有别于正常地质体的色带、色块、色斑、色晕等。

4）带要素的地质特征及其解译标志

带要素是指与赋矿岩层、矿源层相关的地层、岩性信息。不同板块、不同地质构造单元、不同目的矿种的赋矿层位或矿源层位都不尽相同，因此带要素的具体含义亦不尽相同。

带要素的解译标志：带要素解译根据赋矿岩层以带状影像体显示在图像上的标志特点，在参考地质资料的基础上，分析对比正常影像与异常影像间的差别，解译有利矿化的部位和岩段。

5）块要素的地质特征及其解译标志

由几组断裂相互切割、地质体相互挤压和拉裂以及旋钮和剪切等引起的、在遥感图像上显现出菱形、眼球状、透镜状、四边形等块状地质体统称为（遥感）块要素。它是地质构造作用的薄弱部位，是成矿作用或找矿预测的线索部位，代表构造交叉、（旋扭）撒开与收敛、挤压、富集或开放空间等多重矿化指示含义。

块要素的解译标志：遥感图像上显现出菱形、眼球状、透镜状、四边形等块状地质体。

2. 遥感矿产地质特征编图

(1)1∶50万省级遥感构造解译图。依据全区已有的1∶25万遥感地质构造解译图为基础，采用1∶25万标准分幅遥感影像图，进一步解译全区1∶25万标准分幅"线、环、色、带、块"五要素遥感解译图，并在此基础上，通过接图和筛选，形成全区1∶50万地质构造解译图。

(2)1∶25万标准分幅遥感矿产地质特征解译图。按照1∶25万标准分幅的解译编图要求，形成"线、环、色、带、块"五要素遥感矿产地质特征解译图。

(3)单矿种预测区遥感矿产地质特征与近矿找矿标志解译图。依据单矿种预测区遥感影像图，在预测区相同比例尺地质地理底图基础上，形成"线、环、色、带、块"五要素及近矿找矿标志解译图。

(4)单矿种典型矿床遥感矿产地质特征与近矿找矿标志解译图。依据单矿种典型矿床遥感影像图，在典型矿床相同比例尺地质地理底图基础上，形成"线、环、色、带、块"五要素及近矿找矿标志解译图。

3. 遥感异常提取

遥感异常提取，以"景"为单位，采用 PCI 和 ENVI 平台，按照全国统一的遥感异常提取方法，直接从 ETM、ASTER 遥感多光谱信息中提取矿化蚀变信息，为扩大和深化找矿工作提供信息。按照项目要求，完成省级 1∶50 万铁染羟基组合异常图、1∶25 万标准分幅遥感羟基异常图和铁染异常图、单矿种预测区和典型矿床遥感羟基异常分布图、铁染异常分布图和蚀变矿物异常分布图。

4. 遥感编图成果数据库建设

在以上编图成果基础上，按如下步骤进行建库。

(1) 根据遥感资料解释应用技术要求和数据模型要求的规定，填制专业内容的属性表。
(2) 对各类专业图层的内容进行数据与图面的检查校对，保证信息的准确性。
(3) 在 GeoMAG 软件中进行图件规范工作，包括遥感要素、辅助信息、地理信息 3 个方面内容。
(4) 在 GeoMAG 软件中，以 ID 号为链接匹配条件，将属性表中的内容挂接到相应的图元上。
(5) 利用 GeoMAG 软件的检查功能进行检查，按检查结果进行查错，此过程包含自检、互检和项目组抽检。
(6) 汇总各类数据库数据，按统一目录存放。

七、成矿规律研究和成矿预测研究专题成果数据库建设

成矿规律与预测的数据库建设的工作总体工作方法为：以成矿规律、成矿预测理论为指导思想，充分利用地质、物探、化探、自然重砂、遥感所提供的地质找矿信息。

工作中，整理已有的基础空间数据库，收集已知矿床及预测区的地物化遥资料；通过数据处理、空间分析、人机交互操作建立多元信息数据库，建立数字化模型，提取控矿标志、找矿信息进行矿产预测操作；完成各类基础图件、专题图件的数字化编图与成图。

成矿规律研究和成矿预测所遵循的工作方法如下。

(1) 矿产预测类型划分，进行全区矿产预测类型分布图编制。
(2) 充分收集典型矿床资料，补充新发现的矿床。根据矿产预测类型选择典型矿床，并进行典型矿床研究，完成典型矿床数据库建设。
(3) 典型矿床成矿要素研究，编制典型矿床成矿要素图及成矿模式图，突出重点和关键性的要素，建立典型矿床成矿要素数据库。
(4) 典型矿床预测要素研究，强调找矿信息，编制典型矿床预测要素图及预测模型图，建立典型矿床预测要素数据库。
(5) 从各矿种的预测类型、所在成矿区带、所包括典型矿床、成矿时代等方面分别总结单矿种(组)成矿规律，编制全区单矿种成矿规律图并建立数据库。
(6) 利用物探、化探资料成果，合理选择预测方法，按照矿产预测方法类型编制区域矿产研究(预测)底图并建立数据库。
(7) 进行区域成矿作用和成矿规律研究，建立区域成矿模式图，结合已知区与预测区的矿产地质对比剖面，编制区域成矿要素图及成矿模式图，并建立区域成矿要素数据库。
(8) 通过区域预测要素研究，编制区域预测要素图及区域预测模型图，并建立区域预测要素数据库。
(9) 对各研究矿种做定量预测，编制各矿产预测类型的预测成果图并建立数据库。
(10) 单矿种预测成果汇总，编制全区单矿种预测成果图并建立数据库。
(11) 开展矿产勘查工作部署研究，编制矿产勘查工作部署建议图并建立数据库。
(12) 进行未来矿产开发预测，编制未来矿产开发基地预测图并建立数据库。

第六章　矿产资源潜力评价成果数据库集成

第一节　准备工作

2010年7月，接收全国重要矿产资源潜力评价综合信息集成项目组下发数据库成果检查复核相关工具软件，并参加了相应的技术培训，还参加了华北矿产资源潜力评价项目办公室组织的省级数据库成果复核和汇总会议。

2010年8—9月，对内蒙古自治区矿产资源潜力评价基础编图成果数据库和铁矿、铝土矿潜力评价专题成果数据库的质量开展全覆盖地自检自查和补充修改完善工作。

2010年10月，完成了内蒙古自治区矿产资源潜力评价基础编图成果数据库和铁矿、铝土潜力评价专题成果数据库的汇总，并参加了华北矿产资源潜力评价项目办公室、全国矿产资源潜力评价各专业汇总组联合组织的数据库质量复核与汇总会议。

2010年8月14—16日，参加了在广西桂林召开的"全国矿产资源潜力评价基础编图和铁铝成果图件及属性库自检自查技术培训会议"，会上对《全国矿产资源潜力评价资料性成果图件及属性库复核汇总技术方案》进行了交流研讨，针对工作中遇到的问题提出了许多建议。会后，对内蒙古自治区矿产资源潜力评价数据库人员进行了培训指导，让所有管理和技术人员了解、明白全国矿产资源潜力评价资料性专题成果数据库复核汇总的内容、要求、软件及基本实施流程等，以保障内蒙古自治区矿产资源潜力评价资料性专题成果数据库的数据质量符合要求，为本区各专业的综合性汇总、研究性汇总、创新性汇总工作奠定高质量的数据基础。

2010年12月，对矿产资源潜力评价基础编图成果数据库和铁矿、铝土矿潜力评价专题成果数据库，进行了质量复核与数据汇总工作。

2011年4月，对金、铜、铅、锌、钨、锑、稀土、磷8个矿种矿产资源潜力评价专题成果数据库开展质量复核与数据汇总工作。

2012年6月，对锡、钼、镍、锰、铬、银、硫、萤石、菱镁矿、重晶石10个矿种矿产资源潜力评价专题成果数据库开展质量复核与数据汇总工作。

2013年3月，开展GeoPEX集成数据库建设工作。

第二节　成果数据库集成

内蒙古自治区矿产资源潜力评价集成数据库部署见图6-1。
内蒙古自治区资料性成果集成建库工作流程见图6-2。

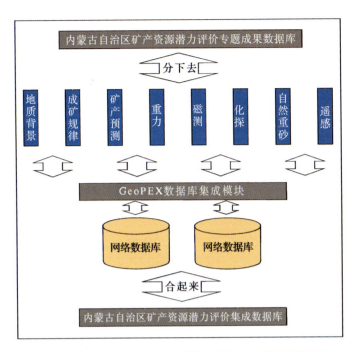

图 6-1 内蒙古自治区矿产资源潜力评价集成数据库部署图

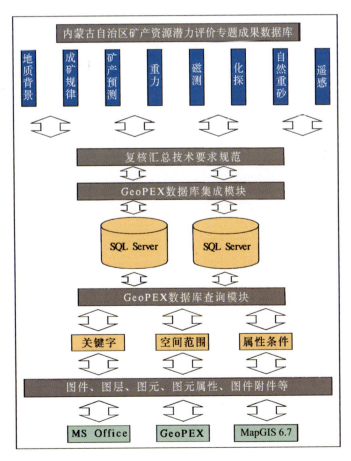

图 6-2 内蒙古自治区资料性成果集成建库工作流程图

第三节 资料性成果汇总

一、基本情况

1. 1∶25 万分幅地质背景编图工作分配情况

内蒙古自治区完成 1∶25 万标准分幅实际材料图 80 个,比全国项目办下发的编图任务少 18 个,原因是这 18 个图幅未收集到资料,无法编图(实际材料图)与建库(图 6-3)。

1∶25 万标准分幅建造构造图 98 个(图 6-4)。

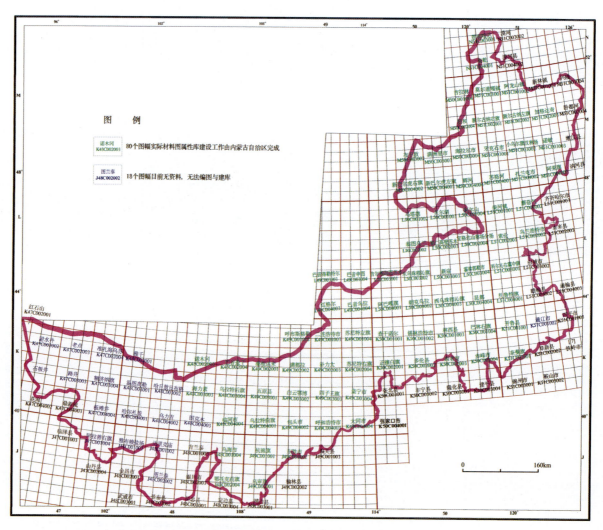

图 6-3 内蒙古自治区实际材料图编图与建库完成情况

内蒙东部地区建库工作由内蒙古自治区第十地质矿产勘查开发院承担,建造构造图 38 个,实际材料图 37 个,其中通辽市幅是平原区,目前无实际材料图。内蒙中西部地区建库工作由内蒙古自治区地质矿产勘查院承担,建造构造图 60 个,实际材料图 43 个,其中,甜水井幅、石板井幅、老点幅、路井幅、准

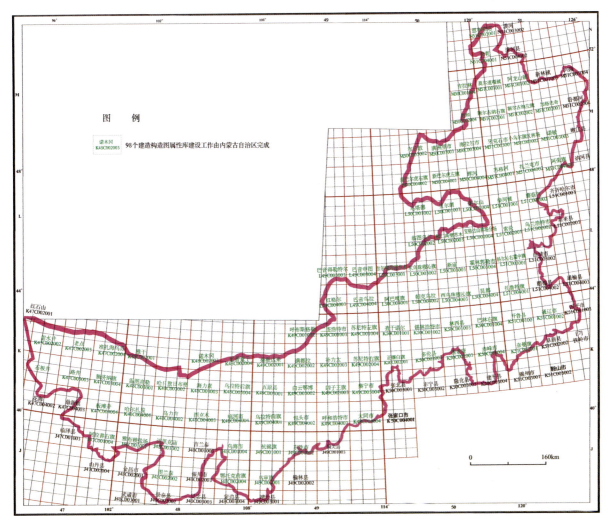

图 6-4 内蒙古自治区建造构造图编图与建库完成情况

扎海乌苏幅、额济纳旗幅、板滩井幅、阿拉善右旗幅、雅干幅、温图高勒幅、哈尔扎盖幅、雅布赖盐场幅、哈日敖日布格幅、乌力吉幅、达里克庙幅、图兰泰幅、图克木幅 17 个图幅,目前未收集到资料,无法建库。甘肃省、黑龙江省等邻省完成了 36 个图幅的建库工作(表 6-1)。

2. 1∶25 万分幅遥感应用编图工作

内蒙古自治区完成 1∶25 万分幅遥感矿产地质特征解译图 134 个,1∶25 万分幅遥感羟基异常分布图 134 个,1∶25 万分幅遥感铁染异常分布图 134 个。

3. 需要预测的矿种(组)

需要预测的矿种(组)见表 6-2。

4. 需要研究的典型矿床

需要研究的典型矿床见表 6-3。

表 6-1 分幅实际材料图、建造构造图编图及建库工作分配情况表

序号	图幅名	图幅号	编图及建库任务责任单位说明
1	恩和哈达幅	N51C003001	
2	奇乾幅	N51C004001	
3	吉拉林幅	M50C001004	
4	莫尔道嘎镇幅	M51C001001	
5	阿龙山镇幅	N51C004001	
6	恩和幅	M50C002004	
7	额尔古纳右旗幅	M51C002001	
8	额尔古纳左旗幅	M51C002002	
9	加格达奇幅	M51C002003	
10	布日敦幅	M50C003002	
11	满洲里市幅	M50C003003	
12	海拉尔市幅	M50C003004	
13	牙克石市幅	M51C003001	
14	小乌尔旗汉林场幅	M51C003002	
15	诺敏幅	M51C003003	
16	新巴尔虎右旗幅	M50C004002	
17	新巴尔虎左旗幅	M50C004003	
18	辉河幅	M50C004004	
19	苏格河幅	M51C004001	东部地区建造构造图38个,实际材料图37个,其中通辽市幅是平原区,目前无实际材料图
20	扎兰屯市幅	M51C004002	
21	阿荣旗幅	M51C004003	
22	马塔德幅	L50C001002	
23	贝尔湖幅	L50C001003	
24	阿尔山幅	L50C001004	
25	柴河镇幅	L51C001001	
26	蘑菇气幅	L51C001002	
27	索伦幅	L51C002001	
28	乌兰浩特市幅	L51C002002	
29	科尔沁右翼中旗幅	L51C003001	
30	昆都幅	L50C004004	
31	扎鲁特旗幅	L51C004001	
32	林西县幅	K50C001003	
33	巴林右旗幅	K50C001004	
34	开鲁县幅	K51C001001	
35	通辽市幅	K51C001002	
36	西老府幅	K50C002003	
37	赤峰市幅	K50C002004	
38	奈曼旗幅	K51C002001	
39	翁图乌兰幅	L50C002002	中西部地区建造构造图60个,实际材料图43个,其中甜水井幅、石板井幅、老点幅、路井幅、准扎海乌苏幅、额济纳旗幅、板滩井幅、阿拉善右旗幅、雅干幅、温图高勒幅、哈尔扎盖幅、雅布赖盐场幅、哈日敖日布格幅、乌力吉幅、达里克庙幅、图兰泰幅、图克木幅17个图幅,目前未收集到资料,无法建库
40	额仁高壁苏木幅	L50C002003	
41	宝格达山林场分场幅	L50C002004	
42	吉尔嘎郎图苏木幅	L50C003001	
43	东乌珠穆沁旗幅	L50C003002	
44	新庙幅	L50C003003	
45	霍林郭勒市幅	L50C003004	

续表 6-1

序号	图幅名	图幅号	编图及建库任务责任单位说明
46	阿巴嘎旗幅	L50C004001	
47	朝克乌拉幅	L50C004002	
48	西乌珠穆沁旗幅	L50C004003	
49	巴音德勒特尔幅	L49C003003	
50	巴音申图幅	L49C003004	
51	红格尔幅	L49C004003	
52	巴音乌拉幅	L49C004004	
53	查干诺尔幅	K50C001001	
54	锡林浩特市幅	K50C001002	
55	正镶白旗幅	K50C002001	
56	多伦县幅	K50C002002	
57	呼布斯格勒幅	K49C001002	
58	二连浩特市幅	K49C001003	
59	苏尼特左旗幅	K49C001004	
60	桑根达来幅	K49C002001	
61	满都拉幅	K49C002002	
62	补力太幅	K49C002003	
63	苏尼特右旗幅	K49C002004	
64	五原幅	K49C003001	
65	白云鄂博幅	K49C003002	中西部地区建造构造图 60 个，实际材料图 43 个，其中甜水井幅、石板井幅、老点幅、路井幅、准扎海乌苏幅、额济纳旗幅、板滩井幅、阿拉善右旗幅、雅干幅、温图高勒幅、哈尔扎盖幅、雅布赖盐场幅、哈日敖日布格幅、乌力吉幅、达里克庙幅、图兰泰幅、图克木幅 17 个图幅，目前未收集到资料，无法建库
66	四子王旗幅	K49C003003	
67	集宁市幅	K49C003004	
68	乌拉特前旗幅	K49C004001	
69	包头市幅	K49C004002	
70	呼和浩特市幅	K49C004003	
71	大同市幅	K49C004004	
72	杭锦旗幅	J49C001001	
73	东胜市幅	J49C001002	
74	乌审旗幅	J49C002001	
75	雅干幅	K48C002001	
76	诺木冈幅	K48C002003	
77	巴音查干幅	K48C002004	
78	温图高勒幅	K48C003001	
79	哈日敖日布格幅	K48C003002	
80	海力素幅	K49C003003	
81	乌拉特后旗幅	K48C003004	
82	哈尔扎盖幅	K48C004001	
83	乌力吉幅	K48C004002	
84	图克木幅	K48C004003	
85	临河市幅	K48C004004	
86	雅布赖盐场幅	J48C001001	
87	达里克庙幅	J48C001002	
88	乌海市幅	J48C001004	
89	图兰泰幅	J48C002002	
90	鄂托克前旗幅	J48C002004	
91	甜水井幅	K47C002002	
92	老点幅	K47C002003	

续表 6-1

序号	图幅名	图幅号	编图及建库任务责任单位说明
93	准扎海乌苏幅	K47C002004	中西部地区建造构造图60个，实际材料图43个，其中甜水井幅、石板井幅、老点幅、路井幅、准扎海乌苏幅、额济纳旗幅、板滩井幅、阿拉善右旗幅、雅干幅、温图高勒幅、哈尔扎盖幅、雅布赖盐场幅、哈日敖日布格幅、乌力吉幅、达里克庙幅、图兰泰幅、图克木幅17个图幅，目前未收集到资料，无法建库
94	石板井幅	K47C003002	
95	路井幅	K47C003003	
96	额济纳旗幅	K47C003004	
97	板滩井幅	K47C004004	
98	阿拉善右旗幅	J47C001004	
99	瞻榆县幅	L51C004002	
100	隆化县幅	K50C003003	
101	建平县幅	K50C003004	
102	锦州市幅	K51C003001	
103	漠河县幅	N51C004002	
104	新林镇幅	M51C001003	
105	兴隆幅	M51C001004	
106	卧都河幅	M51C002004	
107	嫩江县幅	M51C003004	
108	讷河县幅	M51C004004	
109	齐齐哈尔市幅	L51C001003	
110	泰来县幅	L51C002003	
111	白城市幅	L51C003002	
112	通榆县幅	L51C004003	
113	四平市幅	K51C001003	
114	阜新县幅	K51C002002	
115	铁岭市幅	K51C002003	
116	漠河幅	N51C003002	甘肃省、黑龙江省等邻省完成36个图幅的建库工作
117	榆林县幅	J49C002002	
118	靖边幅	J49C003001	
119	吉兰泰幅	K48C001003	
120	金昌市幅	J48C002001	
121	银川市幅	J48C002003	
122	武威市幅	J48C003001	
123	景泰县幅	J48C003002	
124	吴忠县幅	J48C003003	
125	定边县幅	J48C003004	
126	红石山幅	K47C002001	
127	花海幅	K47C004002	
128	鼎新镇幅	K47C004003	
129	临泽县幅	J47C001003	
130	山丹县幅	J47C002004	
131	张北县幅	K50C003001	
132	丰宁县幅	K50C003002	
133	张家口市幅	K50C004001	
134	偏关县幅	J49C001003	

表 6-2 需要预测的矿种（组）一览表

序号	预测矿种（组）	全国项目办规定矿种（组）或省项目办自增矿种（组）	其他描述
1	铁	全国项目办规定矿种（组）	铁、锰、铬、铜、铅、锌、镍、钨、锡、钼、金、银、锑、稀土、锂、铝、菱镁矿、磷、硫、钾、硼、萤石、重晶石、煤炭、铀作为全国项目办规定矿种（组），其他作为省项目办自增矿种（组），进行统计
2	铝	全国项目办规定矿种（组）	
3	金	全国项目办规定矿种（组）	
4	铜	全国项目办规定矿种（组）	
5	铅	全国项目办规定矿种（组）	
6	锌	全国项目办规定矿种（组）	
7	钨	全国项目办规定矿种（组）	
8	锑	全国项目办规定矿种（组）	
9	稀土	全国项目办规定矿种（组）	
10	磷	全国项目办规定矿种（组）	
11	锡	全国项目办规定矿种（组）	
12	钼	全国项目办规定矿种（组）	
13	镍	全国项目办规定矿种（组）	
14	锰	全国项目办规定矿种（组）	
15	铬	全国项目办规定矿种（组）	
16	银	全国项目办规定矿种（组）	
17	硫	全国项目办规定矿种（组）	
18	萤石	全国项目办规定矿种（组）	
19	菱镁矿	全国项目办规定矿种（组）	
20	重晶石	全国项目办规定矿种（组）	
合计		全国项目办规定矿种（组）总数20、省项目办自增矿种（组）总数0	

注：省项目办的全称为"内蒙古自治区矿产资源潜力评价项目办公室"。

表 6-3 需要研究的典型矿床一览表

序号	典型矿床	典型矿床矿区代码（使用6位详细行政区码+4位顺序码）	典型矿床矿区代码（使用6位省级行政码+4位顺序码）	典型矿床所属的矿种（组）
1	白云鄂博	1526330001	1500000001	铁
2	霍格乞	1528260001	1500000002	铁
3	雀儿沟	1503010001	1500000003	铁
4	白云敖包	1525240001	1500000004	铁
5	黑鹰山	1529230002	1500000005	铁
6	谢尔塔拉	1521010001	1500000006	铁
7	壕赖沟	1502010001	1500000007	铁
8	三合明	1526330003	1500000008	铁

续表6-3

序号	典型矿床	典型矿床矿区代码（使用6位详细行政区码+4位顺序码）	典型矿床矿区代码（使用6位省级行政码+4位顺序码）	典型矿床所属的矿种（组）
9	贾格尔其庙	1528240002	1500000009	铁
10	梨子山	1521280001	1500000010	铁
11	朝不楞	1525250001	1500000011	铁
12	黄岗	1504250001	1500000002	铁
13	额里图	1525290001	1500000013	铁
14	哈拉火烧	1523250001	1500000014	铁
15	沙拉西别	1529210002	1500000015	铁
16	卡休他他	1529220002	1500000016	铁
17	乌珠尔嘎顺	1529230001	1500000017	铁
18	索索井	1529230003	1500000018	铁
19	马鞍山	1522210001	1500000019	铁
20	地营子	1521250001	1500000020	铁
21	神山	1522230001	1500000021	铁
22	百灵庙	1526330002	1500000022	铁
23	闫地拉图	1529210001	1500000023	铁
24	宽湾井	1529220001	1500000024	铁
25	王成沟	1528240001	1500000025	铁
26	城坡铝土矿	1526230001	1500000026	铝
27	霍各乞	1528260002	1500000027	铜
28	查干哈达庙	1508240001	1500000028	铜
29	白乃庙	1502230001	1500000029	铜
30	乌努格吐	1507020001	1500000030	铜
31	敖瑙达巴	1505020001	1500000031	铜
32	车户沟	1504000001	1500000032	铜
33	小南山	1509290001	1500000033	铜
34	珠斯楞	1529230004	1500000034	铜
35	亚干	1529210003	1500000035	铜
36	奥尤特	1525250002	1500000036	铜
37	小坝梁	1525250003	1500000037	铜
38	欧布拉格	1508250001	1500000038	铜
39	宫胡洞	1502230002	1500000039	铜
40	盖沙图	1529210004	1500000040	铜
41	罕达盖	1509220001	1500000041	铜

续表 6-3

序号	典型矿床	典型矿床矿区代码（使用6位详细行政区码+4位顺序码）	典型矿床矿区代码（使用6位省级行政码+4位顺序码）	典型矿床所属的矿种（组）
42	白马石沟	1504300001	1500000042	铜
43	布敦花	1505210001	1500000043	铜
44	道伦达坝	1525260001	1500000044	铜
45	朱拉扎嘎	1529210005	1500000045	金
46	浩尧尔忽洞	1508240002	1500000046	金
47	赛乌素	1509240001	1500000047	金
48	十八顷壕	1502220001	1500000048	金
49	老硐沟	1529230005	1500000049	金
50	哈达门沟	1508230001	1500000050	金
51	巴音温都尔	1508240003	1500000051	金
52	白乃庙	1509290002	1500000052	金
53	金厂沟梁	1504300002	1500000094	金
54	毕力赫	1525240002	1500000054	金
55	小伊诺盖沟	1507840001	1500000055	金
56	碱泉子	1529220003	1500000056	金
57	巴音杭盖	1502230003	1500000057	金
58	三个井	1529230006	1500000058	金
59	新地沟	1509270001	1500000059	金
60	四五牧场	1507250001	1500000060	金
61	陈家杖子	1504290001	1500000061	金
62	古利库	1507230001	1500000062	金
63	东升庙	1508250002	1500000063	铅锌
64	查干敖包	1508250003	1500000064	铅锌
65	甲乌拉	1507270001	1500000065	铅锌
66	阿尔哈达	1525250004	1500000066	铅锌
67	长春岭	1522240001	1500000067	铅锌
68	拜仁达坝	1504250002	1500000068	铅锌
69	孟恩陶勒盖	1505210002	1500000069	铅锌
70	白音诺尔	1504220001	1500000070	铅锌
71	余家窝铺	1504260001	1500000071	铅锌
72	天桥沟	1504260002	1500000072	铅锌
73	比利亚谷	1507840002	1500000073	铅锌
74	扎木钦	1522220001	1500000074	铅锌

续表 6-3

序号	典型矿床	典型矿床矿区代码（使用6位详细行政区码＋4位顺序码）	典型矿床矿区代码（使用6位省级行政码＋4位顺序码）	典型矿床所属的矿种（组）
75	李清地	1509260001	1500000075	铅锌
76	花敖包特	1525260002	1500000076	铅锌
77	代兰塔拉	1503020001	1500000077	铅锌
78	沙麦	1525250005	1500000078	钨
79	白石头	1525270001	1500000079	钨
80	七一山	1529230007	1500000080	钨
81	大麦地	1505240001	1500000081	钨
82	乌日尼图	1525240003	1500000082	钨
83	白云鄂博	1526330001	1500000083	稀土
84	巴尔哲	1505260001	1500000084	稀土
85	桃花拉山	1529220004	1500000085	稀土
86	三道沟	1509240002	1500000086	稀土
87	阿木乌苏	1529230008	1500000087	锑
88	炭窑口	1508250004	1500000088	磷
89	布龙图	1502230004	1500000089	磷
90	盘路沟	1501000001	1500000090	磷
91	三道沟	1509240003	1500000091	磷
92	正目观	1529210006	1500000092	磷
93	哈马胡头沟	1529220005	1500000093	磷
94	撰山子	1500000053	1500000094	金
95	乌拉山	1511601001	1500000095	金
96	天桥沟	1504260003	1500000096	金
97	呼和哈达	1522210001	1500000097	铬
98	柯单山	1504250001	1500000098	铬
99	赫格敖拉	1525020001	1500000099	铬
100	索伦山	1528250001	1500000100	铬
101	额仁陶勒盖	1521290001	1500000101	锰
102	李清地	1526300001	1500000102	锰
103	西里庙	1526340001	1500000103	锰
104	东加干	1528250001	1500000104	锰
105	乔二沟	1528240001	1500000105	锰
106	乌兰德勒	1525230001	1500000106	钼
107	乌努格吐山	1521290001	1500000107	钼

续表 6-3

序号	典型矿床	典型矿床矿区代码（使用6位详细行政区码+4位顺序码）	典型矿床矿区代码（使用6位省级行政码+4位顺序码）	典型矿床所属的矿种（组）
108	太平沟	1521220001	1500000108	钼
109	敖仑花	1504210001	1500000109	钼
110	曹家屯	1504240001	1500000110	钼
111	大苏计	1526290001	1500000111	钼
112	小狐狸山	1529230001	1500000112	钼
113	小东沟	1504250001	1500000113	钼
114	比鲁甘干	1525220001	1500000114	钼
115	查干花	1528260001	1500000115	钼
116	梨子山	1521280001	1500000116	钼
117	元山子	1529210001	1500000117	钼
118	岔路口	1521270001	1500000139	钼
119	白音胡硕	1525260001	1500000118	镍
120	小南山铜	1526340001	1500000119	镍
121	达布逊	1528260001	1500000120	镍
122	亚干	1529210001	1500000121	镍
123	哈拉图庙	1525230001	1500000122	镍
124	元山子	1529210002	1500000123	镍
125	毛登	1525020001	1500000124	锡
126	黄岗	1504250001	1500000125	锡
127	朝不楞	1525250001	1500000126	锡
128	孟恩陶勒盖	1522220001	1500000127	锡
129	大井子	1504240001	1500000128	锡
130	千斤沟	1525270001	1500000129	锡
131	拜仁达坝	1504250001	1500000131	银
132	花敖包特	1525260001	1500000132	银
133	孟恩陶勒盖	1522220001	1500000133	银
134	李清地	1504210001	1500000134	银
135	吉林宝力	1525250001	1500000135	银
136	额仁陶勒盖	1521290001	1500000136	银
137	官地	1526300001	1500000137	银
138	比利亚谷	1521260001	1500000138	银
139	东七一山	1529230001	1500000139	萤石
140	恩格勒	1529210001	1500000140	萤石

续表 6-3

序号	典型矿床	典型矿床矿区代码（使用6位详细行政区码+4位顺序码）	典型矿床矿区代码（使用6位省级行政码+4位顺序码）	典型矿床所属的矿种（组）
141	苏莫查干	1526340001	1500000141	萤石
142	苏达勒	1504230001	1500000142	萤石
143	大西沟	1504280001	1500000143	萤石
144	昆库力	1521250001	1500000144	萤石
145	东升庙	1528260001	1500000145	硫铁
146	三片沟	1528240001	1500000146	硫铁
147	炭窑口	1528260002	1500000147	硫铁
148	榆树湾	1526280001	1500000148	硫铁
149	别鲁乌图	1525240001	1500000149	硫铁
150	六一	1521310001	1500000150	硫铁
151	朝不楞	1525250001	1500000151	硫铁
152	拜仁达坝	1504250001	1500000152	硫铁
153	驼峰山	1504290001	1500000153	硫铁
154	巴升河	1504300001	1500000154	重晶石
155	察汗奴鲁	1523250001	1500000155	菱镁矿
合计		典型矿床总数 155		

5. 矿产预测类型划分

矿产预测类型划分见表 6-4。

表 6-4 矿产预测类型划分一览表

序号	预测矿种（组）	矿产预测类型	矿产预测类型代码	预测方法类型
1	铁	白云鄂博式沉积型铁矿床	1501101	沉积型
2	铁	霍格乞式沉积型铁矿床	1501102	沉积型
3	铁	雀儿沟式沉积型铁矿床	1501103	沉积型
4	铁	温都尔庙式火山沉积-喷溢型铁矿床	1501104	沉积型
5	铁	黑鹰山式海相火山岩型铁矿床	1501105	沉积型
6	铁	谢尔塔拉式火山沉积型铁矿床	1501106	沉积型
7	铁	壕赖沟式沉积变质型铁矿床	1501301	变质型
8	铁	三合明式沉积变质型铁矿床	1501302	变质型
9	铁	贾格尔其庙式沉积变质型铁矿床	1501303	变质型
10	铁	梨子山式矽卡岩型铁矿床	1501201	侵入岩体型
11	铁	朝不楞式矽卡岩型铁矿床	1501202	侵入岩体型
12	铁	黄岗式矽卡岩型铁矿床	1501203	侵入岩体型

续表 6-4

序号	预测矿种（组）	矿产预测类型	矿产预测类型代码	预测方法类型
13	铁	额里图式矽卡岩型铁矿床	1501204	侵入岩体型
14	铁	哈拉火烧式矽卡岩型铁矿床	1501205	侵入岩体型
15	铁	克布勒式矽卡岩型铁矿床	1501206	侵入岩体型
16	铁	卡休他他式矽卡岩型铁矿床	1501207	侵入岩体型
17	铁	乌珠尔嘎顺式矽卡岩型铁矿床	1501208	侵入岩体型
18	铁	索索井式矽卡岩型铁矿床	1501209	侵入岩体型
19	铁	马鞍山式热液型铁矿床	1501601	复合内生型
20	铁	地营子式热液型铁矿床	1501602	复合内生型
21	铁	神山式矽卡岩型铁矿床	1501210	侵入岩体型
22	铁	百灵庙式风化淋滤型铁矿床	1501603	复合内生型
23	铝土	碳酸盐岩古风化壳异地堆积型城坡高铝矾土矿床	1516101	沉积型
24	铜	霍各乞式喷流沉积铜矿床	1504101	沉积型
25	铜	查干哈达庙式块状硫化物型铜矿床	1504102	沉积型
26	铜	白乃庙式沉积型铜多金属矿床	1504103	沉积型
27	铜	乌努格吐式斑岩型铜钼矿床	1504201	侵入岩体型
28	铜	敖瑙达巴式斑岩型铜矿床	1504202	侵入岩体型
29	铜	车户沟式斑岩型铜钼矿床	1504203	侵入岩体型
30	铜	小南山式岩浆型铜镍矿床	1504204	侵入岩体型
31	铜	珠斯楞式斑岩型铜矿床	1504205	侵入岩体型
32	铜	亚干式岩浆型铜镍钴矿	1504206	侵入岩体型
33	铜	奥尤特式次火山热液型铜矿床	1504401	火山岩型
34	铜	小坝梁式火山岩型铜矿床	1504402	火山岩型
35	铜	欧布拉格式热液型铜矿床	1504601	复合内生型
36	铜	宫胡洞式接触交代型铜矿床	1504602	复合内生型
37	铜	罕达盖式矽卡岩型铜多金属矿	1504603	复合内生型
38	铜	白马石沟式热液型铜矿床	1504604	复合内生型
39	铜	布敦花式热液型铜矿床	1504605	复合内生型
40	铜	道伦达坝式热液铜矿床	1504606	复合内生型
41	铜	盖沙图矽卡岩型铜矿床	1504607	复合内生型
42	金	朱拉扎嘎式火山-沉积热液改造型金矿	1511501	层控内生型
43	金	浩尧尔忽洞式层控内生型金矿	1511502	层控内生型
44	金	赛乌素式热液型金矿	1511503	层控内生型
45	金	十八顷壕式破碎岩-蚀变岩型金矿	1511504	层控内生型
46	金	老硐沟式热液-氧化淋滤型金矿	1511505	层控内生型

续表 6-4

序号	预测矿种（组）	矿产预测类型	矿产预测类型代码	预测方法类型
47	金	乌拉山式热液型金矿	1511601	复合内生型
48	金	巴音温都尔式热液型金矿	1511602	复合内生型
49	金	白乃庙式热液型金矿	1511603	复合内生型
50	金	金厂沟梁式热液型金矿	1511604	复合内生型
51	金	毕力赫斑岩型金矿	1511201	侵入岩型
52	金	小伊诺盖沟式热液型金矿	1511202	侵入岩型
53	金	碱泉子式热液型金矿	1511203	侵入岩型
54	金	巴音杭盖式石英脉型金矿	1511204	侵入岩型
55	金	三个井式热液型金矿	1511205	侵入岩型
56	金	新地沟式变质热液（绿岩）型金矿	1511301	变质型
57	金	四五牧场式隐爆角砾岩型金矿	1511401	火山岩型
58	金	古利库式火山岩型金矿	1511402	火山岩型
59	金	陈家杖子式火山隐爆角砾岩型金矿	1511403	火山岩型
60	铅锌	东升庙海相火山喷流沉积型铅锌矿	1506101	沉积型
61	铅锌	查干敖包大型矽卡岩铅锌矿	1506201	侵入岩体型
62	铅锌	甲乌拉式火山热液型铅锌银矿	1506202	侵入岩体型
63	铅锌	阿尔哈达式热液型铅锌银矿	1506203	侵入岩体型
64	铅锌	长春岭中温岩浆热液型银铅锌矿	1506204	侵入岩体型
65	铅锌	拜仁达坝银铅锌多金属矿	1506205	侵入岩体型
66	铅锌	孟恩陶勒盖式热液型铅锌银矿	1506206	侵入岩体型
67	铅锌	白音诺尔式矽卡岩型铅锌矿	1506207	侵入岩体型
68	铅锌	余家窝铺接触交代型铅锌矿	1506208	侵入岩体型
69	铅锌	天桥沟式热液型铅锌矿	1506209	侵入岩体型
70	铅锌	比利亚谷式热液型铅锌矿	1506401	火山岩型
71	铅锌	扎木钦式火山热液型铅锌银矿	1506402	火山岩型
72	铅锌	李清地铅锌矿	1506403	火山岩型
73	铅锌	花敖包特中低温热液型银铅锌矿	1506601	复合内生型
74	铅锌	代兰塔拉式热液铅锌矿	1506602	复合内生型
75	钨	沙麦式与花岗岩有关的脉状钨矿	1508201	侵入岩体型
76	钨	白石头洼式与花岗岩有关的脉状钨矿	1508202	侵入岩体型
77	钨	七一山式热液型脉状钨矿	1508203	侵入岩体型
78	钨	大麦地式热液型脉状钨矿	1508204	侵入岩体型
79	钨	乌日尼图式热液型钨矿	1508205	侵入岩体型
80	稀土	白云鄂博式沉积型稀土矿	1514101	沉积型

续表6-4

序号	预测矿种（组）	矿产预测类型	矿产预测类型代码	预测方法类型
81	稀土	巴尔哲式岩浆晚期型稀土矿	1514201	侵入岩体型
82	稀土	桃花拉山式沉积变质型稀土矿	1514301	变质型
83	稀土	三道沟式岩浆晚型稀土矿	1514601	复合内生型
84	锑	阿木乌苏式热液脉型锑矿	1513201	侵入岩体型
85	磷	炭窑口式沉积变质型磷矿	1518301	变质型
86	磷	布龙图式沉积变质型磷矿	1518302	变质型
87	磷	盘路沟式沉积变质型磷矿	1518303	变质型
88	磷	三道沟式沉积变质型磷矿	1518304	变质型
89	磷	正目观式沉积型磷矿	1518101	沉积型
90	磷	哈马胡头沟式沉积型磷矿	1518102	沉积型
91	铬	呼和哈达式岩浆型铬铁矿	1503201	侵入岩体型
92	铬	柯单山式岩浆型铬铁矿	1503202	侵入岩体型
93	铬	赫格敖拉式岩浆型铬铁矿	1503203	侵入岩体型
94	铬	索伦山式岩浆型铬铁矿	1503204	侵入岩体型
95	锰	额仁陶勒盖式热液型银锰矿	1502601	复合内生型
96	锰	李清地式热液型银锰矿	1502602	复合内生型
97	锰	西里庙式锰矿	1502401	火山岩型
98	锰	东加干式沉积变质型锰矿	1502301	变质型
99	锰	乔二沟式沉积变质型锰矿	1502302	变质型
100	钼	乌兰德勒式斑岩型钼矿	1510201	侵入岩体型
101	钼	乌努格吐山式斑岩型铜钼矿	1510202	侵入岩体型
102	钼	太平沟式斑岩型钼矿	1510203	侵入岩体型
103	钼	敖仑花式斑岩型钼矿	1510204	侵入岩体型
104	钼	曹家屯式岩浆热液型钼矿	1510205	侵入岩体型
105	钼	大苏计式斑岩型钼矿	1510206	侵入岩体型
106	钼	小狐狸山式斑岩型钼矿	1510207	侵入岩体型
107	钼	小东沟式斑岩型钼矿	1510208	侵入岩体型
108	钼	比鲁甘干式斑岩型钼矿	1510209	侵入岩体型
109	钼	查干花式斑岩型钼矿	1510210	侵入岩体型
110	钼	梨子山式接触交代型钼铁矿	1510601	复合内生型
111	钼	元山子式沉积（变质）型钼矿	1510602	复合内生型
112	钼	岔路口式斑岩型钼矿	1510211	侵入岩体型
113	镍	白音胡硕式岩浆型镍矿	1507201	侵入岩体型
114	镍	小南山式岩浆型铜镍矿	1507202	侵入岩体型

续表 6-4

序号	预测矿种（组）	矿产预测类型	矿产预测类型代码	预测方法类型
115	镍	达布逊式岩浆型镍矿	1507203	侵入岩体型
116	镍	亚干式岩浆型铜钴镍矿	1507204	侵入岩体型
117	镍	哈拉图庙式岩浆熔离型镍矿	1507205	侵入岩体型
118	镍	元山子式沉积(变质)型镍钼矿	1507101	沉积型
119	锡	毛登式热液型锡矿	1509601	复合内生型
120	锡	黄岗式热液型铁锡矿	1509207	侵入岩体型
121	锡	朝不楞式矽卡岩型铁多金属矿	1509201	侵入岩体型
122	锡	孟恩陶勒盖式中低温热液型多金属矿	1509202	侵入岩体型
123	锡	大井子式花岗岩型锡矿	1509203	侵入岩体型
124	锡	千斤沟式热液型锡矿	1509204	侵入岩体型
125	银	拜仁达坝式热液型银多金属矿	1512201	侵入岩体型
126	银	花敖包特式热液型银铅锌矿	1512605	复合内生型
127	银	孟恩陶勒盖式中低温热液型银铅锌矿	1512202	侵入岩体型
128	银	李清地式热液型银铅锌矿	1512601	复合内生型
129	银	吉林宝力格式热液型银矿	1512602	复合内生型
130	银	额仁陶勒盖式热液型银矿	1512603	复合内生型
131	银	官地式中低温火山热液型银金矿	1512604	复合内生型
132	银	比利亚谷式热液型银铅锌矿	1512606	复合内生型
133	萤石	东七一山热液充填型萤石矿	1522202	侵入岩体型
134	萤石	恩格勒热液充填型萤石矿	1522203	侵入岩体型
135	萤石	苏莫查干敖包热液充填型萤石矿	1522501	复合内生型
136	萤石	苏达勒热液充填型萤石矿	1522210	侵入岩体型
137	萤石	大西沟热液充填型萤石矿	1522211	侵入岩体型
138	萤石	昆库力热液充填型萤石矿	1522213	侵入岩体型
139	硫	东升庙沉积变质型共生硫铁矿	1519301	变质型
140	硫	山片沟沉积变质型共生硫铁矿	1519302	变质型
141	硫	炭窑口沉积变质型共生硫铁矿	1519303	变质型
142	硫	榆树湾沉积型硫铁矿	1519101	沉积型
143	硫	别鲁乌图硫铁矿	1519102	沉积型
144	硫	六一海相火山岩型硫铁矿	1519401	火山岩型
145	硫	朝不楞岩浆热液型伴生硫铁矿	1519601	复合内生型
146	硫	拜仁达坝热液型伴生硫铁矿	1519201	侵入岩体型
147	硫	驼峰山海相火山岩型硫铁矿	1519402	火山岩型
148	重晶石	巴升河热液型重晶石矿	1523201	侵入岩体型
149	菱镁矿	索伦山风化壳型菱镁矿	1517201	侵入岩体型
合计		矿产预测类型总数 149		

6. 预测工作区划分

预测工作区划分见表6-5。

表6-5 预测工作区划分一览表

序号	预测矿种（组）	预测工作区	预测工作区代码	矿产预测类型
1	铁	白云鄂博式沉积型白云鄂博预测工作区	1501101001	白云鄂博式沉积型铁矿床
2	铁	霍格乞式沉积型霍格乞预测工作区	1501102001	霍格乞式沉积型铁矿床
3	铁	雀儿沟式沉积型乌海预测工作区	1501103001	雀儿沟式沉积型铁矿床
4	铁	雀儿沟式沉积型清水河预测工作区	1501103002	雀儿沟式沉积型铁矿床
5	铁	温都尔庙式沉积型二道井预测工作区	1501104001	温都尔庙式火山沉积-喷溢型铁矿床
6	铁	温都尔庙式沉积型脑木根预测工作区	1501104002	温都尔庙式火山沉积-喷溢型铁矿床
7	铁	温都尔庙式沉积型苏尼特左旗预测工作区	1501104003	温都尔庙式火山沉积-喷溢型铁矿床
8	铁	黑鹰山式沉积型黑鹰山预测工作区	1501105001	黑鹰山式海相火山岩型铁矿床
9	铁	谢尔塔拉式沉积型谢尔塔拉预测工作区	1501106001	谢尔塔拉式火山沉积型铁矿床
10	铁	壕赖沟式变质型壕赖沟预测工作区	1501301001	壕赖沟式沉积变质型铁矿床
11	铁	三合明式变质型三合明预测工作区	1501302001	三合明式沉积变质型铁矿床
12	铁	贾格尔其庙式变质型贾格尔其庙预测工作区	1501303001	贾格尔其庙式沉积变质型铁矿床
13	铁	贾格尔其庙式变质型集宁-包头预测工作区	1501303002	贾格尔其庙式沉积变质型铁矿床
14	铁	贾格尔其庙式变质型迭布斯格预测工作区	1501303003	贾格尔其庙式沉积变质型铁矿床
15	铁	梨子山式侵入岩体型梨子山预测工作区	1501201001	梨子山式矽卡岩型铁矿床
16	铁	朝不楞式侵入岩体型朝不愣预测工作区	1501202001	朝不楞式矽卡岩型铁矿床
17	铁	黄岗式侵入岩体型黄岗预测工作区	1501203001	黄岗式矽卡岩型铁矿床
18	铁	额里图式侵入岩体型额里图预测工作区	1501204001	额里图式矽卡岩型铁矿床
19	铁	哈拉火烧式侵入岩体型哈拉火烧预测工作区	1501205001	哈拉火烧式矽卡岩型铁矿床
20	铁	克布勒式侵入岩体型克布勒预测工作区	1501206001	克布勒式矽卡岩型铁矿床
21	铁	卡休他他式侵入岩体型卡休他他预测工作区	1501207001	卡休他他式矽卡岩型铁矿床
22	铁	乌珠尔嘎顺式侵入岩体型乌珠尔嘎顺预测工作区	1501208001	乌珠尔嘎顺式矽卡岩型铁矿床
23	铁	索索井式侵入岩体型索索井预测工作区	1501209001	索索井式矽卡岩型铁矿床
24	铁	马鞍山式复合内生型马鞍山预测工作区	1501601001	马鞍山式热液型铁矿床
25	铁	地营子式复合内生型地营子预测工作区	1501602001	地营子式热液型铁矿床
26	铁	神山式侵入岩体型神山预测工作区	1501210001	神山式矽卡岩型铁矿床
27	铁	百灵庙式复合内生型百灵庙预测工作区	1501603001	百灵庙式风化淋滤型铁矿床
28	铝土	碳酸盐岩沉积型城坡高铝矾土矿清水河预测工作区	1516101001	碳酸盐岩古风化壳异地堆积型城坡高铝矾土矿床
29	铜	霍各乞式沉积型乌拉特中旗预测工作区	1504101001	霍各乞式喷流沉积铜矿床

续表 6-5

序号	预测矿种（组）	预测工作区	预测工作区代码	矿产预测类型
30	铜	查干哈达庙式沉积型查干哈达庙预测工作区	1504102001	查干哈达庙式块状硫化物型铜矿床
31	铜	查干哈达庙式沉积型别鲁乌图预测工作区	1504102002	查干哈达庙式块状硫化物型铜矿床
32	铜	白乃庙式沉积型铜多金属矿床白乃庙预测工作区	1504103001	白乃庙式沉积型铜多金属矿床
33	铜	乌努格吐式侵入岩体型铜钼矿床乌努格吐预测工作区	1504201001	乌努格吐式斑岩型铜钼矿床
33	铜	敖瑙达巴式侵入岩体型铜矿床敖瑙达巴预测工作区	1504202001	敖瑙达巴式斑岩型铜矿床
34	铜	车户沟式侵入岩体型铜钼矿床车户沟预测工作区	1504203001	车户沟式斑岩型铜钼矿床
35	铜	小南山式侵入岩体型铜镍矿床小南山预测工作区	1504204001	小南山式岩浆型铜镍矿床
36	铜	珠斯楞式侵入岩体型铜矿床珠斯楞预测工作区	1504205001	珠斯楞式斑岩型铜矿床
37	铜	亚干式侵入岩体型铜镍钴矿亚干预测工作区	1504206001	亚干式岩浆型铜镍钴矿
38	铜	奥尤特式火山岩型铜矿床	1504401001	奥尤特式次火山热液型铜矿床
39	铜	小坝梁式火山岩型铜矿床	1504402001	小坝梁式火山岩型铜矿床
40	铜	欧布拉格式复合内生型铜矿床欧布拉格预测工作区	1504601001	欧布拉格式热液型铜矿床
41	铜	宫胡洞式复合内生型铜矿床宫胡洞预测工作区	1504602001	宫胡洞式接触交代型铜矿床
42	铜	罕达盖式复合内生型铜多金属矿罕达盖预测工作区	1504603001	罕达盖式矽卡岩型铜多金属矿
43	铜	白马石沟式复合内生型铜矿床白马石沟预测工作区	1504604001	白马石沟式热液型铜矿床
44	铜	布敦花式复合内生型铜矿床布敦花预测工作区	1504605001	布敦花式热液铜矿床
45	铜	道伦达坝式复合内生型铜矿床道伦达坝预测工作区	1504606001	道伦达坝式热液铜矿床
46	铜	盖沙图式复合内生型铜矿床盖沙图预测工作区	1504607001	盖沙图矽卡岩型铜矿床
47	金	朱拉扎嘎式层控内生型型金矿朱拉扎嘎预测工作区	1511501001	朱拉扎嘎式火山-沉积热液改造型金矿
48	金	浩尧尔忽洞式层控内生型金矿浩尧尔忽洞预测工作区	1511502001	浩尧尔忽洞式层控内生型金矿
49	金	赛乌素式层控内生型金矿赛乌素预测工作区	1511503001	赛乌素式热液型金矿
50	金	十八顷壕式层控内生型金矿十八顷壕预测工作区	1511504001	十八顷壕式破碎-蚀变岩型金矿
51	金	老硐沟式层控内生型金矿老硐沟预测工作区	1511505001	老硐沟式热液-氧化淋滤型金矿
52	金	乌拉山式复合内生型金矿乌拉山预测工作区	1511601001	乌拉山式热液型金矿
53	金	乌拉山式复合内生型金矿卓资县预测工作区	1511601002	乌拉山式热液型金矿
54	金	巴音温都尔式复合内生型金矿巴音温都尔预测工作区	1511602001	巴音温都尔式热液型金矿

续表 6-5

序号	预测矿种（组）	预测工作区	预测工作区代码	矿产预测类型
55	金	巴音温都尔式复合内生型金矿红格尔预测工作区	1511602002	巴音温都尔式热液型金矿
56	金	白乃庙式复合内生型金矿白乃庙预测工作区	1511603001	白乃庙式热液型金矿
57	金	金厂沟梁式复合内生型金矿金厂沟梁预测工作区	1511604001	金厂沟梁式热液型金矿
58	金	毕力赫式侵入岩体型金矿毕力赫预测工作区	1511201001	毕力赫斑岩型金矿
59	金	小伊诺盖沟式侵入岩体型金矿小伊诺盖沟预测工作区	1511202001	小伊诺盖沟式热液型金矿
60	金	小伊诺盖沟式侵入岩体型金矿八道卡预测工作区	1511202002	小伊诺盖沟式热液型金矿
61	金	小伊诺盖沟式侵入岩体型金矿兴安屯预测工作区	1511202003	小伊诺盖沟式热液型金矿
62	金	碱泉子式侵入岩体型金矿碱泉子预测工作区	1511203001	碱泉子式热液型金矿
63	金	巴音杭盖式侵入岩体型金矿巴音杭盖预测工作区	1511204001	巴音杭盖式石英脉型金矿
64	金	三个井式侵入岩体型金矿三个井预测工作区	1511205001	三个井式热液型金矿
65	金	新地沟式变质型金矿新地沟预测工作区	1511301001	新地沟式变质热液（绿岩）型金矿
66	金	四五牧场式火山岩型金矿四五牧场预测工作区	1511401001	四五牧场式隐爆角砾岩型金矿
67	金	古利库式火山岩型金矿古利库预测工作区	1511402001	古利库式火山岩型金矿
68	金	陈家杖子式火山岩型金矿陈家杖子预测工作区	1511403001	陈家杖子式火山隐爆角砾岩型金矿
69	铅锌	东升庙式沉积型铅锌矿东升庙预测工作区	1506101001	东升庙海相火山喷流沉积型铅锌矿
70	铅锌	查干敖包大型侵入岩体型铅锌矿查干敖包预测工作区	1506201001	查干敖包大型矽卡岩型铅锌矿
71	铅锌	甲乌拉式侵入岩体型铅锌银矿	1506202001	甲乌拉式火山热液型铅锌银矿
72	铅锌	阿尔哈达式侵入岩体型铅锌银矿阿尔哈达预测工作区	1506203001	阿尔哈达式热液型铅锌银矿
73	铅锌	长春岭式侵入岩体型银铅锌矿长春岭预测工作区	1506204001	长春岭中温岩浆热液型银铅锌矿
74	铅锌	拜仁达坝式侵入岩银铅锌多金属矿拜仁达坝预测工作区	1506205001	拜仁达坝银铅锌多金属矿
75	铅锌	孟恩陶勒盖式侵入岩体型铅锌银矿孟恩陶勒盖预测工作区	1506206001	孟恩陶勒盖式热液型铅锌银矿
76	铅锌	白音诺尔式侵入岩体型铅锌矿白音诺尔预测工作区	1506207001	白音诺尔式矽卡岩型铅锌矿
77	铅锌	余家窝铺式侵入岩体型铅锌矿余家窝铺预测工作区	1506208001	余家窝铺接触交代型铅锌矿
78	铅锌	天桥沟式侵入岩体型铅锌矿天桥沟预测工作区	1506209001	天桥沟热液型铅锌矿
79	铅锌	比利亚谷式火山岩型铅锌矿比利亚谷预测工作区	1506401001	比利亚谷式热液型铅锌矿
80	铅锌	扎木钦式火山岩型铅锌银矿扎木钦预测工作区	1506402001	扎木钦式火山热液型铅锌银矿

续表 6-5

序号	预测矿种（组）	预测工作区	预测工作区代码	矿产预测类型
81	铅锌	李清地式火山岩型铅锌矿李清地预测工作区	1506403001	李清地铅锌矿
82	铅锌	花敖包特式复合内生型银铅锌矿花敖包特预测工作区	1506601001	花敖包特中低温热液型银铅锌矿
83	铅锌	代兰塔拉式复合内生型铅锌矿代兰塔拉预测工作区	1506602001	代兰塔拉式热液铅锌矿
84	钨	沙麦式侵入岩体型钨矿沙麦预测工作区	1508201001	沙麦式与花岗岩有关的脉状钨矿
85	钨	白石头洼式侵入岩体型钨矿白石头洼预测工作区	1508202001	白石头洼式与花岗岩有关的脉状钨矿
86	钨	七一山式侵入岩体型钨矿七一山预测工作区	1508203001	七一山式热液型脉状钨矿
87	钨	大麦地式热液型脉状钨矿大麦地预测工作区	1508204001	大麦地式热液型脉状钨矿
88	钨	乌日尼图式侵入岩体型钨矿乌日尼图预测工作区	1508205001	乌日尼图式热液型钨矿
89	稀土	白云鄂博式沉积型稀土矿白云鄂博预测工作区	1514101001	白云鄂博式沉积型稀土矿
90	稀土	巴尔哲式侵入岩体型稀土矿预测工作区	1514201001	巴尔哲式岩浆晚期型稀土矿
91	稀土	桃花拉山式变质型稀土矿桃花拉山预测工作区	1514301001	桃花拉山式沉积变质型稀土矿
92	稀土	三道沟式复合内生型稀土矿三道沟预测工作区	1514601001	三道沟式岩浆晚型稀土矿
93	锑	阿木乌苏式侵入岩体型锑矿阿木乌苏预测工作区	1513201001	阿木乌苏式热液脉型锑矿
94	磷	炭窑口式变质型磷矿炭窑口预测工作区	1518301001	炭窑口式沉积变质型磷矿
95	磷	布龙图式变质型磷矿布龙图预测工作区	1518302001	布龙图式沉积变质型磷矿
96	磷	盘路沟式变质型磷矿盘路沟预测工作区	1518303001	盘路沟式沉积变质型磷矿
97	磷	三道沟式变质型磷矿三道沟预测工作区	1518304001	三道沟式沉积变质型磷矿
98	磷	正目观式沉积型磷矿正目观预测工作区	1518101001	正目观式沉积型磷矿
99	磷	哈马胡头沟式沉积型磷矿哈马胡头沟预测工作区	1518102001	哈马胡头沟式沉积型磷矿
100	铬	呼和哈达式侵入岩体型铬铁矿乌兰浩特预测工作区	1503201001	呼和哈达式岩浆型铬铁矿
101	铬	柯单山式侵入岩体型铬铁矿柯单山预测工作区	1503202001	柯单山式岩浆型铬铁矿
102	铬	赫格敖拉式侵入岩体型铬铁矿二连浩特北部预测工作区	1503203001	赫格敖拉式岩浆型铬铁矿
103	铬	赫格敖拉式侵入岩体型铬铁矿浩雅尔洪克尔预测工作区	1503203002	赫格敖拉式岩浆型铬铁矿
104	铬	赫格敖拉式侵入岩体型铬铁矿哈登胡硕预测工作区	1503203003	赫格敖拉式岩浆型铬铁矿
105	铬	索伦山式侵入岩体型铬铁矿索伦山预测工作区	1503204001	索伦山式岩浆型铬铁矿
106	锰	额仁陶勒盖式复合内生型银锰矿新巴尔虎右旗预测工作区	1502601001	额仁陶勒盖式热液型银锰矿
107	锰	李清地式复合内生型银锰多金属矿李清地预测工作区	1502602001	李清地式热液型银锰矿
108	锰	西里庙式火山岩型锰矿西里庙预测工作区	1502401001	西里庙式热液型锰矿

续表 6-5

序号	预测矿种（组）	预测工作区	预测工作区代码	矿产预测类型
109	锰	东加干式变质型锰矿东加干预测工作区	1502301001	东加干式沉积变质型锰矿
110	锰	乔二沟式变质型锰矿乔二沟预测工作区	1502302001	乔二沟式沉积变质型锰矿
111	钼	乌兰德勒式侵入岩体型钼矿达来庙预测工作区	1510201001	乌兰德勒式斑岩型钼矿
112	钼	乌努格吐山式侵入岩体型铜钼矿乌努格吐预测工作区	1510202001	乌努格吐山式斑岩型铜钼矿
113	钼	太平沟式侵入岩体型钼矿太平沟预测工作区	1510203001	太平沟式斑岩型钼矿
114	钼	太平沟式侵入岩体型钼矿原林林场预测工作区	1510203002	太平沟式斑岩型钼矿
115	钼	敖仑花式侵入岩体型钼矿孟恩陶勒盖预测工作区	1510204001	敖仑花式斑岩型钼矿
116	钼	曹家屯式侵入岩体型钼矿拜仁达坝预测工作区	1510205001	曹家屯式岩浆热液型钼矿
117	钼	大苏计式侵入岩体型钼矿凉城-兴和预测工作区	1510206001	大苏计式斑岩型钼矿
118	钼	小狐狸山式侵入岩体型钼矿甜水井预测工作区	1510207001	小狐狸山式斑岩型钼矿
119	钼	小东沟式侵入岩体型钼矿克什克腾旗-赤峰预测工作区	1510208001	小东沟式斑岩型钼矿
120	钼	比鲁甘干式侵入岩体型钼矿阿巴嘎旗预测工作区	1510209001	比鲁甘干式斑岩型钼矿
121	钼	查干花式侵入岩体型钼矿查干花预测工作区	1510210001	查干花式斑岩型钼矿
122	钼	梨子山式复合内生型钼铁矿梨子山预测工作区	1510601001	梨子山式接触交代型钼铁矿
123	钼	元山子式沉积(变质)型钼矿元山子预测工作区	1510602001	元山子式沉积(变质)型钼矿
124	钼	元山子式沉积(变质)型钼矿营盘水北预测工作区	1510602002	元山子式沉积(变质)型钼矿
125	钼	岔路口式侵入岩体型钼矿金河镇-劲松镇预测工作区	1510211001	岔路口式斑岩型钼矿
126	镍	白音胡硕式侵入岩体型镍矿浩雅尔洪克尔预测工作区	1507201001	白音胡硕式岩浆型镍矿
127	镍	白音胡硕式侵入岩体型镍矿哈登胡硕预测工作区	1507201002	白音胡硕式岩浆型镍矿
128	镍	小南山式侵入岩体型镍矿乌拉特中旗预测工作区	1507202003	小南山式岩浆型铜镍矿
129	镍	小南山式侵入岩体型镍矿小南山预测工作区	1507202001	小南山式岩浆型铜镍矿
130	镍	小南山式侵入岩体型镍矿乌拉特后旗预测工作区	1507202002	小南山式岩浆型铜镍矿
131	镍	达布逊式侵入岩体型镍矿达布逊预测工作区	1507203001	达布逊式岩浆型镍矿
132	镍	亚干式侵入岩体型钴镍矿亚干预测工作区	1507204001	亚干式岩浆型铜钴镍矿
133	镍	哈拉图庙式侵入岩体型镍矿二连浩特北部预测工作区	1507205001	哈拉图庙式岩浆熔离型镍矿
134	镍	元山子式沉积(变质)型镍矿营盘水北预测工作区	1507101002	元山子式沉积(变质)型镍钼矿
135	镍	元山子式沉积(变质)型镍矿元山子预测工作区	1507101001	元山子式沉积(变质)型镍钼矿

续表 6-5

序号	预测矿种（组）	预测工作区	预测工作区代码	矿产预测类型
136	锡	毛登式复合内生型锡矿毛登-林西预测工作区	1509601001	毛登式热液型锡矿
137	锡	毛登式复合内生型锡矿太平林场预测工作区	1509601002	毛登式热液型锡矿
138	锡	黄岗式侵入岩体型铁锡矿黄岗预测工作区	1509207001	黄岗式热液型铁锡矿
139	锡	朝不楞式侵入岩体型铁多金属矿朝不楞预测工作区	1509201001	朝不楞式矽卡岩型铁多金属矿
140	锡	孟恩陶勒盖式侵入岩体型多金属矿孟恩陶勒盖式预测工作区	1509202001	孟恩陶勒盖式中低温热液型多金属矿
141	锡	大井子式侵入岩体型锡矿克什克腾旗-巴林左旗预测工作区	1509203001	大井子式花岗岩型锡矿
142	锡	千斤沟式侵入岩体型锡矿太仆寺旗预测工作区	1509204001	千斤沟式热液型锡矿
143	银	拜仁达坝式侵入岩体型银多金属矿拜仁达坝预测工作区	1512201001	拜仁达坝式热液型银多金属矿
144	银	孟恩陶勒盖式侵入岩体型银铅锌矿孟恩陶勒盖预测工作区	1512202001	孟恩陶勒盖式中低温热液型银铅锌矿
145	银	李清地式复合内生型银铅锌矿察右前旗预测工作区	1512601001	李清地式热液型银铅锌矿
146	银	吉林宝力格式复合内生型银矿东乌珠穆沁旗预测工作区	1512602001	吉林宝力格式热液型银矿
147	银	额仁陶勒盖式复合内生型银矿新巴尔虎右旗预测工作区	1512603001	额仁陶勒盖式热液型银矿
148	银	官地式复合内生型银金矿赤峰预测工作区	1512604001	官地式中低温火山热液型银金矿
149	银	花敖包特式复合内生型银铅锌矿拜仁达坝预测工作区	1512605001	花敖包特式热液型银铅锌矿
150	银	比利亚谷式复合内生型银铅锌矿比利亚谷预测工作区	1512606001	比利亚谷式热液型银铅锌矿
151	萤石	神螺山预测工作区	1522201001	神螺山侵入岩体型萤石矿
152	萤石	东七一山预测工作区	1522202001	东七一山热液充填型萤石矿
153	萤石	哈布达哈拉-恩格勒预测工作区	1522203001	恩格勒热液充填型萤石矿
154	萤石	库伦敖包-刘满壕预测工作区	1522204001	库伦敖包侵入岩体型萤石矿
155	萤石	黑沙图-乌兰布拉格预测工作区	1522205001	黑沙图侵入岩体型萤石矿
156	萤石	苏莫查干敖包-敖包吐预测工作区	1522501001	苏莫查干敖包热液充填型萤石矿
157	萤石	白音脑包-赛乌苏预测工作区	1522206001	白音脑包侵入岩体型萤石矿
158	萤石	白彦敖包-石匠山预测工作区	1522207001	白彦敖包侵入岩体型萤石矿
159	萤石	东井子-太仆寺东郊预测工作区	1522208001	东井子侵入岩体型萤石矿
160	萤石	跃进预测工作区	1522209001	跃进侵入岩体型萤石矿
161	萤石	苏达勒-乌兰哈达预测工作区	1522210001	苏达勒热液充填型萤石矿
162	萤石	大西沟-桃海预测工作区	1522211001	大西沟热液充填型萤石矿
163	萤石	白杖子-陈道沟预测工作区	1522212001	白杖子侵入岩体型萤石矿
164	萤石	昆库力-旺石山预测工作区	1522213001	昆库力热液充填型萤石矿
165	萤石	哈达汗-诺敏山预测工作区	1522214001	哈达汗侵入岩体型萤石矿
166	萤石	协林-六合屯预测工作区	1522215001	协林侵入岩体型萤石矿
167	萤石	白音锡勒牧场-水头预测工作区	1522216001	白音锡勒牧场侵入岩体型萤石矿
168	硫铁	东升庙-甲升盘预测工作区	1519301001	东升庙沉积变质型共生硫铁矿

续表 6-5

序号	预测矿种（组）	预测工作区	预测工作区代码	矿产预测类型
169	硫铁	房塔沟-榆树湾预测工作区	1519101001	榆树湾沉积型硫铁矿
170	硫铁	别鲁乌图-白乃庙预测工作区	1519102001	别鲁乌图岩浆热液型共生硫铁矿
171	硫铁	六一-十五里堆预测工作区	1519401001	六一海相火山岩型硫铁矿
172	硫铁	朝不楞-霍林河预测工作区	1519601001	朝不楞岩浆热液型伴生硫铁矿
173	硫铁	拜仁达坝-哈拉白旗预测工作区	1519201001	拜仁达坝热液型伴生硫铁矿
174	硫铁	驼峰山-孟恩套力盖预测工作区	1519402001	驼峰山海相火山岩型硫铁矿
175	重晶石	巴升河预测工作区	1523201001	巴升河热液型硫铁矿
176	菱镁矿	索伦山预测工作区	1517201001	索伦山风化壳型硫铁矿
合计		预测工作区总数 176		

二、基础编图成果数据库

基础编图成果数据库见表 6-6。

表 6-6 基础编图成果数据库一览表

专业	专题成果数据库种类	数量(个)	小计(个)	其他描述
地质	1:25 万分幅实际材料图及其数据库	80	178	行政边界范围跨 134 个，其中 36 个由甘肃省、黑龙江省等邻省完成编图与建库工作
	1:25 万分幅建造构造图及其数据库	98		
重力	省级重力工作程度图及其数据库	1	4	
	省级重力推断地质构造图及其数据库	1		
	省级布格重力异常图及其数据库	1		
	省级剩余重力异常图及其数据库	1		
磁测	省级航磁工作程度图及其数据库	1	7	
	省级地磁工作程度图及其数据库	1		
	省级磁法推断地质构造图及其数据库	1		
	省级磁异常分布图及其数据库	1		
	省级航磁 ΔT 等值线平面图及其数据库	1		
	省级航磁 ΔT 化极等值线平面图	1		
	省级航磁 ΔT 化极垂向一阶导数等值线平面图及其数据库	1		
化探	省级地球化学采样点位图及其数据库	0	90	不建属性库
	省级地球化学景观图及其数据库	1		
	省级地球化学工作程度图及其数据库	2		
	省级单元素地球化学图及其数据库	39		
	省级单元素地球化学异常图及其数据库	39		
	省级地球化学组合异常图	5		
	省级地球化学综合异常图及其数据库	3		
	省级地球化学推断地质构造图及其数据库	1		
	省级地球化学找矿预测图及其数据库	0		

续表 6-6

专业	专题成果数据库种类	数量(个)	小计(个)	其他描述
遥感	省级遥感构造解译图及其数据库	1	410	
	省级遥感异常组合图及其数据库	1		
	1:25 万分幅遥感矿产地质特征解译图及其数据库	136		
	1:25 万分幅遥感羟基异常分布图及其数据库	136		
	1:25 万分幅遥感铁染异常分布图及其数据库	136		
	省级遥感影像图(无属性库)	1	137	提交 3 种:GeoTIFF 格式(不加任何图框、注记的)、MSI 格式、TIFF 格式(加上图名、图框、注记等)
	分幅遥感影像图(无属性库)	136		
重砂	省级自然重砂异常图及其数据库	44	44	包括单矿物有无图、单矿物异常图、组合矿物异常图、综合异常图、八卦图
	省级自然重砂异常图	45	45	不建属性库,包括单矿物有无图 43、八卦图 2
	省级自然重砂工作程度图	2	2	不建属性库
	省级自然重砂采样点位图	1	1	
合计(个)	图件总数 918(建库图件数 728、不建库图件数 53、遥感影像图件数 137)			

三、铁矿潜力评价专题成果数据库

铁矿潜力评价专题成果数据库见表 6-7。

表 6-7 铁矿潜力评价专题成果数据库一览表

专业	专题成果数据库种类	数量(个)	小计(个)	其他描述
地质	铁矿预测工作区地质构造专题底图及其数据库	27	27	预测工作区 27 个,其中 9 个预测工作区属于沉积型
成矿规律与矿产预测	省级铁矿预测类型分布图及其数据库	1	54	
	铁矿典型矿床成矿要素图及其数据库	25		含矿床成矿模式图
	铁矿预测工作区成矿要素图及其数据库	27		含区域成矿模式图
	省级铁矿区域成矿规律图及其数据库	1		
	铁矿种Ⅳ、Ⅴ级成矿区带图	1	1	不建属性库
	铁矿成矿规律研究用资料数据表[见《矿产资源潜力评价数据模型丛书:成矿规律研究数据模型》(2011)、《矿产资源潜力评价数据模型丛书:矿产预测研究数据模型》(2011)]	36	36	提交 Excel 数据表
	铁矿典型矿床预测要素图及其数据库	25	82	含矿床预测模型图
	铁矿预测工作区预测要素图及其数据库	27		含区域预测模型图
	铁矿预测工作区矿产预测类型预测成果图及其数据库	27		
	省级铁矿种预测成果图及其数据库	1		
	省级铁矿种勘查工作部署图及其数据库	1		
	省级铁矿种未来矿产开发基地预测图及其数据库	1		
	铁矿预测工作区预测单元图	27	55	不建属性库
	铁矿预测工作区最小预测区优选分布图	27		
	省级铁矿种矿产预测类型最小预测区分布图	1		

续表 6-7

专业	专题成果数据库种类		数量(个)	小计(个)	其他描述
重力	铁矿典型矿床综合成果图	典型矿床所在区域地质矿产及物探剖析图	25	25	不建属性库
		典型矿床所在地区地质矿产及物探剖析图	0		
		典型矿床所在位置地质矿产及物探剖析图	0		
		典型矿床模式图	0		
	铁矿预测工作区重力工作程度图及其数据库		0	81	
	铁矿预测工作区布格重力异常图及其数据库		27		
	铁矿预测工作区剩余重力异常图及其数据库		27		
	铁矿预测工作区重力推断地质构造图及其数据库		27		
	铁矿预测工作区定量解释剖面图集或图集		0	0	不建属性库
磁测	铁矿典型矿床综合成果图	典型矿床所在区域地质矿产及物探剖析图	25	25	不建属性库
		典型矿床所在地区地质矿产及物探剖析图	0		
		典型矿床所在位置地质矿产及物探剖析图	0		
		典型矿床模式图	0		
	铁矿预测工作区航磁 ΔT 等值线平面图及其数据库		27	81	
	铁矿预测工作区航磁 ΔT 化极等值线平面图及其数据库		27		
	铁矿预测工作区航磁 ΔT 化极垂向一阶导数等值线平面图及其数据库		27		
	铁矿预测工作区地磁等值线平面图及其数据库		27	81	
	铁矿预测工作区地磁化极等值线平面图及其数据库		27		
	铁矿预测工作区地磁化极垂向一阶导数等值线平面图及其数据库		27		
	铁矿预测工作区磁法推断地质构造图及其数据库		27	81	
	铁矿预测工作区矿产预测类型磁法推断磁性矿产分布图及其数据库		27		
	铁矿预测工作区磁异常范围分布图及其数据库		27		
	省级磁法推断磁性矿床分布图及其数据库		1	1	
	铁矿预测工作区定量计算图集		1	1	不建属性库
化探	铁矿典型矿床综合成果图	典型矿床单元素地球化学异常图及其数据库	0	0	在铁矿预测中效果不明显
		典型矿床所在位置区域化探异常特征图及其数据库	0		
	铁矿预测工作区单元素地球化学图及其数据库		0		
	铁矿预测工作区单元素地球化学异常图及其数据库		0		
	铁矿预测工作区地球化学综合异常图及其数据库		0		

续表 6-7

专业	专题成果数据库种类		数量(个)	小计(个)	其他描述
遥感	铁矿典型矿床综合成果图	典型矿床遥感矿产地质特征与近矿找矿标志解译图及其数据库	6	18	
		典型矿床遥感羟基异常分布图及其数据库	6		
		典型矿床遥感铁染异常分布图及其数据库	6		
	铁矿预测工作区遥感矿产地质特征与近矿找矿标志解译图及其数据库		27	81	
	铁矿预测工作区遥感羟基异常分布图及其数据库		27		
	铁矿预测工作区遥感铁染异常分布图及其数据库		27		
	遥感影像图	铁矿典型矿床遥感影像图(无属性库)	6	33	提交3种格式图件:GeoTIFF格式(不加任何图框、注记的)、MSI格式、TIFF格式(加上图名、图框、注记等)
		铁矿预测工作区遥感影像图(无属性库)	27		
重砂	铁矿预测工作区自然重砂异常图及其数据库		0	0	包括单矿物异常图、组合矿物异常图、八卦图、综合异常图
合计(个)	图件总数727(建库图件数615、不建库图件数79、遥感影像图件数33),用于典型矿床规律研究的Excel数据表36				

四、铝土矿潜力评价专题成果数据库

铝土矿潜力评价专题成果数据库见表6-8。

表 6-8　铝土矿潜力评价专题成果数据库一览表

专业	专题成果数据库种类	数量(个)	小计(个)	其他描述
地质	铝矿预测工作区地质构造专题底图及其数据库	1	1	
成矿规律与矿产预测	省级铝矿预测类型分布图及其数据库	1	4	
	铝矿典型矿床成矿要素图及其数据库	1		含矿床成矿模式图
	铝矿预测工作区成矿要素图及其数据库	1		含区域成矿模式图
	省级铝矿区域成矿规律图及其数据库	1		
	铝矿种Ⅳ、Ⅴ级成矿区带图	1	1	不建属性库
	铝矿成矿规律研究用资料数据表[见《矿产资源潜力评价数据模型丛书:成矿规律研究数据模型》(2011)、《矿产资源潜力评价数据模型丛书:矿产预测研究数据模型》(2011)]	36	36	提交Excel数据表
	铝矿典型矿床预测要素图及其数据库	1	6	含矿床预测模型图
	铝矿预测工作区预测要素图及其数据库	1		含区域预测模型图
	铝矿预测工作区矿产预测类型预测成果图及其数据库	1		
	省级铝矿种预测成果图及其数据库	1		
	省级铝矿种勘查工作部署图及其数据库	1		
	省级铝矿种未来矿产开发基地预测图及其数据库	1		
	铝矿预测工作区预测单元图	1	3	不建属性库
	铝矿预测工作区最小预测区优选分布图	1		
	省级铝矿种矿产预测类型最小预测区分布图	1		

续表 6-8

专业	专题成果数据库种类		数量(个)	小计(个)	其他描述
重力	铝矿典型矿床综合成果图	典型矿床所在区域地质矿产及物探剖析图	1	1	不建属性库
		典型矿床所在地区地质矿产及物探剖析图	0		
		典型矿床所在位置地质矿产及物探剖析图	0		
		典型矿床模式图	0		
	铝矿预测工作区重力工作程度图及其数据库		0	3	
	铝矿预测工作区布格重力异常图及其数据库		1		
	铝矿预测工作区剩余重力异常图及其数据库		1		
	铝矿预测工作区重力推断地质构造图及其数据库		1		
	铝矿预测工作区定量解释剖面图集或图集		0	0	不建属性库
磁测	铝矿典型矿床综合成果图	典型矿床所在区域地质矿产及物探剖析图	0	0	不建属性库 在铝矿预测中磁测效果不明显
		典型矿床所在地区地质矿产及物探剖析图	0		
		典型矿床所在位置地质矿产及物探剖析图	0		
		典型矿床模式图	0		
	铝矿预测工作区航磁ΔT等值线平面图及其数据库		0	0	
	铝矿预测工作区航磁ΔT化极等值线平面图及其数据库		0		
	铝矿预测工作区航磁ΔT化极垂向一阶导数等值线平面图及其数据库		0		
	铝矿预测工作区地磁等值线平面图及其数据库		0	0	
	铝矿预测工作区地磁化极等值线平面图及其数据库		0		
	铝矿预测工作区地磁化极垂向一阶导数等值线平面图及其数据库		0		
	铝矿预测工作区磁法推断地质构造图及其数据库		0	0	
	铝矿预测工作区矿产预测类型磁法推断磁性矿产分布图及其数据库		0		
	铝矿预测工作区磁异常范围分布图及其数据库		0		
	铝矿预测工作区定量计算图集		0	0	不建属性库
化探	铝矿典型矿床综合成果图	典型矿床单元素地球化学异常图及其数据库	0	0	
		典型矿床所在位置区域化探异常特征图及其数据库	0		
	铝矿预测工作区单元素地球化学图及其数据库		0		
	铝矿预测工作区单元素地球化学异常图及其数据库		0		
	铝矿预测工作区地球化学综合异常图及其数据库		0		

续表 6-8

专业	专题成果数据库种类		数量(个)	小计(个)	其他描述
遥感	铝矿典型矿床综合成果图	典型矿床遥感矿产地质特征与近矿找矿标志解译图及其数据库	1	3	
		典型矿床遥感羟基异常分布图及其数据库	1		
		典型矿床遥感铁染异常分布图及其数据库	1		
	铝矿预测工作区遥感矿产地质特征与近矿找矿标志解译图及其数据库		1	3	
	铝矿预测工作区遥感羟基异常分布图及其数据库		1		
	铝矿预测工作区遥感铁染异常分布图及其数据库		1		
	遥感影像图	铝矿典型矿床遥感影像图（无属性库）	1	2	提交3种格式图件：GeoTIFF格式（不加任何图框、注记的）、MSI格式、TIFF格式（加上图名、图框、注记等）
		铝矿预测工作区遥感影像图（无属性库）	1		
重砂	铝矿预测工作区自然重砂异常图及其数据库		0	0	包括单矿物异常图、组合矿物异常图、八卦图、综合异常图
合计(个)	图件总数27（建库图件数22、不建库图件数3、遥感影像图件数2），用于典型矿床规律研究的Excel数据表36				

五、金矿潜力评价专题成果数据库

金矿潜力评价专题成果数据库见表6-9。

表6-9 金矿潜力评价专题成果数据库一览表

专业	专题成果数据库种类	数量(个)	小计(个)	其他描述
地质	金矿预测工作区地质构造专题底图及其数据库	22	22	
成矿规律与矿产预测	省级金矿预测类型分布图及其数据库	1	42	
	金矿典型矿床成矿要素图及其数据库	18		
	金矿预测工作区成矿要素图及其数据库	22		
	省级金矿区域成矿规律图及其数据库	1		
	金矿种Ⅳ、Ⅴ级成矿区带图	0	0	与成矿规律图合为一张图
	金矿成矿规律研究用资料数据表[见《矿产资源潜力评价数据模型丛书：成矿规律研究数据模型》(2011)、《矿产资源潜力评价数据模型丛书：矿产预测研究数据模型》(2011)]	36	36	
	金矿典型矿床预测要素图及其数据库	18	65	
	金矿预测工作区预测要素图及其数据库	22		
	金矿预测工作区矿产预测类型预测成果图及其数据库	22		
	省级金矿种预测成果图及其数据库	1		
	省级金矿种勘查工作部署图及其数据库	1		
	省级金矿种未来矿产开发基地预测图及其数据库	1		
	金矿预测工作区预测单元图	22	43	
	金矿预测工作区最小预测区优选分布图	20		
	省级金矿种矿产预测类型最小预测区分布图	1		

续表 6-9

专业	专题成果数据库种类		数量(个)	小计(个)	其他描述
重力	金矿典型矿床综合成果图	典型矿床所在区域地质矿产及物探剖析图	18	36	
		典型矿床所在地区地质矿产及物探剖析图	0		
		典型矿床所在位置地质矿产及物探剖析图	0		
		典型矿床模式图	18		
	金矿预测工作区重力工作程度图及其数据库		0	66	
	金矿预测工作区布格重力异常图及其数据库		22		
	金矿预测工作区剩余重力异常图及其数据库		22		
	金矿预测工作区重力推断地质构造图及其数据库		22		
	金矿预测工作区定量解释剖面图集或图集		7	7	
磁测	金矿典型矿床综合成果图	典型矿床所在区域地质矿产及物探剖析图	18	60	
		典型矿床所在地区地质矿产及物探剖析图	15		
		典型矿床所在位置地质矿产及物探剖析图	16		
		典型矿床模式图	11		
	金矿预测工作区航磁 ΔT 等值线平面图及其数据库		22	66	
	金矿预测工作区航磁 ΔT 化极等值线平面图及其数据库		22		
	金矿预测工作区航磁 ΔT 化极垂向一阶导数等值线平面图及其数据库		22		
	金矿预测工作区地磁等值线平面图及其数据库		0	0	
	金矿预测工作区地磁化极等值线平面图及其数据库		0		
	金矿预测工作区地磁化极垂向一阶导数等值线平面图及其数据库		0		
	金矿预测工作区磁法推断地质构造图及其数据库		22	22	
	金矿预测工作区矿产预测类型磁法推断磁性矿产分布图及其数据库		0		
	金矿预测工作区磁异常范围分布图及其数据库		0		
	省级磁法推断磁性矿床分布图及其数据库		0	0	
	金矿预测工作区定量计算图集		0	0	
化探	金矿典型矿床综合成果图	典型矿床单元素地球化学异常图及其数据库	0	18	
		典型矿床所在位置区域化探异常特征图及其数据库	18		
	金矿预测工作区单元素地球化学图及其数据库		220	505	
	金矿预测工作区单元素地球化学异常图及其数据库		220		
	金矿预测工作区地球化学组合异常图		65		
	找矿预测区圈定的参考图件(如组合异常图、综合异常图等)		4	4	
	找矿预测图及其数据库		0	0	

续表 6-9

专业	专题成果数据库种类		数量(个)	小计(个)	其他描述
遥感	金矿典型矿床综合成果图	典型矿床遥感矿产地质特征与近矿找矿标志解译图及其数据库	5	5	
		典型矿床遥感羟基异常分布图及其数据库	0		
		典型矿床遥感金染异常分布图及其数据库	0		
		典型矿床蚀变矿物遥感异常分布图及其数据库	0		
	金矿预测工作区遥感矿产地质特征与近矿找矿标志解译图及其数据库		22	66	
	金矿预测工作区遥感羟基异常分布图及其数据库		22		
	金矿预测工作区遥感金染异常分布图及其数据库		22		
	金矿预测工作区蚀变矿物遥感异常分布图及其数据库		0		
	遥感影像图	金矿典型矿床遥感影像图(无属性库)	5	27	
		金矿预测工作区遥感影像图(无属性库)	22		
重砂	金矿预测工作区自然重砂异常图及其数据库		14	14	
合计(个)	图件总数 1068(建库图件数 894、不建库图件数 147、遥感影像图件数 27),用于典型矿床规律研究的 Excel 数据表 36				

六、铜矿潜力评价专题成果数据库

铜矿潜力评价专题成果数据库见表 6-10。

表 6-10 铜矿潜力评价专题成果数据库一览表

专业	专题成果数据库种类	数量(个)	小计(个)	其他描述
地质	铜矿预测工作区地质构造专题底图及其数据库	19	19	
成矿规律与矿产预测	省级铜矿预测类型分布图及其数据库	1	39	
	铜矿典型矿床成矿要素图及其数据库	18		
	铜矿预测工作区成矿要素图及其数据库	19		
	省级铜矿区域成矿规律图及其数据库	1		
	铜矿种Ⅳ、Ⅴ级成矿区带图	0	0	与成矿规律图合为一张图
	铜矿成矿规律研究用资料数据表[见《矿产资源潜力评价数据模型丛书:成矿规律研究数据模型》(2011)、《矿产资源潜力评价数据模型丛书:矿产预测研究数据模型》(2011)]	36	36	
	铜矿典型矿床预测要素图及其数据库	18	59	
	铜矿预测工作区预测要素图及其数据库	19		
	铜矿预测工作区矿产预测类型预测成果图及其数据库	19		
	省级铜矿种预测成果图及其数据库	1		
	省级铜矿种勘查工作部署图及其数据库	1		
	省级铜矿种未来矿产开发基地预测图及其数据库	1		
	铜矿预测工作区预测单元图	19	39	
	铜矿预测工作区最小预测区优选分布图	19		
	省级铜矿种矿产预测类型最小预测区分布图	1		

续表 6-10

专业	专题成果数据库种类		数量(个)	小计(个)	其他描述
重力	铜矿典型矿床综合成果图	典型矿床所在区域地质矿产及物探剖析图	18	36	
		典型矿床所在地区地质矿产及物探剖析图	0		
		典型矿床所在位置地质矿产及物探剖析图	0		
		典型矿床模式图	18		
	铜矿预测工作区重力工作程度图及其数据库		0	57	
	铜矿预测工作区布格重力异常图及其数据库		19		
	铜矿预测工作区剩余重力异常图及其数据库		19		
	铜矿预测工作区重力推断地质构造图及其数据库		19		
	铜矿预测工作区定量解释剖面图集或图集		18	18	
磁测	铜矿典型矿床综合成果图	典型矿床所在区域地质矿产及物探剖析图	18	68	
		典型矿床所在地区地质矿产及物探剖析图	14		
		典型矿床所在位置地质矿产及物探剖析图	18		
		典型矿床模式图	18		
	铜矿预测工作区航磁 ΔT 等值线平面图及其数据库		19	57	
	铜矿预测工作区航磁 ΔT 化极等值线平面图及其数据库		19		
	铜矿预测工作区航磁 ΔT 化极垂向一阶导数等值线平面图及其数据库		19		
	铜矿预测工作区地磁等值线平面图及其数据库		0	0	
	铜矿预测工作区地磁化极等值线平面图及其数据库		0		
	铜矿预测工作区地磁化极垂向一阶导数等值线平面图及其数据库		0		
	铜矿预测工作区磁法推断地质构造图及其数据库		19	19	
	铜矿预测工作区矿产预测类型磁法推断磁性矿产分布图及其数据库		0		
	铜矿预测工作区磁异常范围分布图及其数据库		0		
	省级磁法推断磁性矿床分布图及其数据库		0	0	
	铜矿预测工作区定量计算图集		0	0	
化探	铜矿典型矿床综合成果图	典型矿床单元素地球化学异常图及其数据库	0	16	
		典型矿床所在位置区域化探异常特征图及其数据库	16		
	铜矿预测工作区单元素地球化学图及其数据库		160	368	
	铜矿预测工作区单元素地球化学异常图及其数据库		160		
	铜矿预测工作区地球化学组合异常图		48		
	找矿预测区圈定的参考图件(如组合异常图、综合异常图等)		5	5	
	铜地球化学定量预测成果图件		1	1	

续表 6-10

专业	专题成果数据库种类		数量(个)	小计(个)	其他描述
遥感	铜矿典型矿床综合成果图	典型矿床遥感矿产地质特征与近矿找矿标志解译图及其数据库	7	7	
		典型矿床遥感羟基异常分布图及其数据库	0		
		典型矿床遥感铁染异常分布图及其数据库	0		
		典型矿床蚀变矿物遥感异常分布图及其数据库	0	0	
	铜矿预测工作区遥感矿产地质特征与近矿找矿标志解译图及其数据库		19	57	
	铜矿预测工作区遥感羟基异常分布图及其数据库		19		
	铜矿预测工作区遥感铁染异常分布图及其数据库		19		
	铜矿预测工作区蚀变矿物遥感异常分布图及其数据库		0		
	遥感影像图	铜矿典型矿床遥感影像图（无属性库）	7	26	
		铜矿预测工作区遥感影像图（无属性库）	19		
重砂	铜矿预测工作区自然重砂异常图及其数据库		9	9	
合计(个)	图件总数 900（建库图件数 711、不建库图件数 163、遥感影像图件数 26），用于典型矿床规律研究的 Excel 数据表 36				

七、铅锌矿潜力评价专题成果数据库

铅锌矿潜力评价专题成果数据库见表 6-11。

表 6-11 铅锌矿潜力评价专题成果数据库一览表

专业	专题成果数据库种类	数量(个)	小计(个)	其他描述
地质	铅锌矿预测工作区地质构造专题底图及其数据库	15	15	
成矿规律与矿产预测	省级铅锌矿预测类型分布图及其数据库	1	32	
	铅锌矿典型矿床成矿要素图及其数据库	15		
	铅锌矿预测工作区成矿要素图及其数据库	15		
	省级铅锌矿区域成矿规律图及其数据库	1		
	铅锌矿种Ⅳ、Ⅴ级成矿区带图	0	0	与成矿规律图合为一张图
	铅锌矿成矿规律研究用资料数据表[见《矿产资源潜力评价数据模型丛书：成矿规律研究数据模型》(2011)、《矿产资源潜力评价数据模型丛书：矿产预测研究数据模型》(2011)]	36	36	
	铅锌矿典型矿床预测要素图及其数据库	15	48	
	铅锌矿预测工作区预测要素图及其数据库	15		
	铅锌矿预测工作区矿产预测类型预测成果图及其数据库	15		
	省级铅锌矿种预测成果图及其数据库	1		
	省级铅锌矿种勘查工作部署图及其数据库	1		
	省级铅锌矿种未来矿产开发基地预测图及其数据库	1		
	铅锌矿预测工作区预测单元图	15	31	
	铅锌矿预测工作区最小预测区优选分布图	15		
	省级铅锌矿种矿产预测类型最小预测区分布图	1		

续表 6-11

专业	专题成果数据库种类		数量(个)	小计(个)	其他描述
重力	铅锌矿典型矿床综合成果图	典型矿床所在区域地质矿产及物探剖析图	15	30	
		典型矿床所在地区地质矿产及物探剖析图	0		
		典型矿床所在位置地质矿产及物探剖析图	0		
		典型矿床模式图	15		
	铅锌矿预测工作区重力工作程度图及其数据库		0	45	
	铅锌矿预测工作区布格重力异常图及其数据库		15		
	铅锌矿预测工作区剩余重力异常图及其数据库		15		
	铅锌矿预测工作区重力推断地质构造图及其数据库		15		
	铅锌矿预测工作区定量解释剖面图集或图集		9	9	
磁测	铅锌矿典型矿床综合成果图	典型矿床所在区域地质矿产及物探剖析图	14	53	
		典型矿床所在地区地质矿产及物探剖析图	12		
		典型矿床所在位置地质矿产及物探剖析图	14		
		典型矿床模式图	13		
	铅锌矿预测工作区航磁 ΔT 等值线平面图及其数据库		18	54	
	铅锌矿预测工作区航磁 ΔT 化极等值线平面图及其数据库		18		
	铅锌矿预测工作区航磁 ΔT 化极垂向一阶导数等值线平面图及其数据库		18		
	铅锌矿预测工作区地磁等值线平面图及其数据库		0	0	
	铅锌矿预测工作区地磁化极等值线平面图及其数据库		0		
	铅锌矿预测工作区地磁化极垂向一阶导数等值线平面图及其数据库		0		
	铅锌矿预测工作区磁法推断地质构造图及其数据库		18	18	
	铅锌矿预测工作区矿产预测类型磁法推断磁性矿产分布图及其数据库		0		
	铅锌矿预测工作区磁异常范围分布图及其数据库		0		
	省级磁法推断磁性矿床分布图及其数据库		0	0	
	铅锌矿预测工作区定量计算图集		0	0	
化探	铅锌矿典型矿床综合成果图	典型矿床单元素地球化学异常图及其数据库	0	14	
		典型矿床所在位置区域化探异常特征图及其数据库	14		
	铅锌矿预测工作区单元素地球化学图及其数据库		130	299	
	铅锌矿预测工作区单元素地球化学异常图及其数据库		130		
	铅锌矿预测工作区地球化学组合异常图		39		
	找矿预测区圈定的参考图件(如组合异常图、综合异常图等)		10	10	
	找矿预测图及其数据库		0	0	

续表 6-11

专业	专题成果数据库种类		数量(个)	小计(个)	其他描述
遥感	铅锌矿典型矿床综合成果图	典型矿床遥感矿产地质特征与近矿找矿标志解译图及其数据库	5	7	铅锌矿为伴生矿种,两矿种为同套图件
		典型矿床遥感羟基异常分布图及其数据库	1		
		典型矿床遥感金染异常分布图及其数据库	1		
		典型矿床蚀变矿物遥感异常分布图及其数据库	0		
	铅锌矿预测工作区遥感矿产地质特征与近矿找矿标志解译图及其数据库		15	45	
	铅锌矿预测工作区遥感羟基异常分布图及其数据库		15		
	铅锌矿预测工作区遥感金染异常分布图及其数据库		15		
	铅锌矿预测工作区蚀变矿物遥感异常分布图及其数据库		0		
	遥感影像图	铅锌矿典型矿床遥感影像图(无属性库)	5	20	
		铅锌矿预测工作区遥感影像图(无属性库)	15		
重砂	铅锌矿预测工作区自然重砂异常图及其数据库		6	6	
合计(个)	图件总数 736(建库图件数 585、不建库图件数 131、遥感影像图件数 20),用于典型矿床规律研究的 Excel 数据表 36				

八、钨锑矿潜力评价专题成果数据库

钨锑矿潜力评价专题成果数据库见表 6-12。

表 6-12 钨锑矿潜力评价专题成果数据库一览表

专业	专题成果数据库种类	数量(个)	小计(个)	其他描述
地质	钨锑矿预测工作区地质构造专题底图及其数据库	6	6	
成矿规律与矿产预测	省级钨锑矿预测类型分布图及其数据库	1	14	钨锑一张图
	钨锑矿典型矿床成矿要素图及其数据库	6		
	钨锑矿预测工作区成矿要素图及其数据库	6		
	省级钨锑矿区域成矿规律图及其数据库	1		钨锑一张图
	钨锑矿矿种Ⅳ、Ⅴ级成矿区带图	0	0	与成矿规律图合为一张图
	钨锑矿成矿规律研究用资料数据表[见《矿产资源潜力评价数据模型丛书:成矿规律研究数据模型》(2011)、《矿产资源潜力评价数据模型丛书:矿产预测研究数据模型》(2011)]	36	36	
	钨锑矿典型矿床预测要素图及其数据库	6	21	
	钨锑矿预测工作区预测要素图及其数据库	6		
	钨锑矿预测工作区矿产预测类型预测成果图及其数据库	6		
	省级钨锑矿种预测成果图及其数据库	1		
	省级钨锑矿种勘查工作部署及其数据库	1		
	省级钨矿种未来矿产开发基地预测图及其数据库	1		
	钨矿预测工作区预测单元图	6	13	
	钨矿预测工作区最小预测区优选分布图	6		
	省级钨锑矿种矿产预测类型最小预测区分布图	1		

续表 6-12

专业	专题成果数据库种类		数量(个)	小计(个)	其他描述
重力	钨矿典型矿床综合成果图	典型矿床所在区域地质矿产及物探剖析图	6	12	
		典型矿床所在地区地质矿产及物探剖析图	0		
		典型矿床所在位置地质矿产及物探剖析图	0		
		典型矿床模式图	6		
	钨矿预测工作区重力工作程度图及其数据库		0	18	
	钨矿预测工作区布格重力异常图及其数据库		6		
	钨矿预测工作区剩余重力异常图及其数据库		6		
	钨矿预测工作区重力推断地质构造图及其数据库		6		
	钨矿预测工作区定量解释剖面图集或图集		5	5	
磁测	钨矿典型矿床综合成果图	典型矿床所在区域地质矿产及物探剖析图	6	21	
		典型矿床所在地区地质矿产及物探剖析图	5		
		典型矿床所在位置地质矿产及物探剖析图	6		
		典型矿床模式图	4		
	钨矿预测工作区航磁 ΔT 等值线平面图及其数据库		6	18	
	钨矿预测工作区航磁 ΔT 化极等值线平面图及其数据库		6		
	钨矿预测工作区航磁 ΔT 化极垂向一阶导数等值线平面图及其数据库		6		
	钨矿预测工作区地磁等值线平面图及其数据库		0	0	
	钨矿预测工作区地磁化极等值线平面图及其数据库		0		
	钨矿预测工作区地磁化极垂向一阶导数等值线平面图及其数据库		0		
	钨矿预测工作区磁法推断地质构造图及其数据库		6	6	
	钨矿预测工作区矿产预测类型磁法推断磁性矿产分布图及其数据库		0		
	钨矿预测工作区磁异常范围分布图及其数据库		0		
	省级磁法推断磁性矿床分布图及其数据库		0	0	
	钨矿预测工作区定量计算图集		0	0	
化探	钨锑矿典型矿床综合成果图	典型矿床单元素地球化学异常图及其数据库	0	5	
		典型矿床所在位置区域化探异常特征图及其数据库	5		
	钨锑矿预测工作区单元素地球化学图及其数据库		50	115	
	钨锑矿预测工作区单元素地球化学异常图及其数据库		50		
	钨锑矿预测工作区地球化学组合异常图		15		
	找矿预测区圈定的参考图件(如:组合异常图、综合异常图等)		4	4	
	找矿预测图及其数据库		0	0	

续表 6-12

专业	专题成果数据库种类		数量(个)	小计(个)	其他描述
遥感	钨矿典型矿床综合成果图	典型矿床遥感矿产地质特征与近矿找矿标志解译图及其数据库	1	1	
		典型矿床遥感羟基异常分布图及其数据库	0		
		典型矿床遥感钨锑染异常分布图及其数据库	0		
		典型矿床蚀变矿物遥感异常分布图及其数据库	0		
	钨矿预测工作区遥感矿产地质特征与近矿找矿标志解译图及其数据库		5	15	
	钨矿预测工作区遥感羟基异常分布图及其数据库		5		
	钨矿预测工作区遥感金染异常分布图及其数据库		5		
	钨矿预测工作区蚀变矿物遥感异常分布图及其数据库		0		
	遥感影像图	钨矿典型矿床遥感影像图(无属性库)	1	6	
		钨矿预测工作区遥感影像图(无属性库)	5		
重砂	钨矿预测工作区自然重砂异常图及其数据库		3	3	
合计(个)	图件总数 283(建库图件数 224、不建库图件数 53、遥感影像图件数 6),用于典型矿床规律研究的 Excel 数据表 36				

九、稀土矿潜力评价专题成果数据库

稀土矿潜力评价专题成果数据库见表 6-13。

表 6-13 稀土矿潜力评价专题成果数据库一览表

专业	专题成果数据库种类	数量(个)	小计(个)
地质	稀土矿预测工作区地质构造专题底图及其数据库	4	4
成矿规律与矿产预测	省级稀土矿预测类型分布图及其数据库	1	10
	稀土矿典型矿床成矿要素图及其数据库	4	
	稀土矿预测工作区成矿要素图及其数据库	4	
	省级稀土矿区域成矿规律图及其数据库	1	
	稀土矿种Ⅳ、Ⅴ级成矿区带图	0	0
	稀土矿成矿规律研究用资料数据表[见《矿产资源潜力评价数据模型丛书:成矿规律研究数据模型》(2011)、《矿产资源潜力评价数据模型丛书:矿产预测研究数据模型》(2011)]	36	36
	稀土矿典型矿床预测要素图及其数据库	4	15
	稀土矿预测工作区预测要素图及其数据库	4	
	稀土矿预测工作区矿产预测类型预测成果图及其数据库	4	
	省级稀土矿种预测成果图及其数据库	1	
	省级稀土矿种勘查工作部署图及其数据库	1	
	省级稀土矿种未来矿产开发基地预测图及其数据库	1	
	稀土矿预测工作区预测单元图	4	9
	稀土矿预测工作区最小预测区优选分布图	4	
	省级稀土矿种矿产预测类型最小预测区分布图	1	

续表 6-13

专业	专题成果数据库种类		数量(个)	小计(个)
重力	稀土矿典型矿床综合成果图	典型矿床所在区域地质矿产及物探剖析图	4	8
		典型矿床所在地区地质矿产及物探剖析图	0	
		典型矿床所在位置地质矿产及物探剖析图	0	
		典型矿床模式图	4	
	稀土矿预测工作区重力工作程度图及其数据库		0	12
	稀土矿预测工作区布格重力异常图及其数据库		4	
	稀土矿预测工作区剩余重力异常图及其数据库		4	
	稀土矿预测工作区重力推断地质构造图及其数据库		4	
	稀土矿预测工作区定量解释剖面图集或图集		1	1
磁测	稀土矿典型矿床综合成果图	典型矿床所在区域地质矿产及物探剖析图	4	14
		典型矿床所在地区地质矿产及物探剖析图	4	
		典型矿床所在位置地质矿产及物探剖析图	3	
		典型矿床模式图	3	
	稀土矿预测工作区航磁 ΔT 等值线平面图及其数据库		4	12
	稀土矿预测工作区航磁 ΔT 化极等值线平面图及其数据库		4	
	稀土矿预测工作区航磁 ΔT 化极垂向一阶导数等值线平面图及其数据库		4	
	稀土矿预测工作区地磁等值线平面图及其数据库		0	0
	稀土矿预测工作区地磁化极等值线平面图及其数据库		0	
	稀土矿预测工作区地磁化极垂向一阶导数等值线平面图及其数据库		0	
	稀土矿预测工作区磁法推断地质构造图及其数据库		4	4
	稀土矿预测工作区矿产预测类型磁法推断磁性矿产分布图及其数据库		0	
	稀土矿预测工作区磁异常范围分布图及其数据库		0	
	省级磁法推断磁性矿床分布图及其数据库		0	0
	稀土矿预测工作区定量计算图集		0	0
化探	稀土矿典型矿床综合成果图	典型矿床单元素地球化学异常图及其数据库	0	3
		典型矿床所在位置区域化探异常特征图及其数据库	3	
	稀土矿预测工作区单元素地球化学图及其数据库		42	96
	稀土矿预测工作区单元素地球化学异常图及其数据库		42	
	稀土矿预测工作区地球化学组合异常图		12	
	找矿预测区圈定的参考图件(如组合异常图、综合异常图等)		4	4
	找矿预测图及其数据库		0	0

续表 6-13

专业	专题成果数据库种类		数量(个)	小计(个)
遥感	稀土矿典型矿床综合成果图	典型矿床遥感矿产地质特征与近矿找矿标志解译图及其数据库	0	0
		典型矿床遥感羟基异常分布图及其数据库	0	
		典型矿床遥感稀土染异常分布图及其数据库	0	
		典型矿床蚀变矿物遥感异常分布图及其数据库	0	
	稀土矿预测工作区遥感矿产地质特征与近矿找矿标志解译图及其数据库		4	12
	稀土矿预测工作区遥感羟基异常分布图及其数据库		4	
	稀土矿预测工作区遥感金染异常分布图及其数据库		4	
	稀土矿预测工作区蚀变矿物遥感异常分布图及其数据库		0	
	遥感影像图	稀土矿典型矿床遥感影像图（无属性库）	0	4
		稀土矿预测工作区遥感影像图（无属性库）	4	
重砂	稀土矿预测工作区自然重砂异常图及其数据库		3	3
合计(个)	图件总数 211(建库图件数 173、不建库图件数 34、遥感影像图件数 4)，用于典型矿床规律研究的 Excel 数据表 36			

十、磷矿潜力评价专题成果数据库

磷矿潜力评价专题成果数据库见表 6-14。

表 6-14 磷矿潜力评价专题成果数据库一览表

专业	专题成果数据库种类	数量(个)	小计(个)	其他描述
地质	磷矿预测工作区地质构造专题底图及其数据库	7	7	
成矿规律与矿产预测	省级磷矿预测类型分布图及其数据库	1	14	
	磷矿典型矿床成矿要素图及其数据库	6		
	磷矿预测工作区成矿要素图及其数据库	6		
	省级磷矿区域成矿规律图及其数据库	1		
	磷矿种Ⅳ、Ⅴ级成矿区带图	0	0	与成矿规律图合为一张图
	磷矿成矿规律研究用资料数据表[见《矿产资源潜力评价数据模型丛书：成矿规律研究数据模型》(2011)、《矿产资源潜力评价数据模型丛书：矿产预测研究数据模型》(2011)]	36	36	
	磷矿典型矿床预测要素图及其数据库	6	21	
	磷矿预测工作区预测要素图及其数据库	6		
	磷矿预测工作区矿产预测类型预测成果图及其数据库	6		
	省级磷矿种预测成果图及其数据库	1		
	省级磷矿种勘查工作部署图及其数据库	1		
	省级磷矿种未来矿产开发基地预测图及其数据库	1		
	磷矿预测工作区预测单元图	6	13	
	磷矿预测工作区最小预测区优选分布图	6		
	省级磷矿种矿产预测类型最小预测区分布图	1		

续表 6-14

专业	专题成果数据库种类		数量(个)	小计(个)	其他描述
重力	磷矿典型矿床综合成果图	典型矿床所在区域地质矿产及物探剖析图	6	12	
		典型矿床所在地区地质矿产及物探剖析图	0		
		典型矿床所在位置地质矿产及物探剖析图	0		
		典型矿床模式图	6		
	磷矿预测工作区重力工作程度图及其数据库		0	18	
	磷矿预测工作区布格重力异常图及其数据库		6		
	磷矿预测工作区剩余重力异常图及其数据库		6		
	磷矿预测工作区重力推断地质构造图及其数据库		6		
	磷矿预测工作区定量解释剖面图集或图集		0	0	
磁测	磷矿典型矿床综合成果图	典型矿床所在区域地质矿产及物探剖析图	6	24	
		典型矿床所在地区地质矿产及物探剖析图	6		
		典型矿床所在位置地质矿产及物探剖析图	6		
		典型矿床模式图	6		
	磷矿预测工作区航磁 ΔT 等值线平面图及其数据库		6	18	
	磷矿预测工作区航磁 ΔT 化极等值线平面图及其数据库		6		
	磷矿预测工作区航磁 ΔT 化极垂向一阶导数等值线平面图及其数据库		6		
	磷矿预测工作区地磁等值线平面图及其数据库		0	0	
	磷矿预测工作区地磁化极等值线平面图及其数据库		0		
	磷矿预测工作区地磁化极垂向一阶导数等值线平面图及其数据库		0		
	磷矿预测工作区磁法推断地质构造图及其数据库		6	6	
	磷矿预测工作区矿产预测类型磁法推断磁性矿产分布图及其数据库		0		
	磷矿预测工作区磁异常范围分布图及其数据库		0		
	省级磁法推断磁性矿床分布图及其数据库		0	0	
	磷矿预测工作区定量计算图集		0	0	
化探	磷矿典型矿床综合成果图	典型矿床单元素地球化学异常图及其数据库	0	0	
		典型矿床所在位置区域化探异常特征图及其数据库	0		
	磷矿预测工作区单元素地球化学图及其数据库		0	0	
	磷矿预测工作区单元素地球化学异常图及其数据库		0		
	磷矿预测工作区地球化学综合异常图及其数据库		0		
	找矿预测区圈定的参考图件(如组合异常图、综合异常图等)		0	0	
	地球化学定量预测成果图件(不建库)		0	0	

续表6-14

专业	专题成果数据库种类		数量(个)	小计(个)	其他描述
遥感	磷矿典型矿床综合成果图	典型矿床遥感矿产地质特征与近矿找矿标志解译图及其数据库	0	0	
		典型矿床遥感羟基异常分布图及其数据库	0		
		典型矿床遥感铁染异常分布图及其数据库	0		
		典型矿床蚀变矿物遥感异常分布图及其数据库	0		
	磷矿预测工作区遥感矿产地质特征与近矿找矿标志解译图及其数据库		6	18	
	磷矿预测工作区遥感羟基异常分布图及其数据库		6		
	磷矿预测工作区遥感铁染异常分布图及其数据库		6		
	磷矿预测工作区蚀变矿物遥感异常分布图及其数据库		0		
	遥感影像图	磷矿典型矿床遥感影像图(无属性库)	0	6	
		磷矿预测工作区遥感影像图(无属性库)	6		
重砂	磷矿预测工作区自然重砂异常图及其数据库		3	3	
合计(个)	图件总数160(建库图件数112、不建库图件数42、遥感影像图件数6),用于典型矿床规律研究的Excel数据表36				

十一、锡矿潜力评价专题成果数据库

锡矿潜力评价专题成果数据库见表6-15。

表6-15 锡矿潜力评价专题成果数据库一览表

专业	专题成果数据库种类	锡矿	
		数量(个)	小计(个)
地质	预测工作区地质构造专题底图及其数据库	7	7
成矿规律与矿产预测	省级预测类型分布图及其数据库	1	15
	典型矿床成矿要素图及其数据库	6	
	预测工作区成矿要素图及其数据库	7	
	省级区域成矿规律图及其数据库	1	
	Ⅳ、Ⅴ级成矿区带图(与成矿规律图合为一张图)	0	0
	成矿规律研究用资料数据表[见《矿产资源潜力评价数据模型丛书:成矿规律研究数据模型》(2011)、《矿产资源潜力评价数据模型丛书:矿产预测研究数据模型》(2011)]	36	36
	典型矿床预测要素图及其数据库	6	24
	预测工作区预测要素图及其数据库	7	
	预测工作区矿产预测类型预测成果图及其数据库	7	
	省级预测成果图及其数据库	1	
	省级勘查工作部署图及其数据库	1	
	省级未来矿产开发基地预测图及其数据库	1	
	省级矿产预测类型最小预测区分布图	1	
	典型矿床预测成果图及其数据库(不建库)	6	20
	预测工作区预测单元图(不建库)	7	
	预测工作区最小预测区优选分布图(不建库)	7	

续表 6-15

专业	专题成果数据库种类		锡矿	
			数量(个)	小计(个)
重力	典型矿床综合成果图(不建库)	典型矿床所在区域地质矿产及物探剖析图	6	12
		典型矿床所在地区地质矿产及物探剖析图	0	
		典型矿床所在位置地质矿产及物探剖析图	0	
		典型矿床模式图	6	
	预测工作区重力工作程度图及其数据库		0	21
	预测工作区布格重力异常图及其数据库		7	
	预测工作区剩余重力异常图及其数据库		7	
	预测工作区重力推断地质构造图及其数据库		7	
	预测工作区定量解释剖面图集或图集(不建库)		5	5
磁测	典型矿床综合成果图(不建库)	典型矿床所在区域地质矿产及物探剖析图	0	12
		典型矿床所在地区地质矿产及物探剖析图	6	
		典型矿床所在位置地质矿产及物探剖析图	6	
		典型矿床模式图	0	
	预测工作区航磁 ΔT 等值线平面图及其数据库		7	21
	预测工作区航磁 ΔT 化极等值线平面图及其数据库		7	
	预测工作区航磁 ΔT 化极垂向一阶导数等值线平面图及其数据库		7	
	预测工作区地磁等值线平面图及其数据库		0	0
	预测工作区地磁化极等值线平面图及其数据库		0	
	预测工作区地磁化极垂向一阶导数等值线平面图及其数据库		0	
	预测工作区磁法推断地质构造图及其数据库		7	7
	预测工作区矿产预测类型磁法推断磁性矿产分布图及其数据库		0	
	预测工作区磁异常范围分布图及其数据库		0	
	省级磁法推断磁性矿床分布图及其数据库		0	0
	预测工作区定量计算图集(不建库)		0	0
化探	典型矿床综合成果图	典型矿床单元素地球化学异常图及其数据库	0	6
		典型矿床所在位置区域化探异常特征图及其数据库	6	
	预测工作区单元素地球化学图及其数据库		70	147
	预测工作区单元素地球化学异常图及其数据库		70	
	预测工作区地球化学综合异常图及其数据库		7	
	找矿预测区圈定的参考图件(如组合异常图等,不建库)		12	12
	省级地球化学综合异常图、找矿预测图		0	0
遥感	典型矿床综合成果图	典型矿床遥感矿产地质特征与近矿找矿标志解译图及其数据库	3	3
		典型矿床遥感羟基异常分布图及其数据库	0	
		典型矿床遥感铁染异常分布图及其数据库	0	
	预测工作区遥感矿产地质特征与近矿找矿标志解译图及其数据库		7	21
	预测工作区遥感羟基异常分布图及其数据库		7	
	预测工作区遥感铁染异常分布图及其数据库		7	
	遥感影像图	典型矿床遥感影像图(无属性库)	3	10
		预测工作区遥感影像图(无属性库)	7	
重砂	预测工作区自然重砂异常图及其数据库		4	4
合计(个)	图件总数347(建库图件数290,不建库图件数46,遥感影像图件数11),用于典型矿床规律研究的Excel数据表36			

十二、钼矿潜力评价专题成果数据库

钼矿潜力评价专题成果数据库见表 6-16。

表 6-16 钼矿潜力评价专题成果数据库一览表

专业	专题成果数据库种类		钼矿	
			数量(个)	小计(个)
地质	预测工作区地质构造专题底图及其数据库		15	15
成矿规律与矿产预测	省级预测类型分布图及其数据库		1	30
	典型矿床成矿要素图及其数据库		13	
	预测工作区成矿要素图及其数据库		15	
	省级区域成矿规律图及其数据库		1	
	Ⅳ、Ⅴ级成矿区带图(与成矿规律图合为一张图)		0	0
	成矿规律研究用资料数据表[见《矿产资源潜力评价数据模型丛书:成矿规律研究数据模型》(2011)、《矿产资源潜力评价数据模型丛书:矿产预测研究数据模型》(2011)]		36	36
	典型矿床预测要素图及其数据库		13	47
	预测工作区预测要素图及其数据库		15	
	预测工作区矿产预测类型预测成果图及其数据库		15	
	省级预测成果图及其数据库		1	
	省级勘查工作部署图及其数据库		1	
	省级未来矿产开发基地预测图及其数据库		1	
	省级矿产预测类型最小预测区分布图		1	
	典型矿床预测成果图及其数据库(不建库)		13	43
	预测工作区预测单元图(不建库)		15	
	预测工作区最小预测区优选分布图(不建库)		15	
重力	典型矿床综合成果图(不建库)	典型矿床所在区域地质矿产及物探剖析图	13	26
		典型矿床所在地区地质矿产及物探剖析图	0	
		典型矿床所在位置地质矿产及物探剖析图	0	
		典型矿床模式图	13	
	预测工作区重力工作程度图及其数据库		0	45
	预测工作区布格重力异常图及其数据库		15	
	预测工作区剩余重力异常图及其数据库		15	
	预测工作区重力推断地质构造图及其数据库		15	
	预测工作区定量解释剖面图集或图集(不建库)		10	10
磁测	典型矿床综合成果图(不建库)	典型矿床所在区域地质矿产及物探剖析图	0	26
		典型矿床所在地区地质矿产及物探剖析图	13	
		典型矿床所在位置地质矿产及物探剖析图	13	
		典型矿床模式图	0	
	预测工作区航磁 ΔT 等值线平面图及其数据库		15	45
	预测工作区航磁 ΔT 化极等值线平面图及其数据库		15	
	预测工作区航磁 ΔT 化极垂向一阶导数等值线平面图及其数据库		15	
	预测工作区地磁等值线平面图及其数据库		0	0
	预测工作区地磁化极等值线平面图及其数据库		0	
	预测工作区地磁化极垂向一阶导数等值线平面图及其数据库		0	
	预测工作区磁法推断地质构造图及其数据库		15	15
	预测工作区矿产预测类型磁法推断磁性矿产分布图及其数据库		0	
	预测工作区磁异常范围分布图及其数据库		0	
	省级磁法推断磁性矿床分布图及其数据库		0	0
	预测工作区定量计算图集(不建库)		0	0

续表 6-16

专业	专题成果数据库种类		钼矿	
			数量(个)	小计(个)
化探	典型矿床综合成果图	典型矿床单元素地球化学异常图及其数据库	0	13
		典型矿床所在位置区域化探异常特征图及其数据库	13	
	预测工作区单元素地球化学图及其数据库		150	315
	预测工作区单元素地球化学异常图及其数据库		150	
	预测工作区地球化学综合异常图及其数据库		15	
	找矿预测区圈定的参考图件(如组合异常图等,不建库)		21	21
	省级地球化学综合异常图、找矿预测图		0	0
遥感	典型矿床综合成果图	典型矿床遥感矿产地质特征与近矿找矿标志解译图及其数据库	5	5
		典型矿床遥感羟基异常分布图及其数据库	0	
		典型矿床遥感铁染异常分布图及其数据库	0	
	预测工作区遥感矿产地质特征与近矿找矿标志解译图及其数据库		15	45
	预测工作区遥感羟基异常分布图及其数据库		15	
	预测工作区遥感铁染异常分布图及其数据库		15	
	遥感影像图	典型矿床遥感影像图(无属性库)	5	20
		预测工作区遥感影像图(无属性库)	15	
重砂	预测工作区自然重砂异常图及其数据库		6	6
合计(个)	图件总数727(建库图件数610、不建库图件数185、遥感影像图件数25),用于典型矿床规律研究的Excel数据表36			

十三、镍矿潜力评价专题成果数据库

镍矿潜力评价专题成果数据库见表 6-17。

表 6-17 镍矿潜力评价专题成果数据库一览表

专业	专题成果数据库种类	镍矿	
		数量(个)	小计(个)
地质	预测工作区地质构造专题底图及其数据库	10	10
成矿规律与矿产预测	省级预测类型分布图及其数据库	1	18
	典型矿床成矿要素图及其数据库	6	
	预测工作区成矿要素图及其数据库	10	
	省级区域成矿规律图及其数据库	1	
	Ⅳ、Ⅴ级成矿区带图(与成矿规律图合为一张图)	0	0
	成矿规律研究用资料数据表[见《矿产资源潜力评价数据模型丛书:成矿规律研究数据模型》(2011)、《矿产资源潜力评价数据模型丛书:矿产预测研究数据模型》(2011)]	36	36
	典型矿床预测要素图及其数据库	6	30
	预测工作区预测要素图及其数据库	10	
	预测工作区矿产预测类型预测成果图及其数据库	10	
	省级预测成果图及其数据库	1	
	省级勘查工作部署图及其数据库	1	
	省级未来矿产开发基地预测图及其数据库	1	
	省级矿产预测类型最小预测区分布图	1	
	典型矿床预测成果图及其数据库(不建库)	6	26
	预测工作区预测单元图(不建库)	10	
	预测工作区最小预测区优选分布图(不建库)	10	

续表 6-17

专业	专题成果数据库种类		镍矿	
			数量(个)	小计(个)
重力	典型矿床综合成果图(不建库)	典型矿床所在区域地质矿产及物探剖析图	6	12
		典型矿床所在地区地质矿产及物探剖析图	0	
		典型矿床所在位置地质矿产及物探剖析图	0	
		典型矿床模式图	6	
	预测工作区重力工作程度图及其数据库		0	30
	预测工作区布格重力异常图及其数据库		10	
	预测工作区剩余重力异常图及其数据库		10	
	预测工作区重力推断地质构造图及其数据库		10	
	预测工作区定量解释剖面图集或图集(不建库)		4	4
磁测	典型矿床综合成果图(不建库)	典型矿床所在区域地质矿产及物探剖析图	0	12
		典型矿床所在地区地质矿产及物探剖析图	6	
		典型矿床所在位置地质矿产及物探剖析图	6	
		典型矿床模式图	0	
	预测工作区航磁 ΔT 等值线平面图及其数据库		10	30
	预测工作区航磁 ΔT 化极等值线平面图及其数据库		10	
	预测工作区航磁 ΔT 化极垂向一阶导数等值线平面图及其数据库		10	
	预测工作区地磁等值线平面图及其数据库		0	0
	预测工作区地磁化极等值线平面图及其数据库		0	
	预测工作区地磁化极垂向一阶导数等值线平面图及其数据库		0	
	预测工作区磁法推断地质构造图及其数据库		10	10
	预测工作区矿产预测类型磁法推断磁性矿产分布图及其数据库		0	
	预测工作区磁异常范围分布图及其数据库		0	
	省级磁法推断磁性矿床分布图及其数据库		0	0
	预测工作区定量计算图集(不建库)		0	0
化探	典型矿床综合成果图	典型矿床单元素地球化学异常图及其数据库	0	6
		典型矿床所在位置区域化探异常特征图及其数据库	6	
	预测工作区单元素地球化学图及其数据库		100	110
	预测工作区单元素地球化学异常图及其数据库		100	
	预测工作区地球化学综合异常图及其数据库		10	
	找矿预测区圈定的参考图件(如组合异常图等,不建库)		16	16
	省级地球化学综合异常图、找矿预测图		1	1
遥感	典型矿床综合成果图	典型矿床遥感矿产地质特征与近矿找矿标志解译图及其数据库	5	5
		典型矿床遥感羟基异常分布图及其数据库	0	
		典型矿床遥感铁染异常分布图及其数据库	0	
	预测工作区遥感矿产地质特征与近矿找矿标志解译图及其数据库		10	30
	预测工作区遥感羟基异常分布图及其数据库		10	
	预测工作区遥感铁染异常分布图及其数据库		10	
	遥感影像图	典型矿床遥感影像图(无属性库)	5	15
		预测工作区遥感影像图(无属性库)	10	
重砂	预测工作区自然重砂异常图及其数据库		5	5
合计(个)	图件总数 470(建库图件数 405、不建库图件数 50、遥感影像图件数 15),用于典型矿床规律研究的 Excel 数据表 36			

十四、锰矿潜力评价专题成果数据库

锰矿潜力评价专题成果数据库见表6-18。

表6-18 锰矿潜力评价专题成果数据库一览表

专业	专题成果数据库种类		锰矿	
			数量(个)	小计(个)
地质	预测工作区地质构造专题底图及其数据库		5	5
成矿规律与矿产预测	省级预测类型分布图及其数据库		1	12
	典型矿床成矿要素图及其数据库		5	
	预测工作区成矿要素图及其数据库		5	
	省级区域成矿规律图及其数据库		1	
	Ⅳ、Ⅴ级成矿区带图(与成矿规律合为一张图)		0	0
	成矿规律研究用资料数据表[见《矿产资源潜力评价数据模型丛书:成矿规律研究数据模型》(2011)、《矿产资源潜力评价数据模型丛书:矿产预测研究数据模型》(2011)]		36	36
	典型矿床预测要素图及其数据库		5	19
	预测工作区预测要素图及其数据库		5	
	预测工作区矿产预测类型预测成果图及其数据库		5	
	省级预测成果图及其数据库		1	
	省级勘查工作部署图及其数据库		1	
	省级未来矿产开发基地预测图及其数据库		1	
	省级矿产预测类型最小预测区分布图		1	
	典型矿床预测成果图及其数据库(不建库)		5	15
	预测工作区预测单元图(不建库)		5	
	预测工作区最小预测区优选分布图(不建库)		5	
重力	典型矿床综合成果图(不建库)	典型矿床所在区域地质矿产及物探剖析图	5	10
		典型矿床所在地区地质矿产及物探剖析图	0	
		典型矿床所在位置地质矿产及物探剖析图	0	
		典型矿床模式图	5	
	预测工作区重力工作程度图及其数据库		0	15
	预测工作区布格重力异常图及其数据库		5	
	预测工作区剩余重力异常图及其数据库		5	
	预测工作区重力推断地质构造图及其数据库		5	
	预测工作区定量解释剖面图集或图集(不建库)		3	3
磁测	典型矿床综合成果图(不建库)	典型矿床所在区域地质矿产及物探剖析图	0	10
		典型矿床所在地区地质矿产及物探剖析图	5	
		典型矿床所在位置地质矿产及物探剖析图	5	
		典型矿床模式图	0	
	预测工作区航磁ΔT等值线平面图及其数据库		5	15
	预测工作区航磁ΔT化极等值线平面图及其数据库		5	
	预测工作区航磁ΔT化极垂向一阶导数等值线平面图及其数据库		5	
	预测工作区地磁等值线平面图及其数据库		0	0
	预测工作区地磁化极等值线平面图及其数据库		0	
	预测工作区地磁化极垂向一阶导数等值线平面图及其数据库		0	
	预测工作区磁法推断地质构造图及其数据库		5	5
	预测工作区矿产预测类型磁法推断磁性矿产分布图及其数据库		0	
	预测工作区磁异常范围分布图及其数据库		0	
	省级磁法推断磁性矿床分布图及其数据库		0	0
	预测工作区定量计算图集(不建库)		0	0

续表 6-18

专业	专题成果数据库种类		锰矿	
			数量(个)	小计(个)
化探	典型矿床综合成果图	典型矿床单元素地球化学异常图及其数据库	0	5
		典型矿床所在位置区域化探异常特征图及其数据库	5	
	预测工作区单元素地球化学图及其数据库		50	105
	预测工作区单元素地球化学异常图及其数据库		50	
	预测工作区地球化学综合异常图及其数据库		5	
	找矿预测区圈定的参考图件(如组合异常图等,不建库)		7	7
	省级地球化学综合异常图、找矿预测图		1	1
遥感	典型矿床综合成果图	典型矿床遥感矿产地质特征与近矿找矿标志解译图及其数据库	3	3
		典型矿床遥感羟基异常分布图及其数据库	0	
		典型矿床遥感铁染异常分布图及其数据库	0	
	预测工作区遥感矿产地质特征与近矿找矿标志解译图及其数据库		5	15
	预测工作区遥感羟基异常分布图及其数据库		5	
	预测工作区遥感铁染异常分布图及其数据库		5	
	遥感影像图	典型矿床遥感影像图(无属性库)	3	8
		预测工作区遥感影像图(无属性库)	5	
重砂	预测工作区自然重砂异常图及其数据库		3	3
合计(个)	图件总数256(建库图件数209、不建库图件数39、遥感影像图件数8),用于典型矿床规律研究的Excel数据表36			

十五、铬矿潜力评价专题成果数据库

铬矿潜力评价专题成果数据库见表6-19。

表 6-19 铬矿潜力评价专题成果数据库一览表

专业	专题成果数据库种类	铬矿	
		数量(个)	小计(个)
地质	预测工作区地质构造专题底图及其数据库	6	6
成矿规律与矿产预测	省级预测类型分布图及其数据库	1	12
	典型矿床成矿要素图及其数据库	4	
	预测工作区成矿要素图及其数据库	6	
	省级区域成矿规律图及其数据库	1	
	Ⅳ、Ⅴ级成矿区带图(与成矿规律图合为一张图)	0	0
	成矿规律研究用资料数据表[见《矿产资源潜力评价数据模型丛书:成矿规律研究数据模型》(2011)、《矿产资源潜力评价数据模型丛书:矿产预测研究数据模型》(2011)]	36	36
	典型矿床预测要素图及其数据库	4	20
	预测工作区预测要素图及其数据库	6	
	预测工作区矿产预测类型预测成果图及其数据库	6	
	省级预测成果图及其数据库	1	
	省级勘查工作部署图及其数据库	1	
	省级未来矿产开发基地预测图及其数据库	1	
	省级矿产预测类型最小预测区分布图	1	
	典型矿床预测成果图及其数据库(不建库)	4	16
	预测工作区预测单元图(不建库)	6	
	预测工作区最小预测区优选分布图(不建库)	6	

续表 6-19

专业	专题成果数据库种类		铬矿	
			数量(个)	小计(个)
重力	典型矿床综合成果图(不建库)	典型矿床所在区域地质矿产及物探剖析图	4	8
		典型矿床所在地区地质矿产及物探剖析图	0	
		典型矿床所在位置地质矿产及物探剖析图	0	
		典型矿床模式图	4	
	预测工作区重力工作程度图及其数据库		0	18
	预测工作区布格重力异常图及其数据库		6	
	预测工作区剩余重力异常图及其数据库		6	
	预测工作区重力推断地质构造图及其数据库		6	
	预测工作区定量解释剖面图集或图集(不建库)		0	0
磁测	典型矿床综合成果图(不建库)	典型矿床所在区域地质矿产及物探剖析图	0	8
		典型矿床所在地区地质矿产及物探剖析图	4	
		典型矿床所在位置地质矿产及物探剖析图	4	
		典型矿床模式图	0	
	预测工作区航磁 ΔT 等值线平面图及其数据库		6	18
	预测工作区航磁 ΔT 化极等值线平面图及其数据库		6	
	预测工作区航磁 ΔT 化极垂向一阶导数等值线平面图及其数据库		6	
	预测工作区地磁等值线平面图及其数据库		0	0
	预测工作区地磁化极等值线平面图及其数据库		0	
	预测工作区地磁化极垂向一阶导数等值线平面图及其数据库		0	
	预测工作区磁法推断地质构造图及其数据库		6	6
	预测工作区矿产预测类型磁法推断磁性矿产分布图及其数据库		0	
	预测工作区磁异常范围分布图及其数据库		0	
	省级磁法推断磁性矿床分布图及其数据库		0	0
	预测工作区定量计算图集(不建库)		0	0
化探	典型矿床综合成果图	典型矿床单元素地球化学异常图及其数据库	0	4
		典型矿床所在位置区域化探异常特征图及其数据库	4	
	预测工作区单元素地球化学图及其数据库		60	138
	预测工作区单元素地球化学异常图及其数据库		60	
	预测工作区地球化学综合异常图及其数据库		18	
	找矿预测区圈定的参考图件(如组合异常图等,不建库)		4	4
	省级地球化学综合异常图、找矿预测图		0	0
遥感	典型矿床综合成果图	典型矿床遥感矿产地质特征与近矿找矿标志解译图及其数据库	3	3
		典型矿床遥感羟基异常分布图及其数据库	0	
		典型矿床遥感铁染异常分布图及其数据库	0	
	预测工作区遥感矿产地质特征与近矿找矿标志解译图及其数据库		6	18
	预测工作区遥感羟基异常分布图及其数据库		6	
	预测工作区遥感铁染异常分布图及其数据库		6	
	遥感影像图	典型矿床遥感影像图(无属性库)	3	9
		预测工作区遥感影像图(无属性库)	6	
重砂	预测工作区自然重砂异常图及其数据库		3	3
合计(个)	图件总数291(建库图件数245、不建库图件数37、遥感影像图件数9),用于典型矿床规律研究的Excel数据表36			

十六、银矿潜力评价专题成果数据库

银矿潜力评价专题成果数据库见表 6-20。

表 6-20 银矿潜力评价专题成果数据库一览表

专业	专题成果数据库种类		银矿 数量(个)	银矿 小计(个)
地质	预测工作区地质构造专题底图及其数据库		8	8
成矿规律与矿产预测	省级预测类型分布图及其数据库		1	17
	典型矿床成矿要素图及其数据库		8	
	预测工作区成矿要素图及其数据库		7	
	省级区域成矿规律图及其数据库		1	
	Ⅳ、Ⅴ级成矿区带图(与成矿规律图合为一张图)		0	0
	成矿规律研究用资料数据表[见《矿产资源潜力评价数据模型丛书:成矿规律研究数据模型》(2011)、《矿产资源潜力评价数据模型丛书:矿产预测研究数据模型》(2011)]		36	36
	典型矿床预测要素图及其数据库		8	28
	预测工作区预测要素图及其数据库		8	
	预测工作区矿产预测类型预测成果图及其数据库		8	
	省级预测成果图及其数据库		1	
	省级勘查工作部署图及其数据库		1	
	省级未来矿产开发基地预测图及其数据库		1	
	省级矿产预测类型最小预测区分布图		1	
	典型矿床预测成果图及其数据库(不建库)		8	24
	预测工作区预测单元图(不建库)		8	
	预测工作区最小预测区优选分布图(不建库)		8	
重力	典型矿床综合成果图(不建库)	典型矿床所在区域地质矿产及物探剖析图	8	16
		典型矿床所在地区地质矿产及物探剖析图	0	
		典型矿床所在位置地质矿产及物探剖析图	0	
		典型矿床模式图	8	
	预测工作区重力工作程度图及其数据库		0	24
	预测工作区布格重力异常图及其数据库		8	
	预测工作区剩余重力异常图及其数据库		8	
	预测工作区重力推断地质构造图及其数据库		8	
	预测工作区定量解释剖面图集或图集(不建库)		8	8
磁测	典型矿床综合成果图(不建库)	典型矿床所在区域地质矿产及物探剖析图	0	16
		典型矿床所在地区地质矿产及物探剖析图	8	
		典型矿床所在位置地质矿产及物探剖析图	8	
		典型矿床模式图	0	
	预测工作区航磁 ΔT 等值线平面图及其数据库		8	24
	预测工作区航磁 ΔT 化极等值线平面图及其数据库		8	
	预测工作区航磁 ΔT 化极垂向一阶导数等值线平面图及其数据库		8	
	预测工作区地磁等值线平面图及其数据库		0	0
	预测工作区地磁化极等值线平面图及其数据库		0	
	预测工作区地磁化极垂向一阶导数等值线平面图及其数据库		0	
	预测工作区磁法推断地质构造图及其数据库		8	8
	预测工作区矿产预测类型磁法推断磁性矿产分布图及其数据库		0	
	预测工作区磁异常范围分布图及其数据库		0	
	省级磁法推断磁性矿床分布图及其数据库		0	0
	预测工作区定量计算图集(不建库)		0	0

续表 6-20

专业	专题成果数据库种类		银矿	
			数量(个)	小计(个)
化探	典型矿床综合成果图	典型矿床单元素地球化学异常图及其数据库	0	8
		典型矿床所在位置区域化探异常特征图及其数据库	8	
	预测工作区单元素地球化学图及其数据库		80	168
	预测工作区单元素地球化学异常图及其数据库		80	
	预测工作区地球化学综合异常图及其数据库		8	
	找矿预测区圈定的参考图件(如组合异常图等,不建库)		12	12
	省级地球化学综合异常图、找矿预测图		0	
遥感	典型矿床综合成果图	典型矿床遥感矿产地质特征与近矿找矿标志解译图及其数据库	5	5
		典型矿床遥感羟基异常分布图及其数据库	0	
		典型矿床遥感铁染异常分布图及其数据库	0	
	预测工作区遥感矿产地质特征与近矿找矿标志解译图及其数据库		8	24
	预测工作区遥感羟基异常分布图及其数据库		8	
	预测工作区遥感铁染异常分布图及其数据库		8	
	遥感影像图	典型矿床遥感影像图(无属性库)	5	13
		预测工作区遥感影像图(无属性库)	8	
重砂	预测工作区自然重砂异常图及其数据库		4	4
合计(个)	图件总数 407(建库图件数 290、不建库图件数 104、遥感影像图件数 13),用于典型矿床规律研究的 Excel 数据表 36			

十七、硫铁矿潜力评价专题成果数据库

硫铁矿潜力评价专题成果数据库见表 6-21。

表 6-21 硫铁矿潜力评价专题成果数据库一览表

专业	专题成果数据库种类	硫铁矿	
		数量(个)	小计(个)
地质	预测工作区地质构造专题底图及其数据库	7	7
成矿规律与矿产预测	省级预测类型分布图及其数据库	1	18
	典型矿床成矿要素及其数据库	9	
	预测工作区成矿要素及其数据库	7	
	省级区域成矿规律图及其数据库	1	
	Ⅳ、Ⅴ级成矿区带图(与成矿规律图合为一张图)	0	0
	成矿规律研究用资料数据表[见《矿产资源潜力评价数据模型丛书:成矿规律研究数据模型》(2011)、《矿产资源潜力评价数据模型丛书:矿产预测研究数据模型》(2011)]	36	36
	典型矿床预测要素图及其数据库	9	27
	预测工作区预测要素图及其数据库	7	
	预测工作区矿产预测类型预测成果图及其数据库	7	
	省级预测成果图及其数据库	1	
	省级勘查工作部署图及其数据库	1	
	省级未来矿产开发基地预测图及其数据库	1	
	省级矿产预测类型最小预测区分布图	1	
	典型矿床预测成果图及其数据库(不建库)	9	23
	预测工作区预测单元图(不建库)	7	
	预测工作区最小预测区优选分布图(不建库)	7	

续表 6-21

专业	专题成果数据库种类		硫铁矿	
			数量(个)	小计(个)
重力	典型矿床综合成果图(不建库)	典型矿床所在区域地质矿产及物探剖析图	9	18
		典型矿床所在地区地质矿产及物探剖析图	0	
		典型矿床所在位置地质矿产及物探剖析图	0	
		典型矿床模式图	9	
	预测工作区重力工作程度图及其数据库		0	21
	预测工作区布格重力异常图及其数据库		7	
	预测工作区剩余重力异常图及其数据库		7	
	预测工作区重力推断地质构造图及其数据库		7	
	预测工作区定量解释剖面图集或图集(不建库)		4	4
磁测	典型矿床综合成果图(不建库)	典型矿床所在区域地质矿产及物探剖析图	0	18
		典型矿床所在地区地质矿产及物探剖析图	9	
		典型矿床所在位置地质矿产及物探剖析图	9	
		典型矿床模式图	0	
	预测工作区航磁 ΔT 等值线平面图及其数据库		7	21
	预测工作区航磁 ΔT 化极等值线平面图及其数据库		7	
	预测工作区航磁 ΔT 化极垂向一阶导数等值线平面图及其数据库		7	
	预测工作区地磁等值线平面图及其数据库		0	0
	预测工作区地磁化极等值线平面图及其数据库		0	
	预测工作区地磁化极垂向一阶导数等值线平面图及其数据库		0	
	预测工作区磁法推断地质构造图及其数据库		7	7
	预测工作区矿产预测类型磁法推断磁性矿产分布图及其数据库		0	
	预测工作区磁异常范围分布图及其数据库		0	
	省级磁法推断磁性矿床分布图及其数据库		0	
	预测工作区定量计算图集(不建库)		0	
化探	典型矿床综合成果图	典型矿床单元素地球化学异常图及其数据库	0	9
		典型矿床所在位置区域化探异常特征图及其数据库	9	
	预测工作区单元素地球化学图及其数据库		70	147
	预测工作区单元素地球化学异常图及其数据库		70	
	预测工作区地球化学综合异常图及其数据库		7	
	找矿预测区圈定的参考图件(如组合异常图等,不建库)		9	9
	省级地球化学综合异常图、找矿预测图		0	0
遥感	典型矿床综合成果图	典型矿床遥感矿产地质特征与近矿找矿标志解译图及其数据库	9	9
		典型矿床遥感羟基异常分布图及其数据库	0	
		典型矿床遥感铁染异常分布图及其数据库	0	
	预测工作区遥感矿产地质特征与近矿找矿标志解译图及其数据库		7	21
	预测工作区遥感羟基异常分布图及其数据库		7	
	预测工作区遥感铁染异常分布图及其数据库		7	
	遥感影像图	典型矿床遥感影像图(无属性库)	9	16
		预测工作区遥感影像图(无属性库)	7	
重砂	预测工作区自然重砂异常图及其数据库		4	4
合计(个)	图件总数379(建库图件数294、不建库图件数69、遥感影像图件数16),用于典型矿床规律研究的Excel数据表36			

十八、萤石矿潜力评价专题成果数据库

萤石矿潜力评价专题成果数据库见表6-22。

表6-22 萤石矿潜力评价专题成果数据库一览表

专业	专题成果数据库种类		萤石矿	
			数量(个)	小计(个)
地质	预测工作区地质构造专题底图及其数据库		17	17
成矿规律与矿产预测	省级预测类型分布图及其数据库		1	25
	典型矿床成矿要素图及其数据库		6	
	预测工作区成矿要素图及其数据库		17	
	省级区域成矿规律图及其数据库		1	
	Ⅳ、Ⅴ级成矿区带图(与成矿规律图合为一张图)		0	0
	成矿规律研究用资料数据表[见《矿产资源潜力评价数据模型丛书:成矿规律研究数据模型》(2011)、《矿产资源潜力评价数据模型丛书:矿产预测研究数据模型》(2011)]		36	36
	典型矿床预测要素图及其数据库		6	44
	预测工作区预测要素图及其数据库		17	
	预测工作区矿产预测类型预测成果图及其数据库		17	
	省级预测成果图及其数据库		1	
	省级勘查工作部署图及其数据库		1	
	省级未来矿产开发基地预测图及其数据库		1	
	省级矿产预测类型最小预测区分布图		1	
	典型矿床预测成果图及其数据库(不建库)		6	40
	预测工作区预测单元图(不建库)		17	
	预测工作区最小预测区优选分布图(不建库)		17	
重力	典型矿床综合成果图(不建库)	典型矿床所在区域地质矿产及物探剖析图	17	34
		典型矿床所在地区地质矿产及物探剖析图	0	
		典型矿床所在位置地质矿产及物探剖析图	0	
		典型矿床模式图	17	
	预测工作区重力工作程度图及其数据库		0	51
	预测工作区布格重力异常图及其数据库		17	
	预测工作区剩余重力异常图及其数据库		17	
	预测工作区重力推断地质构造图及其数据库		17	
	预测工作区定量解释剖面图集或图集(不建库)		10	10
磁测	典型矿床综合成果图(不建库)	典型矿床所在区域地质矿产及物探剖析图	0	20
		典型矿床所在地区地质矿产及物探剖析图	10	
		典型矿床所在位置地质矿产及物探剖析图	10	
		典型矿床模式图	0	
	预测工作区航磁ΔT等值线平面图及其数据库		17	51
	预测工作区航磁ΔT化极等值线平面图及其数据库		17	
	预测工作区航磁ΔT化极垂向一阶导数等值线平面图及其数据库		17	
	预测工作区地磁等值线平面图及其数据库		0	0
	预测工作区地磁化极等值线平面图及其数据库		0	
	预测工作区地磁化极垂向一阶导数等值线平面图及其数据库		0	
	预测工作区磁法推断地质构造图及其数据库		17	17
	预测工作区矿产预测类型磁法推断磁性矿产分布图及其数据库		17	
	预测工作区磁异常范围分布图及其数据库		0	
	省级磁法推断磁性矿床分布图及其数据库		0	0
	预测工作区定量计算图集(不建库)		0	0

续表 6-22

专业	专题成果数据库种类		萤石矿	
			数量(个)	小计(个)
化探	典型矿床综合成果图	典型矿床单元素地球化学异常图及其数据库	0	17
		典型矿床所在位置区域化探异常特征图及其数据库	17	
	预测工作区单元素地球化学图及其数据库		170	357
	预测工作区单元素地球化学异常图及其数据库		170	
	预测工作区地球化学综合异常图及其数据库		17	
	找矿预测区圈定的参考图件(如组合异常图等,不建库)		59	59
	省级地球化学综合异常图、找矿预测图		0	0
遥感	典型矿床综合成果图	典型矿床遥感矿产地质特征与近矿找矿标志解译图及其数据库	12	12
		典型矿床遥感羟基异常分布图及其数据库	0	
		典型矿床遥感铁染异常分布图及其数据库	0	
	预测工作区遥感矿产地质特征与近矿找矿标志解译图及其数据库		17	51
	预测工作区遥感羟基异常分布图及其数据库		17	
	预测工作区遥感铁染异常分布图及其数据库		17	
	遥感影像图	典型矿床遥感影像图(无属性库)	8	25
		预测工作区遥感影像图(无属性库)	17	
重砂	预测工作区自然重砂异常图及其数据库		9	9
合计(个)	图件总数 839(建库图件数 695、不建库图件数 119、遥感影像图件数 25),用于典型矿床规律研究的Excel数据表 36			

十九、菱镁矿潜力评价专题成果数据库

菱镁矿潜力评价专题成果数据库见表 6-23。

表 6-23 菱镁矿潜力评价专题成果数据库一览表

专业	专题成果数据库种类	菱镁矿	
		数量(个)	小计(个)
地质	预测工作区地质构造专题底图及其数据库	1	1
成矿规律与矿产预测	省级预测类型分布图及其数据库	1	4
	典型矿床成矿要素图及其数据库	1	
	预测工作区成矿要素图及其数据库	1	
	省级区域成矿规律图及其数据库	1	
	Ⅳ、Ⅴ级成矿区带图(与成矿规律图合为一张图)	0	0
	成矿规律研究用资料数据表[见《矿产资源潜力评价数据模型丛书:成矿规律研究数据模型》(2011)、《矿产资源潜力评价数据模型丛书:矿产预测研究数据模型》(2011)]	36	36
	典型矿床预测要素图及其数据库	1	7
	预测工作区预测要素图及其数据库	1	
	预测工作区矿产预测类型预测成果图及其数据库	1	
	省级预测成果图及其数据库	1	
	省级勘查工作部署图及其数据库	1	
	省级未来矿产开发基地预测图及其数据库	1	
	省级矿产预测类型最小预测区分布图	1	
	典型矿床预测成果图及其数据库(不建库)	1	3
	预测工作区预测单元图(不建库)	1	
	预测工作区最小预测区优选分布图(不建库)	1	

续表 6-23

专业	专题成果数据库种类		菱镁矿	
			数量(个)	小计(个)
重力	典型矿床综合成果图(不建库)	典型矿床所在区域地质矿产及物探剖析图	1	2
		典型矿床所在地区地质矿产及物探剖析图	0	
		典型矿床所在位置地质矿产及物探剖析图	0	
		典型矿床模式图	1	
	预测工作区重力工作程度图及其数据库		0	3
	预测工作区布格重力异常图及其数据库		1	
	预测工作区剩余重力异常图及其数据库		1	
	预测工作区重力推断地质构造图及其数据库		1	
	预测工作区定量解释剖面图集或图集(不建库)		0	0
磁测	典型矿床综合成果图(不建库)	典型矿床所在区域地质矿产及物探剖析图	0	0
		典型矿床所在地区地质矿产及物探剖析图	0	
		典型矿床所在位置地质矿产及物探剖析图	0	
		典型矿床模式图	0	
	预测工作区航磁 ΔT 等值线平面图及其数据库		1	3
	预测工作区航磁 ΔT 化极等值线平面图及其数据库		1	
	预测工作区航磁 ΔT 化极垂向一阶导数等值线平面图及其数据库		1	
	预测工作区地磁等值线平面图及其数据库		0	0
	预测工作区地磁化极等值线平面图及其数据库		0	
	预测工作区地磁化极垂向一阶导数等值线平面图及其数据库		0	
	预测工作区磁法推断地质构造图及其数据库		1	1
	预测工作区矿产预测类型磁法推断磁性矿产分布图及其数据库		0	
	预测工作区磁异常范围分布图及其数据库		0	
	省级磁法推断磁性矿床分布图及其数据库		0	0
	预测工作区定量计算图集(不建库)		0	0
化探	典型矿床综合成果图	典型矿床单元素地球化学异常图及其数据库	0	1
		典型矿床所在位置区域化探异常特征图及其数据库	1	
	预测工作区单元素地球化学图及其数据库		10	21
	预测工作区单元素地球化学异常图及其数据库		10	
	预测工作区地球化学综合异常图及其数据库		1	
	找矿预测区圈定的参考图件(如组合异常图等,不建库)		0	0
	省级地球化学综合异常图、找矿预测图		0	0
遥感	典型矿床综合成果图	典型矿床遥感矿产地质特征与近矿找矿标志解译图及其数据库	1	1
		典型矿床遥感羟基异常分布图及其数据库	0	
		典型矿床遥感铁染异常分布图及其数据库	0	
	预测工作区遥感矿产地质特征与近矿找矿标志解译图及其数据库		1	3
	预测工作区遥感羟基异常分布图及其数据库		1	
	预测工作区遥感铁染异常分布图及其数据库		1	
	遥感影像图	典型矿床遥感影像图(无属性库)	1	2
		预测工作区遥感影像图(无属性库)	1	
重砂	预测工作区自然重砂异常图及其数据库		1	1
合计(个)	图件总数53(建库图件数45、不建库图件数6、遥感影像图件数2),用于典型矿床规律研究的Excel数据表36			

二十、重晶石矿潜力评价专题成果数据库

重晶石矿潜力评价专题成果数据库见表 6-24。

表 6-24 重晶石矿潜力评价专题成果数据库一览表

专业	专题成果数据库种类		重晶石	
			数量(个)	小计(个)
地质	预测工作区地质构造专题底图及其数据库		1	1
成矿规律与矿产预测	省级预测类型分布图及其数据库		1	4
	典型矿床成矿要素图及其数据库		1	
	预测工作区成矿要素图及其数据库		1	
	省级区域成矿规律图及其数据库		1	
	Ⅳ、Ⅴ级成矿区带图(与成矿规律图合为一张图)		0	0
	成矿规律研究用资料数据表[见《矿产资源潜力评价数据模型丛书:成矿规律研究数据模型》(2011)、《矿产资源潜力评价数据模型丛书:矿产预测研究数据模型》(2011)]		36	36
	典型矿床预测要素图及其数据库		1	7
	预测工作区预测要素图及其数据库		1	
	预测工作区矿产预测类型预测成果图及其数据库		1	
	省级预测成果图及其数据库		1	
	省级勘查工作部署图及其数据库		1	
	省级未来矿产开发基地预测图及其数据库		1	
	省级矿产预测类型最小预测区分布图		1	
	典型矿床预测成果图及其数据库(不建库)		1	3
	预测工作区预测单元图(不建库)		1	
	预测工作区最小预测区优选分布图(不建库)		1	
	典型矿床综合成果图(不建库)	典型矿床所在区域地质矿产及物探剖析图	0	2
		典型矿床所在地区地质矿产及物探剖析图	1	
		典型矿床所在位置地质矿产及物探剖析图	1	
		典型矿床模式图	0	
重力	预测工作区重力工作程度图及其数据库		0	3
	预测工作区布格重力异常图及其数据库		1	
	预测工作区剩余重力异常图及其数据库		1	
	预测工作区重力推断地质构造图及其数据库		1	
	预测工作区定量解释剖面图集或图集(不建库)		0	0

续表 6-24

专业	专题成果数据库种类		重晶石	
			数量(个)	小计(个)
磁测	典型矿床综合成果图(不建库)	典型矿床所在区域地质矿产及物探剖析图	0	0
		典型矿床所在地区地质矿产及物探剖析图	0	
		典型矿床所在位置地质矿产及物探剖析图	0	
		典型矿床模式图	0	
	预测工作区航磁 ΔT 等值线平面图及其数据库		1	3
	预测工作区航磁 ΔT 化极等值线平面图及其数据库		1	
	预测工作区航磁 ΔT 化极垂向一阶导数等值线平面图及其数据库		1	
	预测工作区地磁等值线平面图及其数据库		0	0
	预测工作区地磁化极等值线平面图及其数据库		0	
	预测工作区地磁化极垂向一阶导数等值线平面图及其数据库		0	
	预测工作区磁法推断地质构造图及其数据库		1	1
	预测工作区矿产预测类型磁法推断磁性矿产分布图及其数据库		0	
	预测工作区磁异常范围分布图及其数据库		0	
	省级磁法推断磁性矿床分布图及其数据库		0	0
	预测工作区定量计算图集(不建库)		0	0
化探	典型矿床综合成果图	典型矿床单元素地球化学异常图及其数据库	0	1
		典型矿床所在位置区域化探异常特征图及其数据库	1	
	预测工作区单元素地球化学图及其数据库		10	21
	预测工作区单元素地球化学异常图及其数据库		10	
	预测工作区地球化学综合异常图及其数据库		1	
	找矿预测区圈定的参考图件(如组合异常图等,不建库)		0	0
	省级地球化学综合异常图、找矿预测图		0	0
遥感	典型矿床综合成果图	典型矿床遥感矿产地质特征与近矿找矿标志解译图及其数据库	1	1
		典型矿床遥感羟基异常分布图及其数据库	0	
		典型矿床遥感铁染异常分布图及其数据库	0	
	预测工作区遥感矿产地质特征与近矿找矿标志解译图及其数据库		1	3
	预测工作区遥感羟基异常分布图及其数据库		1	
	预测工作区遥感铁染异常分布图及其数据库		1	
	遥感影像图	典型矿床遥感影像图(无属性库)	1	2
		预测工作区遥感影像图(无属性库)	1	
重砂	预测工作区自然重砂异常图及其数据库		1	1
合计(个)	图件总数53(建库图件数45,不建库图件数6,遥感影像图件数2),用于典型矿床规律研究的Excel数据表36			

第四节 专题成果数据库质量评价

一、专题成果数据库质量评价流程

内蒙古自治区矿产资源潜力评价专题成果数据库的质量评价流程见图6-5。

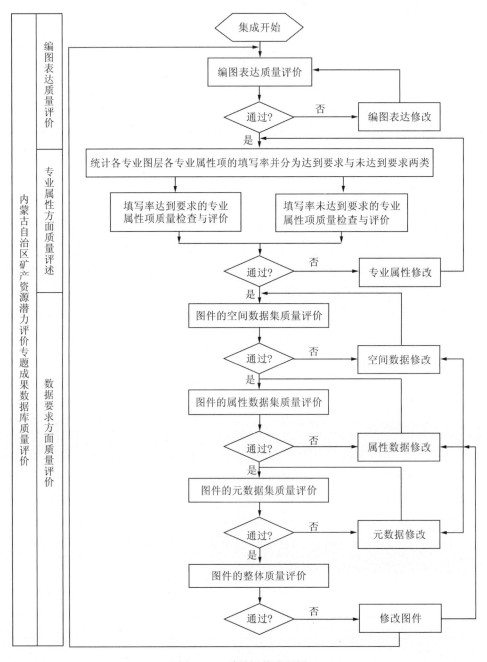

图6-5 质量评价流程图

二、专题成果数据库质量评价

通过成果数据库质量评价工作,在编图表达、专业属性、数据要求这些方面,均满足内蒙古自治区矿产资源潜力评价成果数据库项目的质量要求。

第五节 集成数据库系统使用说明

内蒙古自治区矿产资源潜力评价资料性成果汇总建库管理系统 GeoPEX,完全遵循矿产资源潜力评价数据模型规定,主要有两方面作用:一方面,能把内蒙古自治区矿产资源潜力评价资料性成果汇总入库并有效管理起来,将内蒙古自治区矿产资源潜力评价资料性成果做一个阶段性汇总打包;另一方面,能按专题、矿种、空间范围(省行政区范围、预测工作区、典型矿床研究区或任意指定空间范围)或属性条件检索已入库资料性成果,辅助相关专业开展综合编图研究工作。

下面对系统概述、查询方案配置、数据查询功能等进行叙述。

一、系统概述

(一)功能简介

GeoPEX 由全国重要矿产资源潜力评价综合信息集成项目组委托四川省地质调查院勘查技术中心开发,用于内蒙古自治区矿产资源潜力评价资料性成果汇总建库,建立内蒙古自治区矿产资源潜力评价资料性成果数据库系统。该系统支持基于本地、局域网、广域网分布式管理,实现内蒙古自治区矿产资源潜力评价图件、报告、编图说明书、元数据等一体化管理,可按专业、矿种、图件类型、图层分类、空间范围、图元属性等多种方式浏览、查询、检索图件、图层、图元、属性及相关文档,并可方便检索结果的导出,辅助综合编图等应用。主要功能:①数据库注册、查询方案配置、环境设置;②用户管理、权限分配;③投影转换(批量转换等);④图件入库;⑤图件、图层、图元及属性浏览、查询、检索;⑥检索结果导出;⑦数据维护(包括编图说明书、元数据、质量检查文档、栅格图像、遥感图像、汇报材料、表格及其他等文档);⑧数据库备份、数据库恢复、数据库迁移、数据库优化等。

(二)软件与硬件环境

服务器端:操作系统采用 Windows Server 2003 及以上版本,内存 4GB 以上。

数据库系统:本地数据库采用 MS Access MDB(版本为 2003 及以上,主要存放系统查询模板和数据字典)。图件属性数据库采用:①MS SQL Server(版本为 2005 及以上);②Oracle(版本为 9.0 及以上)。

存储设备:本地数据库单个 MDB 文件最大控制在 1.8GB。硬盘空间为图件数据和文档数据大小的 3 倍。数据库大小为图件数据和文档数据大小的 5 倍,日志大小为数据库大小的 1/2,自动增长率大于 10%。

网络设备:局域网满足 100M、广域网满足 2M。

客户端:操作系统采用 Windows XP SP3 或 Windows 7 SP1 及以上版本。内存 2GB 及以上。

GeoPEX 在计算机上安装最低要求:CPU 为 2GHz,双核以上,内存 1GB 以上,显示器分辨率为 1024×768 及以上。

(三)基本情况

1. 部署框架

GeoPEX 的部署框架见图 6-6。

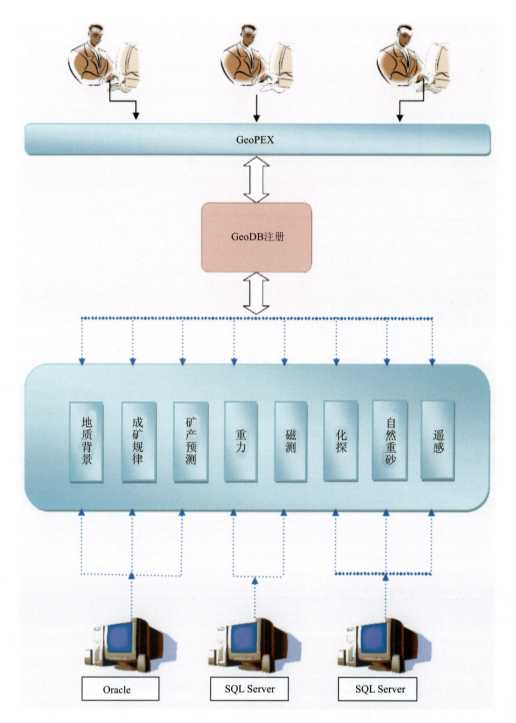

图 6-6　GeoPEX 的基本部署

2. 体系结构

GeoPEX 的体系结构见图 6-7。

3. 用户登录界面

GeoPEX 的用户登录界面见图 6-8。

第六章 矿产资源潜力评价成果数据库集成

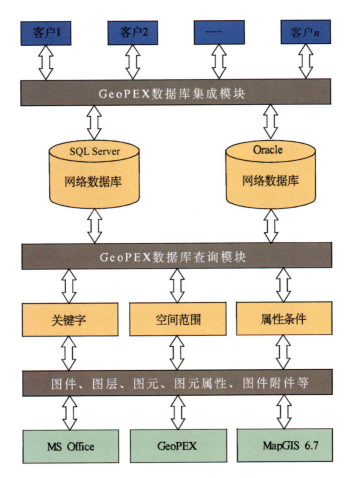

图 6-7 GeoPEX 的体系结构

图 6-8 GeoPEX 的用户登录界面

4. 系统主界面

GeoPEX 的主界面如图 6-9 所示。

图 6-9　GeoPEX 的主界面

GeoPEX 系统包括五大功能模块。

(1) 系统配置模块,含计算机注册、数据库注册、查询方案配置、MapGIS 环境设置功能子模块。

(2) 用户管理模块,含系统用户管理、用户权限分配以及注销登录功能子模块。

(3) 图件导入模块,含投影转换、图件导入、图件维护、文档维护功能子模块。

(4) 图件查询模块,含图件、图层、图元及属性浏览、查询、检索、结果导出功能子模块。

(5) 系统维护模块,含备份本地数据库、恢复本地数据库功能子模块。

二、系统配置

系统配置模块有 4 个功能子模块:计算机注册、数据库注册、查询方案配置、MapGIS 环境设置,用以区别不同计算图件的导入、注册的 GeoPEX 数据源、配置的查询方案、设置的 MapGIS 工作环境等信息,是 GeoPEX 软件系统正确运行的基础。其中,查询方案配置模块简述如下。

1. 查询方案配置子模块的功能

为了方便用户查询空间数据,可以预先定制若干空间图层(例如:面图层中的面图元作为空间范围检索条件)。目前,GeoPEX 软件系统的"查询方案"是用 MapGIS 图件工程表示的,其中的空间图层内的图元可以很方便选为空间检索条件使用。

查询方案配置子模块,主要用于预先配置若干备用 MapGIS 图件工程,作为"查询方案"使用有 4 个功能:①新建 GeoPEX 查询方案;②删除 GeoPEX 查询方案;③修改 GeoPEX 查询方案;④更新 GeoPEX 查询方案列表。

2. 查询方案配置子模块的主界面

查询方案配置子模块的主界面如图 6-10 所示。

3. 查询方案配置子模块前两个功能的操作步骤

(1) 功能 1:新建 GeoPEX 查询方案。其操作步骤如下。

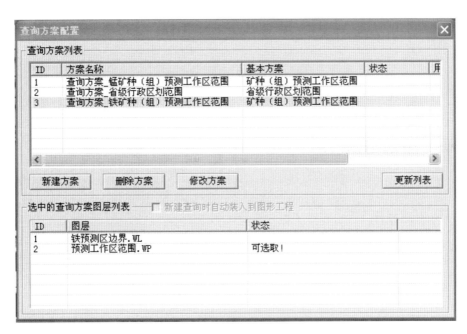

图 6-10 "查询方案配置"的主界面

步骤 1 在查询方案配置的主界面中,点击按钮"新建方案",弹出如图 6-11 所示的对话框。

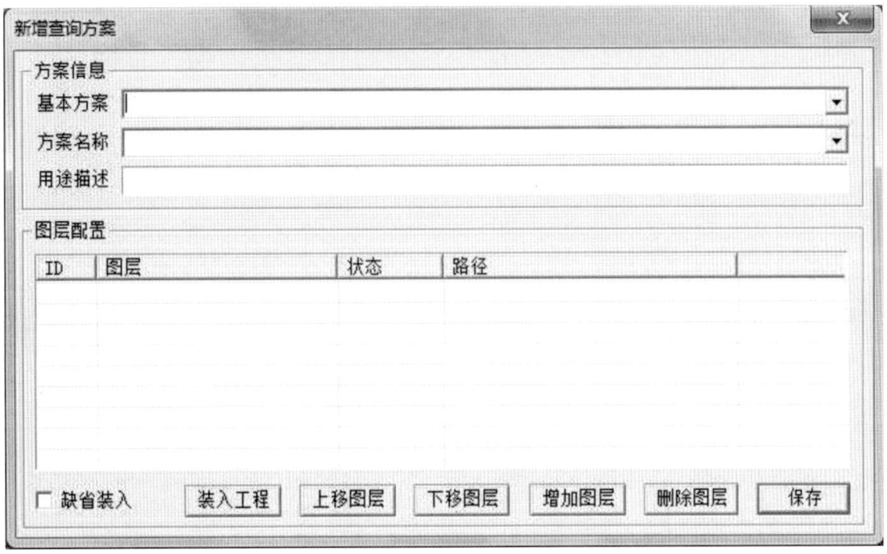

图 6-11 "新增查询方案"对话框

步骤 2 在上述界面基本方案中,系统提供了 5 类缺省的基本查询配置方案(省级行政区划范围、矿种(组)预测工作区范围、1∶25 万分幅接图表、矿种(组)矿种典型矿床研究区范围、矿种(组)矿产预测方法类型范围)和 1 种用户自定义配置方案。选择查询方案名称(例如:"查询方案_铁矿种(组)预测工作区"),点击按钮"确定",完成查询方案名称的输入。

步骤 3 在新建查询方案界面中,利用"增加图层"按钮,添加 MapGIS 图层到当前查询方案中;利用"删除图层"按钮,从当前查询方案中删除 MapGIS 图层;利用"上移图层""下移图层"按钮调整当前查询方案中 MapGIS 图层显示顺序。

步骤4　在新建查询方案界面中,复选或取消复选"缺省装入"框,用以设置当前查询方案的是否自动装入到图件查询窗口中。

步骤5　在新建查询方案界面中,点击按钮"保存",则保存当前查询方案。

(2)功能2　删除GeoPEX查询方案。其操作步骤如下。

步骤1　在查询方案配置界面中,在查询方案列表框中选中某个查询方案。

步骤2　在查询方案配置界面中,点击按钮"删除方案",则从GeoPEX中删除当前查询方案。

三、数据查询

图件查询模块,是GeoPEX软件系统中最重要的一个模块,其他模块——系统配置模块(计算机注册数据库注册、查询方案配置、MapGIS环境设置)、用户管理模块(用户管理、注销登录等)、图件导入模块(投影转换、图件导入、图件维护、文档维护)、系统维护模块,均是围绕图件查询提供基础服务的。为了提高查询、检索的速度,图件查询模块在功能操作方面,也体现粗略查询(即"粗查")与精细查询(即"精查")的配合。

1. 功能介绍

图件查询模块功能分两大类:辅助功能、实用功能。

1)辅助功能

(1)设置粗略属性条件。

(2)设置精细属性条件。

(3)装入查询方案。

(4)从查询方案选取空间条件。

(5)从键盘输入空间范围条件。

(6)选择图件查看挂接的附件。

2)实用功能

(1)从数据库中,检索并浏览指定图件。

(2)从数据库中,检索满足属性条件的图层。

(3)从数据库中,检索满足属性条件的图元。

(4)从数据库中,检索满足空间条件的图件。

(5)从数据库中,检索满足空间条件的图层。

(6)从数据库中,提取并浏览图元的属性。

(7)浏览图件挂接的附件。

(8)保存查询工程。

(9)保存MapGIS图形工程。

(10)图件的导出(投影图件、原样分幅图件、经纬分幅图件)。

2. 主界面介绍

图件查询模块的主界面如图6-12所示。图件查询模块的主界面面板可分八大功能区,每个功能区名称及作用描述如下。

(1)主菜单条区,即图件查询模块主菜单工作区。

(2)主工具条区,即图件查询模块主工具工作区。

(3)粗略查询区,包括关键字查询设置高级设置、关键字输入、关键字查询按钮、图幅联动按钮、显示范围按钮、图件列表。

(4)精细查询区,包括启用范围按钮、全部属性按钮、图层列表。

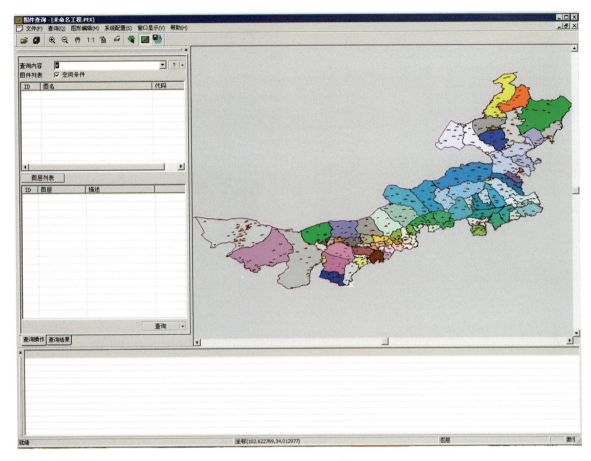

图 6-12 图件查询模块的主界面

(5)图形查询工作区,即图形查询 tab。
(6)图形工程工作区,即图形工程 tab。
(7)图形显示区,即主要显示检索的结果图形。
(8)图元属性/执行结果显示区,即显示指定图层的属性数据,也显示操作执行的结果。

3. 辅助功能操作

1)辅助功能 1:设置粗略属性条件

步骤 1　在图件查询模块主界面粗略查询区的下拉菜单中选择"查询高级设置"选项,打开对应的对话框,如图 6-13 所示。

步骤 2　在图 6-13 界面中,可以设置如下内容:

(1)指定需要查询的数据源。

(2)设置可查询的图件信息、图层信息或图元信息,这些信息是用户所输入的关键字需要过滤的范围。

(3)是否勾选"精确查找"复选框:若勾选"精确查找"复选框,则系统会把用户所输入的关键字在查找过程中进行完全匹配;若未勾选"精确查找"复选框,则系统会把用户所输入的关键字在查找过程中进行模糊匹配。

(4)是否勾选"关键字提示"复选框:若勾选"关键字提示"复选框,则系统会基于用户所输入的关键字,把满足关键字的图件信息或图层信息预先填到关键字编辑组合框,方便用户直接选用;若未勾选"关键字提示"复选框,则关键字编辑组合框无预先填入的关键字信息。

(5)是否勾选"增强模式"复选框:若勾选"增强模式"复选框,则系统会把满足用户输入关键字的图件条目和图件数据立即从数据库全部提取到 GeoPEX 系统的客户端;若未勾选"增强模式"复选框,则

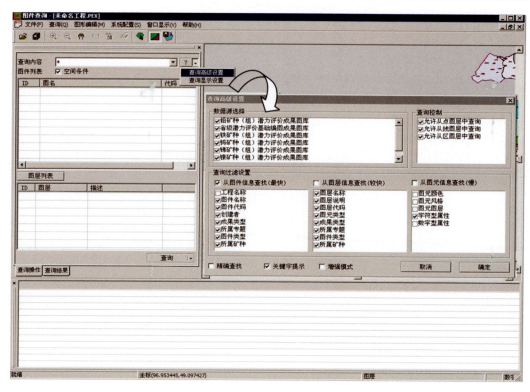

图 6-13 "查询高级设置"对话框

系统会只把满足用户输入关键字的图件条目立即从数据库提取到 GeoPEX 系统的客户端,而不提取图件数据本身。用户需要进行精细查询,以此提高系统对用户的响应速度。

2) 辅助功能 2:设置精细属性条件

步骤 1　在图件查询模块主界面"高级"按钮的弹出菜单中选择"导出属性设置",双击某个图层,弹出"字段设置"对话框(图 6-14、图 6-15)。

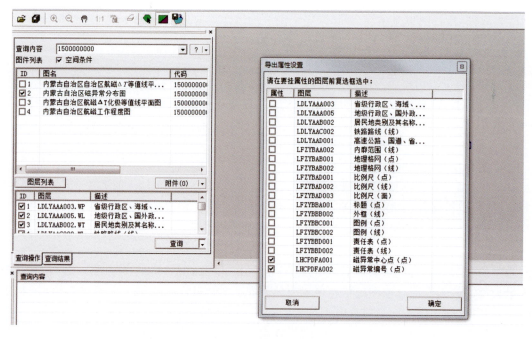

图 6-14　"导出属性设置"对话框

第六章 矿产资源潜力评价成果数据库集成

图 6-15 "字段设置"对话框

步骤 2　在"字段设置"对话框中,勾选某字段左边的复选框(例如:"磁异常类别"),点击"字段设置"对话框的按钮"设置过滤条件",弹出"设置查询条件"对话框,如图 6-16 所示。

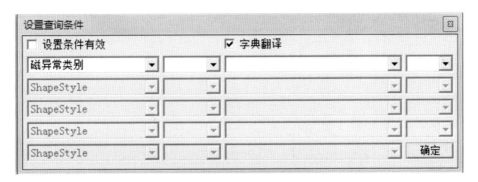

图 6-16 "设置查询条件"对话框

步骤 3　在"设置查询条件"对话框中,勾选"设置条件有效"复选框,查询"磁异常类别",勾选"字典翻译"复选框,查询"甲类异常",如图 6-17 所示。

图 6-17 设置查询条件

步骤4 在"设置查询条件"对话框中,点击按钮"确定";返回到"字段设置"对话框,点击按钮"确定";返回到图件查询模块主界面的精细查询区,点击按钮"查询",即精细属性条件已用于查询满足精细属性条件的图元,精细查询的结果如图6-18所示。

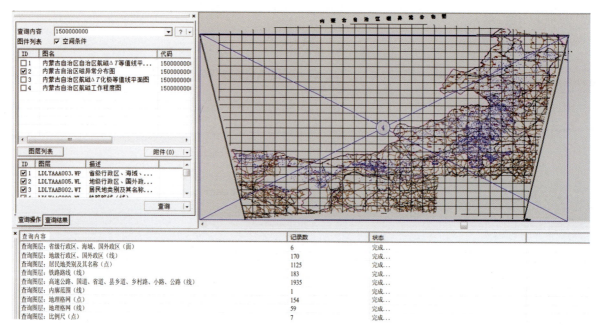

图6-18 精细查询的结果

3)辅助功能3:装入查询方案

步骤1 在图件查询模块主界面的主菜单条区,点击"查询"菜单下的"装入查询方案"选项或直接点击" "按钮,如图6-19所示。

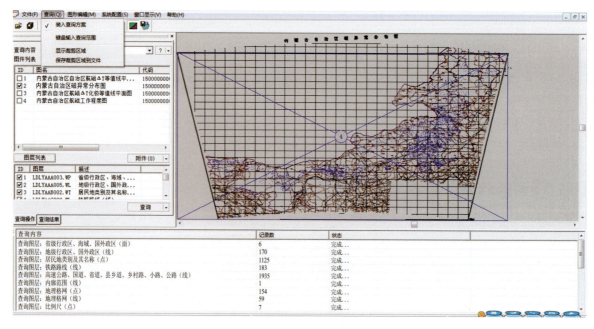

图6-19 选择"装入查询方案"

步骤2　鼠标左键点击"装入查询方案",弹出"查询方案"对话框,如图6-20所示。

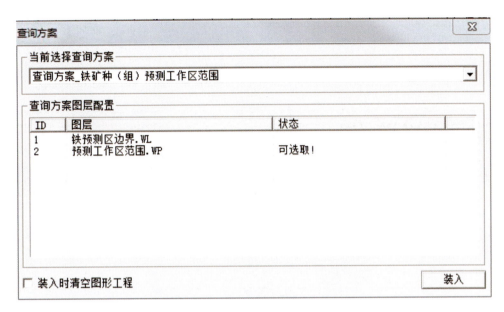

图6-20　"查询方案"对话框

步骤3　在"查询方案"对话框的查询方案列表中,选中一个合适的查询方案[例如:查询方案-铁矿种(组)预测工作区范围)],且勾选"装入时清空图形工程"复选框,先清空当前图形工程,然后把查询方案装入到当前图形工程,其结果如图6-21所示。

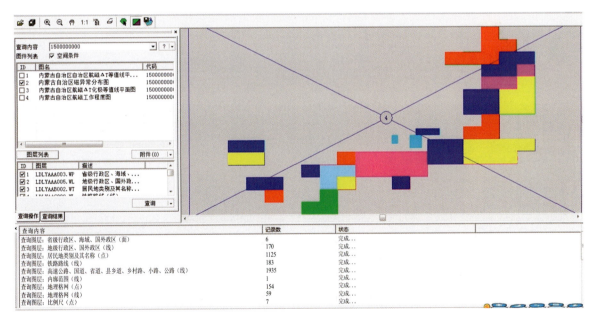

图6-21　装入查询方案操作的结果

4)辅助功能4:从查询方案选取空间条件

步骤1　在图件查询模块主界面中,装入某查询方案到当前图形工程,例如:装入"查询方案-铁矿种(组)预测工作区范围"。

步骤2　在图件查询模块主界面中,切换到图形工程tab,在图层列表使相关空间图层可编辑,例如:使"铁矿种(组)预测工作区"可编辑。

步骤 3　在图件查询模块主界面主工具条中,点击工具按钮" ",然后,在图形显示区选中空间图元(例如:某个政区图元)。

步骤 4　在图件查询模块主界面主工具条中,切换到图形查询 tab,勾选"空间条件"复选框,则上步所选空间面图元已可作为空间范围条件,如图 6-22 所示。

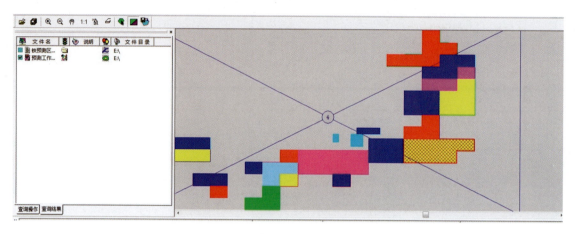

图 6-22　铁矿种(组)预测工作区

4. 实用功能操作

1)实用功能 1:从数据库中,检索并浏览指定图件

步骤 1　在图件查询模块主界面粗略查询区中,设置粗略属性条件为:勾选需要查询的数据库,并且只勾选"从图件信息查找"复选框(图 6-23)。

步骤 2　在图件查询模块主界面关键字输入区中,输入图件名称关键字,点击按钮"?",查询到满足

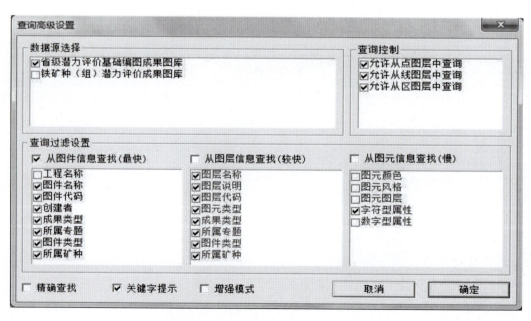

图 6-23　"查询高级设置"对话框

关键字的图件列表,如图 6-24 所示。

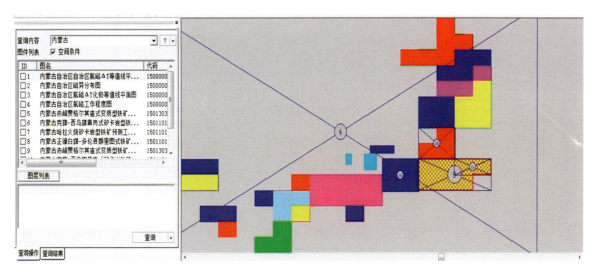

图 6-24　按图件名称关键字查询

步骤 3　在图件查询模块主界面图件列表,勾选某个图件,点击"图层列表"按钮,然后点击"查询"按钮,即可浏览指定的图件,如图 6-25 所示。

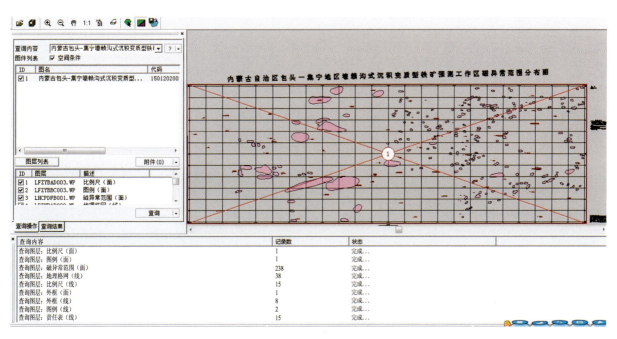

图 6-25　浏览指定的图件

2)实用功能 2:从数据库中,检索满足属性条件的图层

步骤 1　在图件查询模块主界面粗略查询区中,设置粗略属性条件为:勾选需要查询的数据库,勾选"从图件信息查找""从图层信息查找""从图元信息查找"复选框,点击"确定"按钮,如图 6-26 所示。

步骤 2　在图件查询模块主界面关键字输入区中,输入图层名称关键字信息(例如:沉积型),点击按钮"?",再点击"图层列表"按钮查询到满足关键字的图件列表,如图 6-27 所示。

步骤 3　在图件查询模块主界面图件列表中,勾选多个图件和图层后,若直接点击"查询"按钮,将

图 6-26 设置粗略属性条件

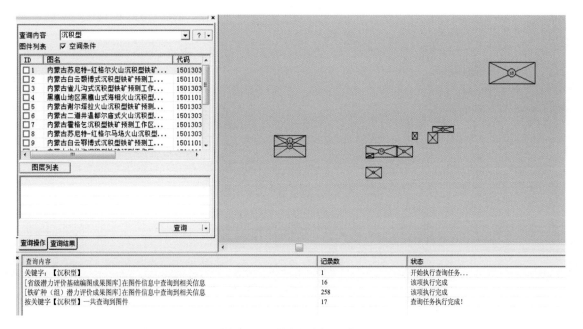

图 6-27 "图层列表"查询

查询出不带属性的图元。若需要同时查询图元属性,须点击"高级"中的"设置导出属性"菜单(图 6-28)。

步骤 4 在"导出属性设置"的对话框中,勾选上需要导出属性的图层(图 6-29),然后回到上步重新执行查询操作。若需查询部分属性可双击图层,在弹出的"字段设置"对话框中勾选相应的字段名即可。

步骤 5 在图件查询模块主界面表中,点击按钮"1:1",显示已检索的多个图件中的满足关键字的图层(例如:磁异常范围(面)图层),如图 6-30 所示。

3)实用功能 3:从数据库中,检索满足属性条件的图元

步骤 1 在图件查询模块主界面粗略查询区中,设置粗略属性条件为:勾选需要查询的数据库,勾选"从图件信息查找""从图层信息查找""从图元信息查找"复选框,如图 6-31 所示。

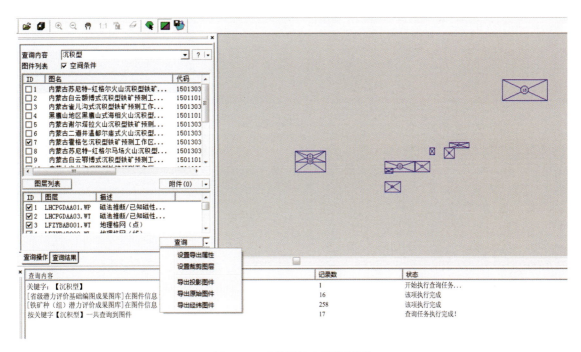

图 6-28 "设置导出属性"菜单

图 6-29 "导出属性设置"对话框

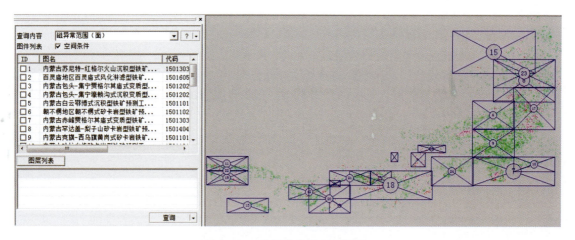

图 6-30 磁异常范围(面)图层

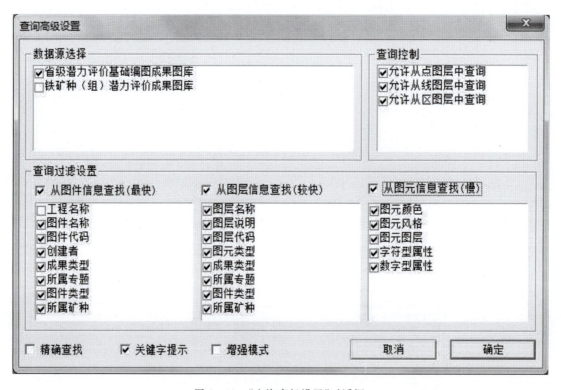

图 6-31 "查询高级设置"对话框

步骤2 在图件查询模块主界面关键字输入区中,输入图层名称关键字信息[例如:磁异常范围(面)],点击按钮"?",查询到满足关键字的图件列表,如图 6-32 所示。

步骤3 在图件查询模块主界面图件列表中,勾选多个图件和图层,先点击"图层列表"后点击按钮"查询",将检索已勾选多个图件中满足关键字的图层,因勾选图件多,此检索过程可能需要一些时间,如图 6-33 所示。

步骤4 点击"高级",弹出"导出属性设置"菜单,在属性设置对话框中双击某个图层[如:磁异常范围(面)]弹出"字段设置"对话框,如图 6-34 所示。

步骤5 在图 6-34 的"字段设置"对话框中,勾选约束字段,点击按钮"设置过滤条件"可设置字段属性逻辑条件,如图 6-35 所示。

第六章 矿产资源潜力评价成果数据库集成

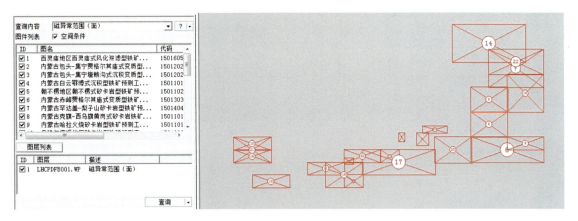

图 6-32 查询到满足关键字的图件

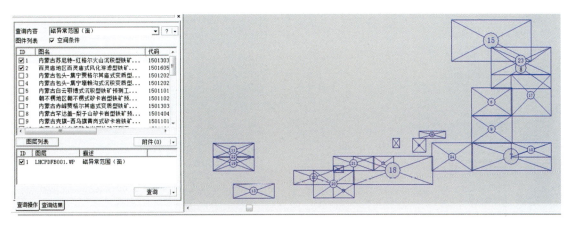

图 6-33 "图层列表"查询

图 6-34 "字段设置"对话框

图 6-35 "设置查询条件"对话框

步骤 6 在如图 6-35 所示的对话框中,点击按钮"确定",返回到"字段设置"对话框;点击按钮"确定",返回到图件查询 tab 的图层列表,点击按钮"查询",如图 6-36 所示。

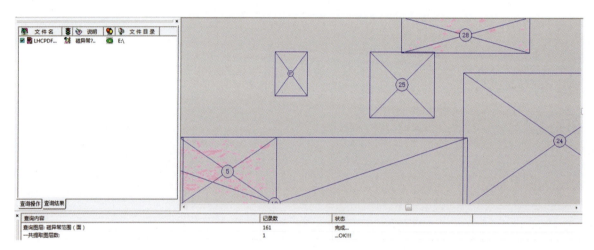

图 6-36 查询到的内容

步骤 7 切换到图形工程,选中已检索的图层,右键弹出浮动菜单,如图 6-37 所示。

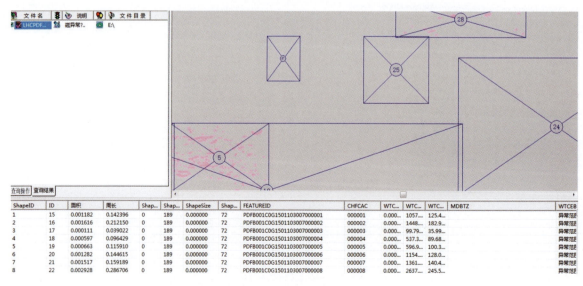

图 6-37 满足属性的图元

步骤8　左键弹出浮动菜单的"查询属性"菜单,则检出了满足属性的图元,图6-36所示。
4)实用功能4:从数据库中,检索满足空间条件的图件
步骤1　在图件查询模块主界面中,装入查询方案(基于辅助功能3——装入查询方案的操作步骤)(例如:图6-38为内蒙古铁矿预测区范围)。

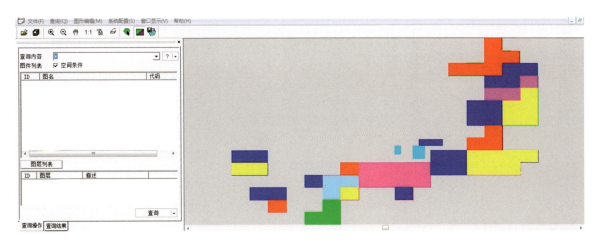

图6-38　内蒙古铁矿预测区范围

步骤2　在图件查询模块主界面粗略查询区中,设置粗略属性条件为:勾选需要查询的数据库,勾选"从图件信息查找""从图层信息查找"复选框,如图6-39所示。

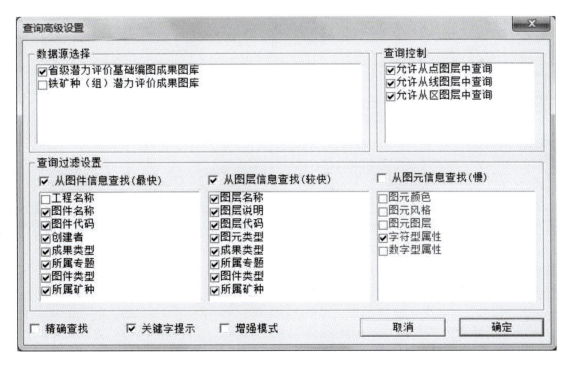

图6-39　"查询高级设置"对话框

步骤3　切换到图形工程tab的图层列表,勾选可作为空间范围条件的图层,在已勾选空间图层中使用选择工具选中空间范围;切换到图形查询tab,勾选"显示每个图件范围"复选框,如图6-40所示。
步骤4　在图6-40中,勾选要查询的数据库,点击按钮"?",则检索出落入空间范围内的图件,并裁剪空间之外的内容,如图6-41所示。

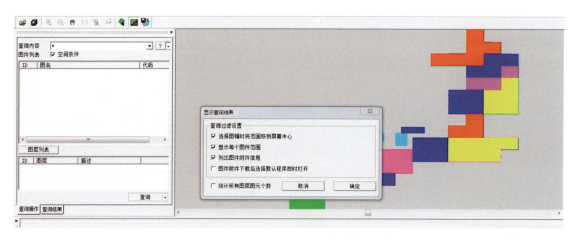

图 6-40 选择空间范围条件的图层

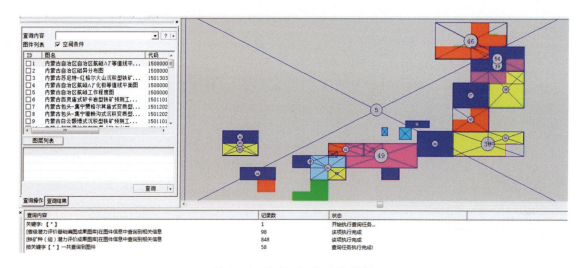

图 6-41 选择要查询的数据库

步骤 5　在图 6-41 的图件列表中,勾选满足空间范围的指定图件。以图件序号为 1 的内蒙古自治区航磁 ΔT 等值线平面图为例,点击按钮"查询",再点击主工具条按钮"1∶1",显示已检索出的图件,如图 6-42 所示。

步骤 6　默认的是全部图层参与裁剪。若需裁剪部分图层,可在"高级"按钮的弹出菜单中选择"导出裁剪设置"菜单,勾选所需图层再执行查询即可,如图 6-43 所示。

5) 实用功能 5:从数据库中,检索满足空间条件的图层

步骤 1　在图件查询模块主界面中,装入查询方案(基于辅助功能 3——装入查询方案的操作步骤)(例如:新建区文件,名为统计区)。

步骤 2　基于实用功能 2——从数据库中,检索满足属性条件的图层的操作步骤,检索出某图层[例如:地质界线(线)]。

步骤 3　切换到图形工程 tab 的图层列表,勾选可作为空间范围条件的图层,在已勾选空间图层使用选择工具选中空间范围;切换到图形查询 tab,勾选"空间条件"复选框,如图 6-44 所示[例如:航磁 ΔT 等值线(面)]。

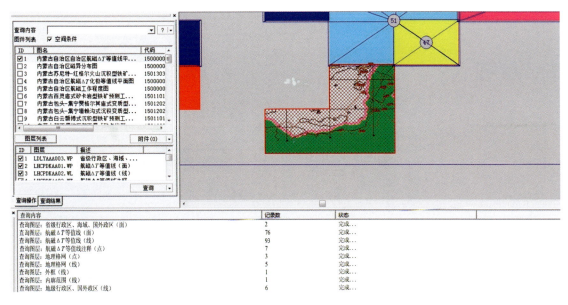

图 6-42 选择满足空间范围的指定图件

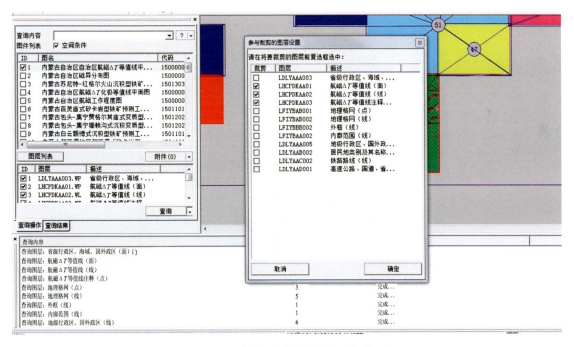

图 6-43 "参与裁剪的图层设置"对话框

步骤 4 在图 6-44 中,点击按钮"查询",裁剪掉空间范围之外的内容[例如:航磁 ΔT 等值线(面)],如图 6-45 所示。

6)实用功能 6:从数据库中,提取并浏览图元的属性

步骤 1 在图件查询模块主界面粗略查询区中,设置粗略属性条件为:勾选需要查询的数据库,勾选"从图件信息查找""从图层信息查找""从图元信息查找"复选框,如图 6-46 所示。

步骤 2 在图件查询模块主界面关键字输入区中,输入图层名称关键字信息[例如:侵入岩(面)],点击按钮"?",查询到满足关键字的图件列表,如图 6-47 所示。

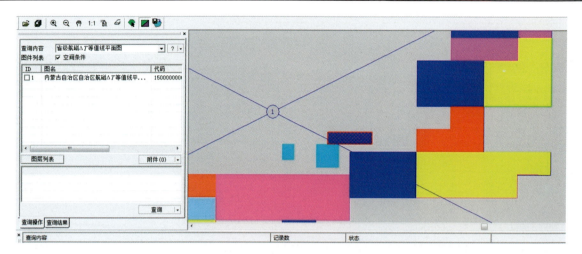

图 6-44 勾选"空间条件"复选框

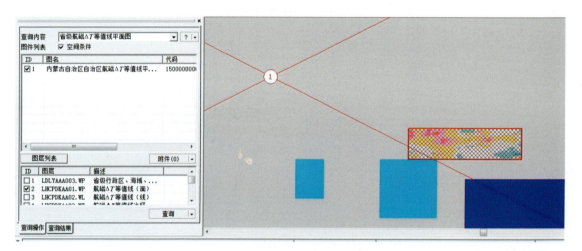

图 6-45 裁剪掉空间范围之外的内容

图 6-46 选择需要查询的数据库

第六章 矿产资源潜力评价成果数据库集成

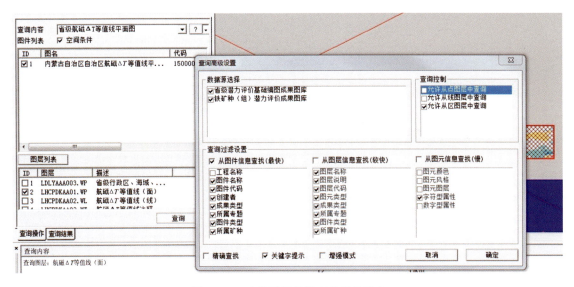

图 6-47　查询满足关键字的图件列表

步骤 3　在图件查询模块主界面的图件列表中,勾选图层,在"高级"按钮的下拉菜单中选择"导出属性设置"。在"导出属性设置"的对话框中勾选需要导出属性的图层即可(默认为全部属性)。然后点击"查询"按钮,将检索已勾选的多个图件中满足关键字的图层,因勾选图件多,此检索过程可能需要一些时间,如图 6-48 所示。

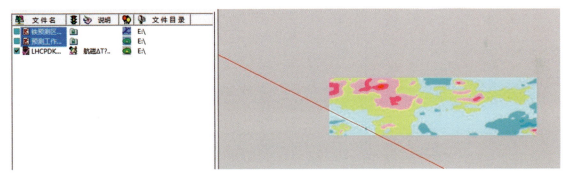

图 6-48　检索多个图件中满足关键字的图层

步骤 4　在"导出属性设置"对话框中,双击指定图层,弹出"字段设置"对话框,如图 6-49 所示。

步骤 5　在"字段设置"对话框中,勾选"字典翻译"复选框,如图 6-50 所示。

步骤 6　切换到图形查询 tab,点击按钮"查询",开始提取图元属性,如图 6-51 所示。字典翻译后各字段将由代码转换为中文。

步骤 7　切换到图形工程 tab,选中已检索出的图元图层,单击右键弹出浮动菜单,左键选择"查询属性"。

7)实用功能 7:浏览图件挂接的附件

步骤 1　在图件列表窗口中单击选择图件时,将在附件后显示当前图件挂接的附件个数。点击"附件"按钮旁的下拉按钮,将显示挂接的附件信息。

步骤 2　点击某个附件即可保存该附件,如图 6-52 所示。

8)实用功能 8:保存查询工程

图 6-49 "字段设置"对话框

图 6-50 勾选"字典翻译"复选框

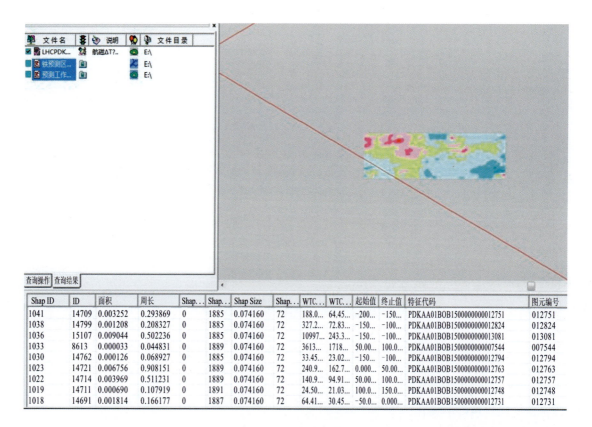
图 6-51 提取图元属性

步骤 1　在图件查询模块主界面文件菜单中,左键单击"保存查询工程"菜单项,弹出"保存为"对话框,如图 6-53 所示。

步骤 2　在"保存为"对话框中,输入查询工程文件名,点击按钮"保存",即完成保存查询工程操作。

9)实用功能 9:保存 MapGIS 图形工程

步骤 1　在图件查询模块主界面文件菜单中,左键单击"保存 MapGIS 图形工程"菜单项,弹出"另存为"对话框,如图 6-54 所示。

第六章　矿产资源潜力评价成果数据库集成

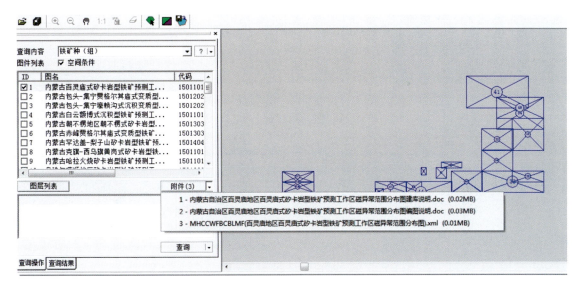

图 6-52　保存附件

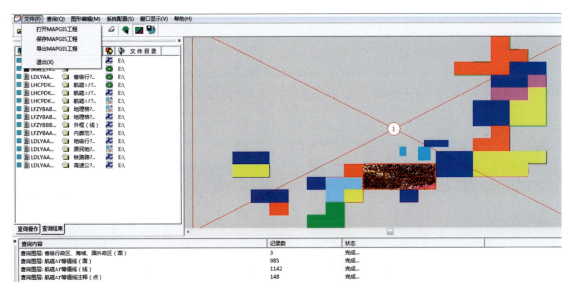

图 6-53　保存查询工程

步骤 2　在"另存为"对话框中，输入 MapGIS 图形工程的文件名，点击按钮"保存"，即完成保存 MapGIS 图形工程操作。

10) 实用功能 10：图件导出

步骤 1　导出投影图件。

(1) 在"高级"按钮的弹出菜单中选择"导出投影图件"，即可打开如图 6-55 所示的"输入投影参数"对话框。

(2) 在"输入投影参数"对话框中，可设置导出图件的投影类型及相关参数，点击"确认"即可。

步骤 2　导出原样分幅图幅。

(1) 在"高级"按钮的弹出菜单中选择"导出原样分幅图幅"，即可打开"浏览文件夹"对话框。

(2) 选择分幅图幅存放路径后，点击"确认"，图件将以投影转化之前的原样分幅图幅的方式导出。

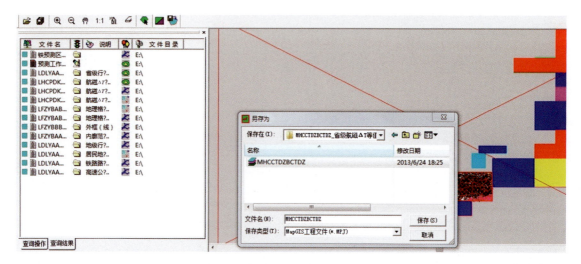

图 6-54 保存 MapGIS 图形工程文件

图 6-55 导出投影图件

步骤 3 导出经纬分幅图幅。
(1)在"高级"按钮的弹出菜单中选择"导出经纬分幅图幅",即可打开"浏览文件夹"对话框。
(2)选择分幅图件存放路径后确认,图件将以经纬度投影方式分幅导出。

第七章　矿产资源潜力评价成果的应用

内蒙古自治区地质工作程度数据库，为国土资源地质矿产子系统、国土资源"一张图"系统及综合监管平台提供了实时且精准的服务，促进了地质资料管理工作的规范化、标准化、科学化发展，实现了地质资料数据的有效利用和共享，能更好地为社会生产、领导决策服务。

内蒙古自治区矿产资源潜力评价成果数据库涵盖了20多个矿种的基础地质数据（包括地质、矿产、物探、化探、遥感）和多种勘查信息资源，为了解内蒙古自治区重要矿产资源形势，勘查、开发、利用内蒙古自治区重要矿产资源以及建立资源战略储备体系提供信息服务，从而保障矿产资源的可持续利用。通过建立空间数据库，并利用GeoPEX信息集成软件将潜力评价的成果数据进行汇总，使这些数据系统化、规范化，从而便于用户的查询检索和系统分析，为重要矿产资源的可供性分析论证提供基础信息和服务。

自潜力评价2007年开展工作至2013年9月，潜力评价成果图（库）、单矿种成果报告已广泛应用于国土资源部整装勘查和找矿行动突破部署，在矿产资源规划、区域地质调查、矿产资源远景调查、科研等多个领域的立项、实施方案及成果报告编写等方面，充分发挥了矿产资源潜力评价数据的优势，取得了较好的经济效益和社会效益。

第一节　应用于规划类项目

应用实例：向《内蒙古自治区矿产资源"十二五"规划》等提供与潜力评价相关的矿种数据，为规划项目中的矿产分布图、开发利用现状图、勘查规划区块图和开采规划区块图等各类图件的编图提供数据支持。

2012年1月，在《内蒙古自治区找矿突破战略行动实施方案（2011—2020年）》的编制过程中，充分应用了全区矿产资源潜力评价已取得的初步成果，在金、银、铜、铅锌、钼、镍等多金属矿资源整装勘查的选区和依据中都充分应用了全区矿产资源潜力评价的成果资料。

第二节　应用于整装勘查项目

向整装勘查项目提供了勘查区范围内的潜力评价项目铜矿等的预测工作区沉积建造构造图、磁法推断地质构造图、航磁 ΔT 异常图、工作程度图、地质矿产图、预测工作区地球化学综合异常图、遥感矿产地质特征与近矿找矿标志解译图、重力推断地质构造图、自然重砂异常图、预测工作区预测成果图、成矿规律图等一系列图库及相关文字报告等成果资料，为项目实施方案的顺利编制提供了良好的数据基础和数据支撑。

第三节 应用于区域地质调查、矿产远景调查项目

1. 应用实例一

"内蒙古满洲里-扎赉诺尔地区矿产远景调查"项目,主要在总体设计书编写阶段与地质填图路线布置阶段,应用了潜力评价中有关斑岩型矿产预测区(典型矿床为乌努格土山铜钼矿)的相关资料。

在总体设计书编写阶段,应用了潜力评价中有关斑岩型矿产预测区划分的成果资料。由于预测依据充分,为最终设计评优起到了积极作用。

通过在斑岩型矿产预测区及其外围布置加密路线,发现了火山岩型乌讷格德北东868.9高地银矿点、矽卡岩型头道沟西磁(赤)铁矿点和傲尔金牧场三队北西755.3高地磁铁矿点,为下一步在矿区外围找矿提供了重要依据。

2. 应用实例二

"内蒙古东乌珠穆沁旗阿拉坦合力地区矿产远景调查"项目,主要应用了潜力评价中有关典型矿床成矿模式与成矿预测的相关资料,具体为奥尤特铜多金属典型矿床资料。它不仅应用于该项目的立项阶段和总体设计阶段,而且在项目的实施阶段也起到了重要的指导作用:一是通过与典型矿床的成矿模式和成矿预测要素资料的对比,对工作区主攻矿种与矿床类型的确立起到了积极作用;二是通过与典型矿床的成矿地质条件、物探与化探异常特征的对比,为优选1:5万化探和磁异常、缩小找矿靶区起到了积极作用;三是为该项目典型矿床总结及成矿预测工作起到指导作用。

新发现与奥尤特铜多金属典型矿床类似的铜铅锌银多金属矿点5个。

3. 应用实例三

在"内蒙古新巴尔虎右旗阿尔山苏木地区矿产远景调查"项目的立项阶段、总体设计阶段,向该项目提供了潜力评价中高尔真山-大青山铜钼多金属成矿带及典型矿床成矿模式与成矿预测的相关资料,通过与典型矿床的成矿模式和成矿预测要素资料的对比,对工作区主攻矿种与矿床类型的确立起到了积极作用。具体工作中通过与典型矿床成矿地质条件、物探与化探异常特征的对比,为优选1:5万化探和磁异常、缩小找矿靶区起到了积极作用,为该项目典型矿床总结及成矿预测工作起到指导作用。

在高尔真山-大青山铜钼多金属蕴矿带内,新发现褐铁矿化矿点1个。

第四节 应用于基础矿产勘查项目

1. 应用实例一

向"内蒙古自治区乌兰察布市多金属勘查选区研究"项目提供了乌兰察布市范围内多金属矿的有关资料:预测工作区沉积建造构造图(库)、典型矿床成矿要素图(库)、预测工作区区域成矿要素图(库)、预测工作区区域预测要素图(库)、预测成果图(库)、工作部署图(库)、文字报告等一系列图(库)。MapGIS格式的图件(含图形数据及属性数据)项目中包括乌兰察布地区研究工作范围内的矿产地数据库、地质工作程度数据库、相关矿产潜力评价成果报告等,为该项目顺利实施提供了数据保证。

2. 应用实例二

向内蒙古自治区乌兰察布盟设立的"内蒙古自治区卓资县福生庄铜多金属矿预查"项目,提供了卓

资县福生庄铜多金属矿预查区范围内的地质、矿产、物探、化探、遥感等内容,为该项目实施方案的编制提供了详实的数据基础。

预查区内有全国矿产资源潜力评价圈定的金最小预测区,共圈定各级异常区4个。其中,B级1个,总面积1.023km²;C级3个,总面积29.6km²(表7-1)。

表7-1 内蒙古自治区卓资县福生庄铜多金属矿预查区最小预测区面积

最小预测区编号	最小预测区名称	预测成矿类型
B1511601019	狮子沟村东预测区	次火山热液型金银矿
C1511601014	岱州窑村北预测区	次火山热液型金银矿
C1511601017	三股地村预测区	次火山热液型金银矿
C1511601019	白银厂汉乡西预测区	次火山热液型金银矿

3. 应用实例三

为"内蒙古自治区凉城县崞县夭乡金多金属矿预查"项目提供了以下资料:1∶25万建造构造图及数据库,实际材料图及数据库,矿产、化探、物探、遥感图件及数据库资料等。这些资料为该项目立项建议书、设计书、成果报告的编写提供了资料依据。

第五节 应用于矿产资源评价等项目

1. 应用实例一

内蒙古自治区基础地质数据库维护完成之后,矿产资源潜力评价项目成矿地质背景、矿产预测、成矿规律、重力、航磁、地球化学、遥感、自然重砂等各个专题均不同程度地使用了基础地质数据库。综合信息集成课题组根据不同专题、不同预测工作区、不同矿种的要求,对省级基础地质数据库进行检索、查询、投影、整理等工作后提供于各专业课题组使用,作为内蒙古自治区矿产资源潜力评价基础数据资料。如综合信息集成课题组为成矿地质背景组提供了不同比例尺的基础地质数据库,为物探组提供了不同比例尺的重力数据库、磁测数据库,为化探组提供了不同比例尺的地球化学数据库,为遥感组提供了遥感数据库,为矿产预测组提供了不同矿种的矿产地数据库,为各专业课题组均提供了地质工作程度数据库,等等。其他地质项目应用基础地质数据库资料也较多,如矿产项目一般要收集相应工作区的地质图数据库、地质工作程度数据库、矿产地数据库等,物探项目要收集相应的地质工作程度数据库、区域地质数据库、矿产数据库、磁测数据库、重力数据库等。

2. 应用实例二

地质工作程度数据库专业图层数据转入内蒙古自治区国土资源"一张图",充实了国土资源"一张图"数据内容,实现了专业技术成果向服务于政府管理应用的成果转化,从而辅助政府主管部门进行决策,为国土资源的综合管理提供了重要的参考依据,为国土资源"一张图"和省级政务地理空间信息资源共享服务平台提供了大量基础和专题图层,使各级政务机关单位都可根据工作需要从中获取相应的地质信息资源,推动了地质信息资源的共享,为国土资源管理、城市安全运行、防灾减灾、环境保护发挥了积极作用。

利用内蒙古自治区地质工作程度数据库进行了查询并在全区内分矿种进行了统计,截至2009年底,内蒙古自治区已完成金属和非金属矿产勘查项目2484个,其中,铁矿769个,铬铁矿86个,锰矿16个,镍矿12个,钛矿2个,铜矿411个,金矿250个,钼矿9个,铅矿165个,锌矿12个,银矿57个,钨矿31个,锡矿14个,砂金矿43个,铂矿6个,铝土矿3个,铌矿17个,铀矿13个,锗矿4个,锶矿2个,铈矿4个,铍矿9个,硫铁矿13个,非金属矿536个。

3. 应用实例三

依据内蒙古自治区勘查工作部署图及其数据库查询了全区矿权设置情况,从而合理地进行了工作部署。

内蒙古自治区经矿权设置的勘查项目共计3167个,其中,铁矿548个,锰矿34个,铬、钛、钒矿18个,铜矿531个,铅锌矿550个,铝土矿5个,镍矿33个,钨矿3个,锡矿8个,钼矿51个,锑、汞矿4个,多金属矿516个,铂、钯矿1个,金矿443个,银矿170个,稀有稀土矿9个,非金属矿243个。承担这些项目的勘查单位共有1346家,除煤炭资源外共涉及矿种69个。

结　语

内蒙古自治区矿产资源潜力评价项目综合信息集成专题组，自 2007 年启动至 2013 年结束，历时近 8 年。根据项目总体设计书、历年项目任务书和设计书的要求，全面完成了各项工作任务，取得了丰厚的成果。

一、主要成果

（1）通过对内蒙古自治区地质工作程度数据库、矿产地等 11 类基础地质数据库的现状调研，不仅摸清了内蒙古自治区基础地质数据库现状，而且全面、深入、系统地总结了各类基础地质数据库的成果，提高了数据的准确性、现时性，为内蒙古自治区矿产资源潜力评价提供了详细的数据基础，提高了评价效率，精准了评价过程，也为今后数据的广泛应用奠定了扎实的数据基础。

（2）通过对内蒙古自治区地质工作程度、矿产地等 11 类基础地质数据库的更新与维护，为内蒙古自治区矿产资源潜力评价项目下的"成矿地质背景研究"等 8 个专题的图件编制及建库等任务的顺利完成提供了良好的基础地质数据支撑。这是建国以来首次对基础地质数据库进行集中式的系统维护。

（3）充分整理和汇总了 20 个矿种的资料性成果图 8908 个，其中，建库 7192 个，数据量为 528GB，包括规定要提交的图件及其属性库、编图说明书、图件元数据、文档报告、数据表格及相关内容清单等；不建库 1006 个，遥感影像图件 710 个，数据量为 222GB，包括各专业汇总组规定需要提交的资料、各种过渡性图件、遥感影像图件、图片文件、数据表格文件、文字报告及各种资料卡片扫描件等。

（4）利用 GeoPEX 汇总系统实现了内蒙古自治区矿产资源潜力评价资料性成果数据库的集成，入库图件达 7192 个，涵盖铁、铜、铝土、铅、锌、锰、镍、钨、锡、金、铬、钼、锑、稀土、银、磷、硫、萤石、菱镁矿、重晶石 20 个矿种，包含了"成矿地质背景研究""磁法资料应用""重力资料应用""化探资料应用""自然重砂资料应用""遥感资料应用""成矿规律研究""矿产及其预测"8 个专题的 MapGIS 格式数据，是迄今为止内蒙古自治区国土资源系统数据量最大、内容最丰富的地学数据库。

（5）通过对内蒙古自治区矿产资源潜力评价项目的数据库建设，以及对各类技术人员的多次技术培训和个别单位的专门指导，不仅为本项目的参与单位培养和储备了一批高素质的地质、物探、化探、遥感、自然重砂等各类地学数据库建设及数据处理的人才队伍，而且改变了传统地质编图的工作方法和模式，使退休多年的老专家和年轻技术骨干有了数据模型和数据库的观念，并依托信息技术，使新老专家相互协调、配合，使综合研究工作潜移默化地实现了技术上的更新。

（6）通过对内蒙古自治区矿产资源潜力评价数据库的集成，已成功实现了各项成果的应用与转化，使它们能广泛应用于国地资源"一张图"、整装勘查、找矿突破战略行动部署，以及地质勘查规划、科研、综合研究等多个领域，为内蒙古地勘事业的发展提供了强大的地质数据支撑，对内蒙古自治区的经济建设起到了重要的推动作用。

二、建议

（1）建议充分利用内蒙古自治区矿产资源潜力评价数据库的平台，开展矿产资源潜力评价数据库的动态维护工作，使矿产资源潜力评价数据保持连续性、动态性和时效性，及时满足内蒙古自治区矿产地质勘查工作的数据需要。

(2)建立全国统一的矿产资源基础地质数据库集成管理系统,确保数据库的日常管理、维护和更新,使各类基础地质数据库与每年全国汇交的地质成果资料保持紧密联系,确保入库成果数据的时效性和现时性。

主要参考文献

国家标准化管理委员会.GB 18030—2005 信息技术 中文编码字符集[S].北京:中国标准出版社,2006.

国家标准总局.GB/T 2312—1980 信息交换用汉字编码字符集 基本集[S].北京:中国标准出版社,1981.

国家技术监督局.GB/T 15273.1—1994 信息处理 八位单字节编码图形字符集 第一部分:拉丁字母一[S].北京:中国标准出版社,1994.

国家质量技术监督局.GB/T 17766—1999 固体矿产资源/储量分类[S].北京:中国标准出版社,1999.

国家质量技术监督局.GB/T 9649—88 地质矿产术语分类代码[S].北京:中国标准出版社,1988.

李文国,李庆富,姜万德,等.内蒙古自治区岩石地层[M].武汉:中国地质大学出版社,1996.

内蒙古自治区地质调查院.内蒙古自治区矿产资源总体规划(2008—2015年)[M]."十二五"专项规划.呼和浩特:内蒙古自治区地质调查院,2011.

内蒙古自治区地质调查院.内蒙古自治区找矿突破战略行动实施方案(2011—2020年)[M].呼和浩特:内蒙古自治区地质调查院,2012.

全国重要矿产资源潜力评价综合信息集成组.全国矿产资源潜力评价数据模型:空间坐标系统及其参数规定分册[M].北京:中国地质调查局发展研究中心,2009.

全国重要矿产资源潜力评价综合信息集成组.全国矿产资源潜力评价数据模型:统一图例规定分册[S].北京:中国地质调查局发展研究中心,2008.

全国重要矿产资源潜力评价综合信息集成组.全国矿产资源潜力评价数据模型:元数据规定分册[S].北京:中国地质调查局发展研究中心,2009.

叶天竺,陈毓川,张洪涛,等.全国矿产资源潜力评价总体实施方案[R].北京:全国矿产资源潜力评价项目办公室,2006.

中国地质调查局发展研究中心.1:25万区域地质图空间数据库建设技术流程及实施细则[M].北京:中国地质调查局发展研究中心,2004.

中华人民共和国地质矿产部.DZ 58—1988 地质矿产部单位代码[S].北京:中国标准出版社,1988.

中华人民共和国地质矿产部.DZ/T 0001—91 区域地质调查总则(1:50 000)[S].北京:中国标准出版社,1991.

中华人民共和国地质矿产部.DZ/T 0082—93 区域重力调查规范[S].北京:中国标准出版社,2006.

中华人民共和国地质矿产部.DZ/T 0167—1995 区域地球化学勘查规范 比例尺1:200 000[S].北京:中国标准出版社,1996.

中华人民共和国地质矿产部.DZ/T 0171—1997 大比例尺重力勘查规范[S].北京:中国标准出版社,1997.

中华人民共和国地质矿产部.DZ/T 0179—1997 地质图用色标准及用色原则(1:50 000)[S].北京:中国标准出版社,1997.

中华人民共和国地质矿产部.DZ/T 0197—1997 数字化地质图图层及属性文件格式[S].北京:中国标准出版社,1998.

中华人民共和国地质矿产部.GB/T 13923—2006 国土基础信息数据分类与代码[S].北京:中国标准出版社,2006.

中华人民共和国国家质量监督检验检疫总局,中国国家标准化管理委员会.GB 958—2015 区域地质图图例(1:50 000)[S].北京:中国标准出版社,2015.

中华人民共和国国家质量监督检验检疫总局,中国国家标准化管理委员会.GB/T 13989—2012 国家基本比例尺地形图分幅和编号[S].北京:中国标准出版社,2012.

中华人民共和国国家质量监督检验检疫总局,中国国家标准化管理委员会.GB/T 17694—2009 地理信息 术语

[S].北京:中国标准出版社,2009.

中华人民共和国国家质量监督检验检疫总局,中国国家标准化管理委员会.GB/T 2260—2007 中华人民共和国行政区划代码[S].北京:中国标准出版社,2008.

中华人民共和国国家质量监督检验检疫总局,中国国家标准化管理委员会.GB/T 7408—2005 数据和交换格式 信息交换 日期和时间表示法[S].北京:中国标准出版社,2005.

中华人民共和国国土资源部.DZ/T 0142—2010 航空磁测技术规范[S].北京:中国标准出版社,2010.

左群超,杨东来,陈郑辉,等.矿产资源潜力评价数据模型丛书:成矿规律研究数据模型[M].北京:地质出版社,2011.

左群超,杨东来,冯艳芳,等.矿产资源潜力评价数据模型丛书:成矿地质背景研究数据模型[M].北京:地质出版社,2011.

左群超,杨东来,冯艳芳,等.矿产资源潜力评价数据模型丛书:数据项下属词规定[M].北京:地质出版社,2011.

左群超,杨东来,黄旭钊,等.矿产资源潜力评价数据模型丛书:磁测资料应用数据模型[M].北京:地质出版,2011.

左群超,杨东来,李景朝,等.矿产资源潜力评价数据模型丛书:自然重砂应用数据模型[M].北京:地质出版社,2013.

左群超,杨东来,李林,等.矿产资源潜力评价数据模型丛书:全国矿产资源潜力评价成果建库技术要求[M].北京:地质出版社,2015.

左群超,杨东来,汪新庆,等.全国矿产资源潜力评价成果整合集成建库方法与技术[M].北京:地质出版社,2015.

左群超,杨东来,吴轩,等.矿产资源潜力评价数据模型丛书:化探资料应用数据模型[M].北京:地质出版社,2011.

左群超,杨东来,叶天竺,等.矿产资源潜力评价数据模型丛书:矿产资源潜力评价数据模型技术总论[M].北京:地质出版社,2015.

左群超,杨东来,于学政,等.矿产资源潜力评价数据模型丛书:通用代码规定[M].北京:地质出版社,2011.

左群超,杨东来,于学政,等.矿产资源潜力评价数据模型丛书:遥感资料应用数据模型[M].北京:地质出版社,2011.

左群超,杨东来,张明华,等.矿产资源潜力评价数据模型丛书:重力资料应用数据模型[M].北京:地质出版社,2011.

左群超,杨东来,赵汀,等.矿产资源潜力评价数据模型丛书:矿产预测研究数据模型[M].北京:地质出版社,2011.

左群超,叶亚琴,文辉,等.中国矿产资源潜力评价集成数据库模型[J].中国地质,2013,40(6):1968-1981.

主要内部资料

全国矿产资源潜力评价项目办公室.全国矿产资源潜力评价省级矿产资源潜力评价资料性成果图件及属性库复核汇总技术方案[R].北京:全国矿产资源潜力评价项目办公室,2010.

全国矿产资源潜力评价项目办公室.省级矿产资源潜力评价资料性成果集成建库实施技术指南[R].北京:全国矿产资源潜力评价项目办公室,2012.

全国矿产资源潜力评价项目办公室.省级矿产资源潜力评价综合信息集成专题汇总技术要求[R].北京:全国矿产资源潜力评价项目办公室,2012.

全国重要矿产资源潜力评价成矿地质背景组,全国重要矿产资源潜力评价成矿规律研究组,全国重要矿产资源潜力评价成矿预测研究组,等.全国矿产资源潜力评价数据模型:编图说明提纲分册[S].北京:中国地质调查局发展研究中心,2009.

全国重要矿产资源潜力评价成矿地质背景组,全国重要矿产资源潜力评价成矿规律研究组,全国重要矿产资源潜力评价成矿预测研究组,等.全国矿产资源潜力评价数据模型:统一图式规定分册[S].北京:中国地质调查局发展研究中心,2009.

全国重要矿产资源潜力评价综合信息集成组.全国矿产资源潜力评价数据模型:地理信息分册[S].北京:中国地质调查局发展研究中心,2009.

任亦萍,郝俊峰,刘永惠,等.内蒙古自治区矿产资源潜力评价综合信息集成专题成果报告[R].呼和浩特:内蒙古自治区地质调查院,2013.

中华人民共和国国土资源部.全国矿产资源潜力评价项目:数据库维护工作技术要求[S].北京:国土资源部,2007.

中国地质调查局. 1∶50万数字地质图数据库维护技术手册[S]. 中国地质调查局工作标准. 北京:中国地质调查局发展研究中心,2001.

中国地质调查局. DD 2006—05 地质信息元数据标准[S]. 中国地质调查局工作标准. 北京:中国地质调查局发展研究中心,2006.

中国地质调查局. DD 2006—06 数字地质图空间数据库[S]. 中国地质调查局工作标准. 北京:中国地质调查局发展研究中心,2006.

中国地质调查局. DD 2006—07 地质数据质量检查与评价[S]. 中国地质调查局工作标准. 北京:中国地质调查局发展研究中心,2006.

中国地质调查局. 地质图空间数据库建设工作指南[S]. 中国地质调查局工作标准. 2.0版. 北京:中国地质调查局发展研究中心,2001.

中国地质调查局. 空间数据库工作指南[S]. 中国地质调查局工作标准. 北京:中国地质调查局发展研究中心,2001.

中国地质调查局. 矿产地数据库建设工作指南[S]. 中国地质调查局工作标准. 修订版. 北京:中国地质调查局发展研究中心,2001.

中国地质调查局. 全国地质工作程度数据库建设工作指南[S]. 中国地质调查局工作标准. 北京:中国地质调查局发展研究中心,2009.

中国地质调查局. 自然重砂数据库建设工作指南[S]. 中国地质调查局工作标准. 北京:中国地质调查局发展研究中心,2001.